A LIBRARY OF
DOCTORAL
DISSERTATIONS
IN SOCIAL SCIENCES IN CHINA

中国
社会科学
博士论文
文库

北宋科技思想研究纲要

吕变庭　　著

导师　李华瑞

中国社会科学出版社

图书在版编目（CIP）数据

北宋科技思想研究纲要／吕变庭著．－北京：中国社会
科学出版社，2007.3
（中国社会科学博士论文文库）
ISBN 978－7－5004－6326－9

Ⅰ．北… Ⅱ．吕… Ⅲ．科学技术－思想史－研究－中国－
北宋 Ⅳ．N092

中国版本图书馆 CIP 数据核字（2007）第 113434 号

责任编辑 关 桐
责任校对 王兰馨
版式设计 李 建

出版发行 中国社会科学出版社
社 址 北京鼓楼西大街甲 158 号 邮 编 100720
电 话 010－84029450（邮购）
网 址 http：//www.csspw.cn
经 销 新华书店
印 刷 北京新魏印刷厂 装 订 丰华装订厂
版 次 2007 年 3 月第 1 版 印 次 2007 年 3 月第 1 次印刷
开 本 880×1230 1/32
印 张 11.5 插 页 2
字 数 285 千字
定 价 26.00 元

作者简介

吕变庭 1962 年 2 月出生，河北省石家庄市人。1980—1984 年在河北大学攻读学士学位，1999—2002 年在南开大学攻读硕士学位，2006 年毕业于河北大学宋史研究中心，获历史学博士学位。现为河北大学宋史研究中心教授、硕士生导师。近十多年来，主要从事中国古代科学技术史及少数民族科学技术史的研究，迄今已发表论文 40 余篇，出版《中国西部古代科学文化史》、《中国南部古代科学文化史》等著作 8 部，曾主持和独立完成国家及河北省哲学社会科学规划课题各 1 项，获河北省社会科学优秀成果奖 2 项。

内 容 提 要

本书共分五章，第一章为绪论，主要界定了科技思想的内涵，简要回顾了北宋之前科技思想发展的历史和我国学术界对该问题的研究现状，并对哲学与科学及科学与技术的关系问题作了一些分析；第二章主要讨论了宋初安定学派、图书学派、山外派的代表人物以及《武经总要》和李觏的科技思想，探讨了他们在北宋科技发展史的历史地位和思想价值；第三章是本文的重点之一，也是北宋科技思想发展的鼎盛期，尤其是沈括的出现真正地成就了北宋科技发展的高峰地位，而理学提出了"理"这个哲学和科学思想的新范畴，对于进一步开拓和启迪北宋学者的理性思维具有积极地现实意义；第四章主要探讨了苏颂、唐慎微和李诚的科技思想和科技成就，对北宋后期科技思想发生转变的历史原因作了初步分析；第五章分两部分，一部分着重对北宋科技思想的特点和价值进行客观评述，另一部分则对北宋科技思想本身所存在的问题进行了一定程度的剖析，旨在说明北宋科技思想的局限性使它无法承担科技变革的历史重任。

　　本书出版得到教育部省属高校人文社会科学重点研究基地河北大学宋史研究中心、河北大学历史学强势特色学科、河北大学学术著作出版基金资助

总　序

　　在胡绳同志倡导和主持下,中国社会科学院组成编委会,从全国每年毕业并通过答辩的社会科学博士论文中遴选优秀者纳入《中国社会科学博士论文文库》,由中国社会科学出版社正式出版,这项工作已持续了12年。这12年所出版的论文,代表了这一时期中国社会科学各学科博士学位论文水平,较好地实现了本文库编辑出版的初衷。

　　编辑出版博士文库,既是培养社会科学各学科学术带头人的有效举措,又是一种重要的文化积累,很有意义。在到中国社会科学院之前,我就曾饶有兴趣地看过文库中的部分论文,到社科院以后,也一直关注和支持文库的出版。新旧世纪之交,原编委会主任胡绳同志仙逝,社科院希望我主持文库编委会的工作,我同意了。社会科学博士都是青年社会科学研究人员,青年是国家的未来,青年社会科学者是我们社会科学的未来,我们有责任支持他们更快地成长。

　　每一个时代总有属于它们自己的问题,"问题就是时代的声音"(马克思语)。坚持理论联系实际,注意研究带全局性的战略问题,是我们党的优良传统。我希望包括博士在内的青年社会科学工作者继承和发扬这一优良传统,密切关注、深入研究 21 世纪初中国面临的重大时代问题。离开了时代性，脱离了社会潮流，社会科学研究的价值就要受到影响。我是鼓励青年人成名成家的，这是党的需要，国家的需要，人民的需要。但问题在于，什么是名呢？名，就是他的价值得到了社会的承认。如果没有得到社会、人民的承认，他的价值又表现在哪里呢？所以说，价值就在于对社会重大问题的回答和解决。一旦回答了时代性的重大问题，就必然会对社会产生巨大而深刻的影响，你也因此而实现了你的价值。在这方面年轻的博士有很大的优势：精力旺盛，思想敏捷，勤于学习，勇于创新。但青年学者要多向老一辈学者学习，博士尤其要很好地向导师学习，在导师的指导下，发挥自己的优势，研究重大问题，就有可能出好的成果，实现自己的价值。过去 12 年入选文库的论文，也说明了这一点。

什么是当前时代的重大问题呢？纵观当今世界，无外乎两种社会制度，一种是资本主义制度，一种是社会主义制度。所有的世界观问题、政治问题、理论问题都离不开对这两大制度的基本看法。对于社会主义，马克思主义者和资本主义世界的学者都有很多的研究和论述；对于资本主义，马克思主义者和资本主义世界的学者也有过很多研究和论述。面对这些众说纷纭的思潮和学说，我们应该如何认识？从基本倾向看，资本主义国家的学者、政治家论证的是资本主义的合理性和长期存在的"必然性"；中国的马克思主义者，中国的社会科学工作者，当然要向世界、向社会讲清楚，中国坚持走自己的路一定能实现现代化，中华民族一定能通过社会主义来实现全面的振兴。中国的问题只能由中国人用自己的理论来解决,让外国人来解决中国的问题,是行不通的。也许有的同志会说,马克思主义也是外来的。但是,要知道,马克思主义只是在中国化了以后才解决中国的问题的。如果没有马克思主义的普遍原理与中国革命和建设的实际相结合而形成的毛泽东思想、邓小平理论,马克思主义同样不能解决中国的问题。教条主义是不行的,东教条不行,西教条也不行,什么教条都不行。把学问、理论当教条,本身就是反科学的。

在21世纪,人类所面对的最重大的问题仍然是两大制度问题:这两大制度的前途、命运如何?资本主义会如何变化?社会主义怎么发展?中国特色的社会主义怎么发展?中国学者无论是研究资本主义,还是研究社会主义,最终总是要落脚到解决中国的现实与未来问题。我看中国的未来就是如何保持长期的稳定和发展。只要能长期稳定,就能长期发展;只要能长期发展,中国的社会主义现代化就能实现。

什么是21世纪的重大理论问题?我看还是马克思主义的发展问题。我们的理论是为中国的发展服务的,决不是相反。解决中国问题的关键,取决于我们能否更好地坚持和发展马克思主义,特别是发展马克思主义。不能发展马克思主义也就不能坚持马克思主义。一切不发展的、僵化的东西都是坚持不住的,也不可能坚持住。坚持马克思主义,就是要随着实践,随着社会、经济各方面的发展,不断地发展马克思主义。马克思主义没有穷尽真理,也没有包揽一切答案。它所提供给我们的,更多的是认识世界、改造世界的世界观、方法论、价值观,是立场,是方法。我们必须学会运用科学的世界观来认识社会的发展,在实践中不断地丰富和发展马克思主义,只有发展马克思主义才能真正坚持马克思主义。我们年轻的社会科学博士们要以坚持和发展马克思主义为己任,在这方面多出精品力作。我们将优先出版这种成果。

李铁映

2001 年 8 月 8 日于北戴河

目　录

序

李华瑞

吕变庭先生于 2003 年 9 月考入河北大学宋史研究中心读博士学位，我在名义上是他的指导教师。但我对他的"指导"很有限，因为对于科技史我是一个门外汉，而吕变庭先生已写出百余万字的中国古代科学文化史方面的著作。他之所以又考在我的名下，主要是想在史学方面得到进一步的深造，此前他是学哲学出身的。我觉得他的这个想法不错，严耕望先生曾说过研究历史不要从哲学入手的话，严先生认为哲学理论对于史学研究诚然有时有提高境界的作用，但从哲学入手来讲史学，难免缺乏实证而有浮而不实的毛病，经不起历史的推敲。当然，吕变庭先生过去做中国古代科学文化史方面的研究并不是从哲学入手，而是努力从实证方面进行探讨。但也不可否认他的史学训练确实存在有待进一步提高的地方。他入学以后在选题时，我还是主张他发挥自己在科学文化史方面之所长，于是他选了宋代科技思想史作为研究方向，由于宋代科技思想内容十分丰富，博士三年很难全面深入，因此他又把自己的研究分作两步走，读博士期间先做北宋部分，毕业后再继续完成南宋部分。

论文题目确定后，我的"指导"主要是督促他注意几个区分，即：注意区分哲学思想与科学思想之间的联系与区别，重在区别；注意区分古代科学与近代科学之间的联系与区别，重在区别；注意区分科学思想与技术思想之间的联系与区别，重在区别；注意区分史学方法与哲学方法的联系与差异，重在差异。至于其他方面的工作就全靠他自己了。吕变庭先生是一位非常勤奋用功的人，三年间他翻阅了大量的宋代文献和近人研究论著，他又是一位勤于思考思维敏捷的人，三年间从初涉宋代科技思想到完成四十万言的博士论文（答辩时只让他拿出二十万字参加答辩），其勤奋与敏捷于此可见一斑。当然他在修改论文期间，我们的一些看法并不完全一致，有时甚至有很大的分歧，但这也不妨碍我们之间的愉快交往。这部在博士论文基础上修改后完成的书稿，尽管可能还存在一些不足之处，譬如对史料的鉴别、认识和取舍，又譬如对宋代社会历史文化的总体把握等都还有进一步提高的地方，但也不可否认这部书稿已取得相当大的成功，这在近期国家社科基金项目的匿名通讯评审中获得良好评价，就是很好的说明。从对推动宋代科技思想史的研究角度来说，也是值得称道的，宋代在科学技术方面取得的成就得到了海内外史学家一致肯定，但是目前对它的系统研究还很不充分，尤其是科技思想的研究甚为薄弱，迄今尚未见系统而有分量的专著问世。吕变庭先生的这部书稿无疑开了一个好头，也希望他百尺竿头更进一步，以使《南宋科技发展与思想研究》早日问世，庶几使学界对宋代的科技发展与思想有一个较为完整的认识。是为序。

2007 年 1 月 26 日
于首都师范大学

第 一 章
绪 论

一 科技思想史的概念及其北宋科技思想的特点

（一）何为科技思想史？

科技思想实际上是由两个问题整合而成的，即科学思想和技术思想。"科学"这个术语有广义与狭义之分，从狭义的角度讲，科学特指近代欧洲的自然科学，故美国威斯康星大学的科学史教授林德伯格在《西方科学的起源》一书中专门增加了一个副标题："公元前六百年至公元一千四百五十年宗教、哲学和社会建制大背景下的欧洲科学传统。"这个题目至少有两层含义：一是所谓"科学"就是指公元 1450 年以后欧洲出现的科学理论、实验方法、机构组织、评价体系等一整套东西，藉此任鸿隽[1]、冯友兰[2]认为中国古代根本就不存在科学；二是从连续性的视野看，欧洲的近代科学有个历史的传承过程，而欧洲科技传统的源头在古希腊。那么，古希腊的科技传统又是什么？吴国盛先生认为，以演绎逻辑为特征的理性学问[3]就是古希腊的科技传统，是启迪欧洲近代科学的思想火花。因此，从广义的角度说，

---

[1] 任鸿隽：《说中国无科学的原因》，《科学》杂志 1915 年创刊号。

[2] 冯友兰：《为什么中国没有科学——对中国哲学的历史及其后果的一种解释》，《国际伦理学杂志》1922 年。

[3] 吴国盛：《科学与人文》，《北大讲座》第 1 辑，北京大学出版社 2002 年版。

科学又可分为两义：其一是知识体系和文化形态①，而这种知识体系和文化形态是历史的和具体的，如中国古代的科学多与哲学和宗教混合成一体，我们如若研究中国古代的科学就必须对它进行认真地和复杂地剥离工作；其二是一种要求逻辑严密、理性至上的科学主义精神，是一种以演绎逻辑为特征的理性学问②。任鸿隽先生曾十分强调科学精神对于科学的重要性，他说："于学术思想上求科学，而遗其精神，犹非能知科学之本质也。"③ 而所谓"科学者，望之似神奇，极之尽造化，而实则生人理性之所蕴积而发越者也"④。从这个视角看，程颢所言"吾学虽有所授受，天理二字却是自家体贴出来"⑤，其"自家体贴"的精神就是一种科学精神。当然，科学本身的最重要特征却是一种以演绎逻辑为特征的理性学问，正如亚里士多德所言："科学就是对普遍者和那出于必然的事物的把握。"⑥ 陈独秀亦说："科学者何？吾人对于事物之概念，综合客观之现象，诉之理性而不矛盾之谓也。"⑦ 毫无疑问，以演绎逻辑为特征的理性学问源于古希腊，而这种传统后来为笛卡尔所继承并加以人文化，所以他提出了"我思故我在"的著名论题。笛卡尔这个论题的科学指针非常清楚地转向了内在，而爱因斯坦也十分强调科学的这个特征。

---

① 徐宗良：《科学与价值关系的再认识》，《光明日报》2005年6月21日。

② 袁征：《二十世纪中国史学理论的重要创见——顾颉刚的层累造史理论及其在历史研究中的作用》，《漆侠先生纪念文集》，河北大学出版社2002年版，第33页。

③ 任鸿隽：《科学精神论》，中国科学社编《科学通论》，中国科学社1934年版，第2页。

④ 同上书，第3页。

⑤ 程颢、程颐：《二程外书》卷12《传闻杂记》，上海古籍出版社1995年版，第56页。

⑥ 亚里士多德：《尼各马科伦理学》，中国人民大学出版社2003年版，第124页。

⑦ 陈独秀：《敬告青年》，《青年》第1卷，1915年。

就此而言，人们把"科学"翻译为"格知学"是适当的①。"格物致知"是宋代理学家发挥《礼记》传统学说的最重要思想内容之一，而这个思想的实质就是一种理解型的科学，就是一个"理"，二程说："万物皆只是一个天理。"② 所以理学家反复倡导的"天理"可以具体分为"科学"与"人文"两个层面，而北宋的理学家之思想中都或多或少地包含着"科学思想"的因素，甚至是可以相通的科学思想因素。因此之故，人们才把周敦颐、程颢、程颐、张载和邵雍的思想看成是一体的，并合称为北宋理学五子。

（二）北宋科技思想的特点

史学界普遍承认，与唐代相比，宋代已经呈现出许多新的文化因素③。而正是这些新的文化因素的增长，才使北宋成为一个具有承前启后之特点的社会变革时代，至于"新"在何处？美国学者刘子健先生总结了 10 个方面的"新"：大城市的兴起、蓬勃的城市化、手工业技术的进步（用李约瑟的话说就是"宋代把唐代所设想的许多东西都变成为现实"④）、纸币的使用、文官制度的成熟、文官地位达于高峰、法律受到尊崇、教育得到普及、文学艺术的种种成就及新儒家对古代遗产的重构等⑤。把所有这些"新"因素一一揭示出来，显然是本文所做不到的。但就其在科技思想方面所达到的历史高度，却是本文所要探讨的问题。为了叙述的方便，笔者有必要先把宋代尤其是北宋在科技思

---

① 席泽宗：《科学史十论》，复旦大学出版社 2003 年版，第 98 页。

② 程颢、程颐：《河南程氏遗书》卷 2 上《二先生语二上》，《二程集》上，中华书局 2004 年版，第 30 页。

③ 李华瑞：《20 世纪中日"唐宋变革"观研究述评》，《史学理论研究》2003 年第 4 期。

④ 李约瑟：《中国科学技术史》第一卷第一分册，科学出版社 1975 年版，第 284 页。

⑤ 刘子健：《中国转向内在》，江苏人民出版社 2002 年版，第 1 页。

想方面所凸显出来的那些特征性的东西在此作一简单说明。

1. 用新的"范式"来解释和说明中国古代传统的"天人关系"

中国科技思想的经典范式源于《周易》，这是毫无疑问的。有人说："科学是人类的认知结构模式之一"①，库恩甚至把"范式"转换看做是科学革命的基本条件。而按照李约瑟的观点，《周易》所开创的范式结构由一系列概念群组成，他称《周易》是"涵蕴万有的概念之库"，就中世纪的中国科学家来说，"差不多任何自然现象都可以指归它"②。但进入近世以后，情况就发生了变化，特别是城市化的经济运动打破了原有的小农生活格局，与城市化相关的商户的经济地位获得了空前的提高，而区域性市场和货币的发展就成为宋代商业发展的两个重要标志。随着商业经济的发展，建筑其上的政治、科学、思想等领域也必然随之发生变化。而发生在北宋初期的疑古惑经思潮正是这种经济变革在思想文化领域内的客观反映，故有人将它称之为"启明时代"③。席泽宗先生说："被胡适称为'中国文艺复兴时期'的宋代，也是中国传统科学走向近代化的第一次尝试。这时，完全、彻底抛开了天道、地道、人道这些陈旧的概念，而以'理'来诠释世界。"④

诚然，"理"或"道"作为一个哲学概念，早在战国时期的哲学著作中就出现了，如《庄子》卷15《刻意》中有"语大义之方，论万物之理"的说法，《荀子》卷3《非相篇》又提出了"务事理"的命题，但从阐释学的角度看，在北宋之前，"理"既没有成为思想家们解释宇宙万物的先验认识论概念，也没有成

---

① 倪南：《易学与科学简论》，《自然辩证法通讯》2002 年第 1 期。
② 李约瑟：《中国古代科学思想史》，江西人民出版社 1999 年版，第 395 页。
③ 韩钟文：《中国儒学史》宋元卷，广东教育出版社 1998 年版，第 99 页。
④ 席泽宗：《科学史十论》，复旦大学出版社 2003 年版，第 111 页。

为构建其思想大厦的最高本体范畴，故李约瑟的《中国古代科学思想史》只将"阴阳"和"五行"看做是"中国科学之基本观念"，因而，在他的视野里，中国古代的科学思想发展到汉代就停止不前了。实际上，北宋理学的兴起，不仅在于其重新确立了儒学的权威，而且更重要的是它突破了汉唐的传统思维范式，并用"理"这个新的思想范畴来重新解释世界和认识世界。正是在这层意义上，李泽厚先生说：北宋"理学家中并不缺乏科学倾向"①。

而就思想史本身来说，北宋理学家之所以能突破汉唐的传统思维范式，并使"理"获得本体论的地位，是因为儒、释、道三教出现了融合的历史趋势，在这种大的发展趋势下，先是周敦颐的《太极图说》试图将道教宇宙观纳入到他的理学思想之内，接着二程进一步把道解释为形而上之理，至此，"道"与"理"在北宋理学家的思想范畴里便内在地合二为一了。如张立文先生说："二程把'天理'作为世界万物的本原，可说是受佛教三论宗、华严宗的启发。"② 而邵伯温在谈到邵雍的思想来源时亦说：其"以老子为知《易》之礼，以孟子为知《易》之用。论文中子，谓佛为西方之圣人，不以为过。于佛老之学，口未尝言，知之而不言也。"③ 由此可见，北宋理学从整体上存在着对佛老之学的借鉴与吸收，这个事实是肯定不疑的。此外，佛教在中国化的历史过程中，亦对"理"这个概念作了很重要的发挥，如禅宗初祖菩提达摩倡导理入和行入的定慧双修法，所谓"理入"即"藉教悟宗，深信含生同一真性，客尘障故，令舍伪归真，凝住壁观，无自无他，凡圣等一，坚住不移，不随他教，与道冥

① 李泽厚：《宋明理学片论》，《中国社会科学》1982 年第 1 期。
② 张立文：《宋明理学研究》，中国人民大学出版社 1985 年版，第 37 页。
③ 邵伯温：《邵氏闻见录》卷 19，中华书局 1997 年版，第 215 页。

符，寂然无为"①，而"理人"的宗教前提则是一切众生都有自性清净心，二程将此改名为"理"。"行人"分报怨行、随缘行、无所求行和称法行四种，其"称法行"的根本即证得自性清净心，用宗密的话说就是"欲成佛者，必须洞明粗细本末，方能去末归本，返照心源"②。以此为前提，二程更提出"理与心一"③ 和"心是理，理是心"④ 的思想命题，进而他们对唐及北宋初的心迹异同论作出了"心迹一也"⑤ 的著名论断。可见，北宋理学与禅宗的基本精神是一致的。

2. 实验科学没有成为理论科学发展的基础

近代科学有两个支撑，即由古希腊创始的以逻辑思维为特征的理论科学和以观察与实验为特色的实验科学。尽管从形式上看，中国的古代科技传统与欧洲古代的科技传统之间存在着很大的差异，但是从本质上讲中国古代的科技传统似更接近于近代科技的发展理念，那就是对直观性实验科学的重视。中国古代科技的传统就是以直观性实验科学为特色的，我们虽不能说中国古代的科技传统同古希腊的科技传统一样是欧洲近代科学的重要来源，可事实上中国古代的三大发明正是从宋代才开始传入西方的，其中指南针约于 1180 年经阿拉伯人传入欧洲，火药在 13 世纪中期经印度传入阿拉伯，然后再经阿拉伯人传入欧洲，至于印刷术则于 13—14 世纪由波斯人传入阿拉伯和欧洲，而火药、指南针和印刷术都是实验科学的结晶。也就是说，火药、指南针和

① 释道宣：《菩提达摩传》，《续高僧传》卷 16。

② 宗密：《华严原人论·会通本末第四》。

③ 程颢、程颐：《河南程氏遗书》卷 5《二先生语五》，《二程集》上，中华书局 1981 年版，第 76 页。

④ 程颢、程颐：《河南程氏遗书》卷 13《明道先生语三》，《二程集》上，中华书局 1981 年版，第 139 页。

⑤ 程颢、程颐：《河南程氏遗书》卷 1《二先生语一》，《二程集》上，中华书局 1981 年版，第 3 页。

印刷术都完成于北宋，同时又是从两宋开始外传，因此我们不能排除欧洲近代科学有受到中国古代传统科学影响的可能。马克思曾把火药、指南针和印刷术称作是"预告资产阶级社会到来的三大发明"，因为"火药把骑士阶层炸得粉碎，指南针打开世界市场并建立殖民地，而印刷术变成新教的工具"①。可见，北宋不仅继承了我国古代实验科学的传统，而且还把中国古代的实验科学推向了高峰，沈括则成为这个高峰的标志。从严格的意义上说，近代实验科学不是指在不可控制的偶然因素起重要作用时所做的观察或测试，而是一种受控实验，即它具有受控性。依据这样的条件，沈括所做的磁偏角实验，就是一种严格意义上的受控实验，从这个角度说，沈括是中国实验科学之父并不过分。可惜，这个科技传统没有能够被延续下去。

除了沈括，北宋的多数实验都是非控实验，所以他们对自然现象的解释仍停留在《周易》的文本水平上，缺乏科学性和实证性。因而北宋的理论科学如天文学、物理学、气象学、地学等，从理论上讲都取得了相当高的成就，但由于缺少实证性而又极大地局限了北宋理论科学的发展。

二 对宋代之前科技思想发展的历史回顾

（一）中国古代科技思想范型的形成

同欧洲近代科学的源在古希腊一样，中国古代科学的源则在春秋战国时期。从学理上讲，《周易》为中国古代科技思想之源，因为《周易》规定了中国科学发展的纲领和基本脉络，同时又确立了中国古代科技思想的基本范型，并且在近两千年的封建时代它一直就起着规范与评价的作用，这是中国古代科学文化的典型特征。其最能说明这一点的是《周易·说卦》开首的那

① 《马克思恩格斯全集》第47卷，人民出版社1965年版，第42页。

段话：

> 昔者圣人之作易也，幽赞于神明而生似著，参天两地而
> 倚数，观变于阴阳而立卦，发挥于刚柔而生爻，和顺于道德
> 而理于义，穷理尽性以至于命。昔者圣人之作易也，将以顺
> 性命之理，是以立天之道，曰阴与阳；立地之道，曰柔与
> 刚；立人之道，曰仁与义。兼三才而两之，故易六画而成
> 卦，分阴分阳迭用柔刚，故易六位而成章。

这是一段很原则的话，它至少从三个层面规定了中国古代科学的内涵。其一，审美的层面或称诗性的层面，它是中国古代科学所追求的最高目标，是一种人生境界，而用《周易》的话说就是"立天之道"；其二，经世与格物的层面，它是中国古代科学的内容，是与人类社会生活最为贴近的部分，而用《周易》的话说就是"立地之道"；其三，人文关怀的层面，它是中国古代科学的终极目的，它从精神道德的角度来强化人的生存质量问题，这是一个颇具现代意味的话题，而这个话题的实质和核心就是"立人之道"。

但作为中国古代科学的思维模式，其最具解释效力的范型是阴与阳。《周易·系辞上》说："一阴一阳之谓道"，这是中国古代科技思维模式的基本量纲。

五行这个范型初见于《尚书》。其《洪范》篇云："一曰水，二曰火，三曰木，四曰金，五曰土，水曰从下，火曰炎上，木曰曲直，金曰从革，土爰稼穑。润下作咸，炎上作苦，曲直作酸，从革作辛，稼穑作甘。"结合《管子·五行》及邹衍的五行观，我们可以断定：至少到战国时期，我国已经形成五行生克制化的科技思想和范型了。

中国古代科技思想的第三个范型"气"也最早出现于春秋战

8

国时期。《国语·周语》载："夫天地之气，不失其序"，《管子》卷16《内业》篇又说："凡物之精，比则为生。下生五谷，上列为星；流于天地之间，谓之鬼神；藏于胸中，谓之圣人；是故名气。"这就是说，气是自然万物及人类思维运动变化的根源。

（二）中国古代科技思想范型的发展和充实

秦汉时期进入了中国古代科技思想范型的发展和充实的历史阶段。在这个历史阶段，一方面人们开始应用阴阳的范型于科学研究之中，并用来解释自然现象之间的内在联系，如刘徽在《九章算术》序言里说："徽幼习九章，长再详览，观阴阳之割裂，总算术之根源，探赜之暇，遂悟其意"，其"观阴阳之割裂"主要就是指《九章算术》所蕴涵的思想范型；另一方面，由于秦始皇焚书以后，大量的先秦典籍丢失，而为了保持中国传统文化的连续性，汉儒一改先秦思想自由的学风，遂在"独尊儒术"的一统思想下皆转向于注疏先秦原典的学术之路，后人把这种学术现象称作"汉学"。当然，汉学还有一个非常重要的方面就是穷究天人之道。而围绕着天人之道汉代思想家形成了阵线分明的两派：其一是董仲舒的"天人感应"说及由此引发且呈一时之盛的"卦气说"，这派思想的盛行固然有其特殊的政治背景，但还要看到它确实对中国古代科技思想发展产生了广泛的影响和作用。如数术学不仅在汉代十分兴盛，而且还确立了它在整个中国古代科技思想史中的基础地位；又如方士们为了树立对自然现象的解释权威，他们又设定了"元气"、"太始"、"太初"、"五际"（是一种用历日干支关系推演人事的学说）、"三统"等范型，如董仲舒《春秋繁露》卷4《王道第六》篇云："王正则元气和顺"，这可能是"元气"一词的最早记录者。其二是王充继承荀况"明于天人之分"① 的思想，针对"天人感

---

① 荀况：《荀子》卷17《天论》，百子全书本，岳麓书社1993年版。

应"说而倡导"天地含气之自然"① 及万物"种类相产"② 的实学观点。以此为前提，王充进一步丰富和发展了先秦以来的范型思想，其中最有代表性的创见，就是他首次提出"实知"说。《论衡》卷26《实知篇》云："凡论事者，违实不效验，则虽甘义繁说，众不见信"，同时他还提出了"以心原物"③ 的科学命题。而为了解释"心"的创造性特征，王充又独创了"元精"这个范畴，他说："天禀元气，人受元精。"④ 之后，在王充实证思想的影响下，张衡创制了具有划时代意义的"地动仪"和"浑象仪"，从而把汉代的科学技术推进到一个新的历史高度。

（三）中国古代科技思想范型的成熟与科学技术发展的第一个高峰

中国古代的科技思想范型在三国两晋南北朝时进入成熟期，其解释力也达到了旧范型所能达到的极限。比如在天文学方面，北齐民间天文学家张子信发现了"日月五星差变之数"⑤，所谓"差变之数"即太阳和五星视运动的不均匀性，有人称"他的发现差不多埋下了一场天文学革命的种子"⑥；在数学方面，刘徽的"割圆术"及祖冲之的圆周率，都达到了当时世界的最高水平；在地学方面，裴秀第一次明确地确立了中国古代地图的绘制理论，郦道元的《水经注》则赋予地理描述以时间的深度，而成书于梁代的《地镜图》被科学史家看成是利用指示植物找矿或生物地球化学找矿理论的开山之作；在声学方面，荀勖计算出相当准确的管口校正数，何承天则第一次打破了五度相生的陈

① 王充：《论衡》卷11《谈天篇》。
② 王充：《论衡》卷3《物势篇》。
③ 王充：《论衡》卷23《薄葬篇》。
④ 王充：《论衡》卷13《超奇篇》。
⑤ 魏征等：《隋书》卷20《天文志中·七曜》，中华书局1987年版。
⑥ 王鸿生：《中国历史上的技术与科学》，中国人民大学出版社1991年版，第90页。

规，促使乐律研究向着"等程"的方向发展；在农学方面，贾思勰的《齐民要术》标志着我国古代农学体系的形成，等等。尤其是玄学思潮的兴起，从自然观上进一步扩大了人们的眼界，并极大地提升了人们的思辨能力。而范缜的"神灭论"思想无疑地显示了这个时期科技思想所具有的历史高度。

与汉代相比，这个时期并没有形成稳定的大一统局面，但南北分裂对科学的发展似乎没有造成太大影响，相反，科学范型倒是按照其相对独立的发展规律进入了一个空前发达的历史阶段。由此可以说明，民族交融应当是科技思想发展的一个重要动力。

佛教传入中国，虽然在短时期内对儒、道两教的存在构成威胁，因而引起儒、道对佛教的反抗和拒斥，但从长远的观点看，佛教促使中国古代的科学范型发生转化和重构，实为唐宋的社会变革创造了条件。故李约瑟从四个方面说明佛教对中国古代科技思想的发展产生了影响：其一，6 世纪出版的《立世阿昆昙论》中所说，主要是关于日、月的转动；其二，中国人认识"化石"的真性质比欧洲人早很多；其三，有一种关于宇宙的"循环说"，说世界经过一次大灾祸，海陆翻覆，万物毁灭之后，又再生而恢复原状，这就是佛家所说的"成、住、坏、空"；其四，动物的"转生"或"化身"[①]。

道教在沉寂了一段历史时期后，到东汉末年重又抬头，而且经过黄巾起义的清整，道教以一种"神仙道派"的面目出现在魏晋的历史舞台上。据说，曹操迷信仙术，故"招引四方之术士"，其要者有："上党王真，陇西封君达，甘陵甘始，鲁女生，谯国华佗字元化，东郭延年、冷寿光、唐云，河南卜式、张貂，汝南费长房、蓟子训、鲜奴辜，魏国军吏河南赵胜卿，阳城郤俭

① 李约瑟：《中国科技史要略》，李乔译，台北：华岗出版部 1972 年版，第 14 页。

字孟节，卢江左慈字元放。"① 尽管人们对曹操"招引四方之术士"的目的存在各种各样的疑问，但曹操在客观上推动了道教由原始的说教向理论化的经典方向转进，特别是某些方士通过经典和方术秘诀的传承而逐渐形成团体，而这个时候道教与科学实践的关系越来越密切，并且成为中国古代科技思想的主要来源之一。其实，道教自晋代以后就开始分化为两派，一派以葛洪为代表，称"丹鼎派"，一派以李宽为代表，称"符水派"。由于"丹鼎派"的炼丹实践在士族阶层产生了深刻的影响，因而成为道教的主流，以至于唐朝皇帝把它尊奉为国教。而葛洪的《抱朴子》及素有"山中宰相"之称的陶宏景所著《神农本草经集注》，都是这一时期的科学名著，所以李约瑟把道教称作是"宗教的、诗学的、魔术的、科学的、民主的和政治革命的一种学派"②。

（四）中国古代科技思想范型的危机

李约瑟在论及中国古代科技思想范型的局限性时说："据我所能看到的而言，这些理论起初对中国的科技思想倒是有益的而不是有害的，而且肯定绝不比支配欧洲中古代思想的亚里士多德式的四元素说更坏。当然，象征相互联系变得越繁复和怪诞，则整个体系离开对自然界的观察就越远。到了宋代 11 世纪，它对当时开展起来的伟大的思想运动大概已起着一种确属有害的影响。"③ 实际上，以阴阳五行为核心的中国古代科技思想范型体系早在唐代就已出现了僵化的趋势。其主要表现就是人们硬将科学附会阴阳五行，尤其是在科学家的理论研究中出现了空前的解释性真空，即当他们遇到了旧的思想范型不能解释新问题时，不

---

① 张华：《博物志》卷 5《方士》。

② 李约瑟：《中国科学史要略》，李乔译，台北：华岗出版部 1972 年版，第 14 页。

③ 李约瑟：《中国科学技术史》第 2 卷，科学出版社 1975 年版，第 289 页。

是突破旧范型建立新的解释性范型，而是把新问题的可解域死死地限制在旧的范型之内。如唐代的潮汐学专家卢肇用浑天法来解释海潮现象，他说："浑天之法著，阴阳之运不差；阴阳之运不差，万物之理皆得；万物之理皆得，其海潮之出入，欲不尽著，将安适乎？"① 当时浑天说已经漏洞百出，阴阳作为科技思想的范型也已僵化，而卢肇仍然用这样陈旧的理论来解释自然现象，难怪沈括在《补笔谈》里批评他"极无理"；又如僧一行是唐代最著名的科学家之一，他领导了世界上第一次用科学方法进行的子午线实测，创立了不等间距二次内插法，同时他制定的《大衍历》也是当时最好的历法，等等。可惜，他的创造性思维牢牢地为"阴阳、五行之学"所限，其最典型的例子就是他把五行看作历数的基础。据考，一行《大衍历》的"通法"即来自《周易》的"大衍之数"，且又用"五行生数"和"五行成数"加以推演，以致弄到了极其荒谬可笑的地步。此外，他用"人伦之化"② 的道德意识来消解"浑天说"与"盖天说"之间所存在的矛盾，这种把科学问题道德化乃至政治化的做法，给中国古代科技思想的发展带来了非常有害的后果。正如李申先生所说："这是一个科学的危机时期，发现旧理论的错误，正是建立新理论的起点，但一行止步不前了。"③

而越在这个时候，就越能显示出哲学对科技思想发展的拉动作用。从这个角度讲，科学也是哲学，如 1874 年日本学者西周（1829—1897）就曾把"science"翻译成科学和哲学④。麦考利说：科学"是一门永不停顿的哲学，永远不会满足、永远不会

① 翟均廉：《海潮赋》，《海塘录》卷 18《艺文一》。

② 欧阳修：《新唐书》卷 25《历志一》，中华书局 1987 年版。

③ 李申：《中国古代哲学与自然科学》，中国社会科学出版社 1993 年版，第 195 页。

④ 席泽宗：《科学史十论》，复旦大学出版社 2003 年版，第 97 页。

达到完美的地步。它的规律就是进步"①。前面说过，传统的阴阳五行范型发展到唐代已经暴露出许多问题，特别是在解释方面已明显不适应时代的发展要求了，所以针对这些问题唐代的自然哲学家试图在新的语境中重建一种与"阴阳五行之学"不同的解释体系，其典型代表是刘禹锡。刘禹锡在《天论》中完全抛弃了阴阳五行的话语体系和思维范型，代之而来的是"理"、"势"、"数"、"能"等一系列新的解释性范式，提出"天与人交相胜"（或称"天人相胜"及"天人相分"）的命题，开北宋一代思想变革的先河。

（五）中国古代科技思想史研究中所遇到的几种关系

我们在具体研究中国古代科技思想史（包括北宋科技思想史）的过程中，往往会遇到各种各样的问题，其中究竟应当如何把握和处理科学与哲学的关系及科学与技术的关系问题是涉及科技思想史研究全局的问题，故此，我们在这里就不能不加以适当的界定与讨论。

第一，科学与哲学的关系问题。

从历史上看，在人类文明的初期（或称前科学时代）科学尚包含在哲学之内，那时科学作为一门学问还没有从哲学体系中分化出来，因而它本身还没有自己的独立性。这是因为当时的人类知识对象仅仅以观察自然为特色，人类还没有足够的能力反观自身，并形成关于人的学问。故哲学的希腊文原义是"爱智慧"，"智慧"者何？亚里士多德说："智慧既是理智也是科学，在高尚的科学中它居于首位。"② 这说明哲学和科学从根源上讲是密不可分的。

---

① 贝尔纳:《科学的社会功能》，商务印书馆1986年版，第41—42页。

② 亚里士多德:《尼各马科伦理学》，中国人民大学出版社2003年版，第125页。

因此，在古希腊时期，亚里士多德的整个哲学体系可以分成三大部分：形而上学、物理学和逻辑学。按照中文的说法，形而上学是"在物理学之后"的意思，它研究本体论的问题；与形而上学相对应，物理学是关于自然的知识体系，它研究物质论的问题。如此看来，形而上学和物理学就有了时间的先后性问题，在时间上，物理学在前，形而上学在后，而这种先后性除了表明两者之间的历史联系外还有没有思想史的意义呢？恩格斯在批评自然科学家鄙视哲学对自然科学的支配作用时说：哲学是"一种建立在通晓思维的历史和成就的基础上的理论思维的形式"[①]。在这里，"思维的历史"即是思想的历史，而思维的成就当然包括科学的成果在内，所以，在恩格斯看来，历史性的思想实际上就是哲学。如果我们把哲学与科学都看成是人类把握世界的基本方式，那么，不仅哲学是一种历史性的思想，而且科学也是一种历史性的思想。从这个角度讲，科技思想史可以归结为哲学思想史，而这个结论在欧洲的前科学时代尤其适用。

上面的结论适用于中国古代的文化情形吗？

同古希腊的知识体系相仿，中国古代亦没有跟哲学相分离的科学，牟宗三先生说："科学家之玄学大半都是哲学家之问题。故科学与哲学在西方始终是纠缠于一起，然则其所以有科学与哲学者非无故矣。故欲使中国有科学，当亦不外乎此。作中国哲学史及提倡科学的人不可不注意及之。"[②] 尽管北宋取得了世界瞩目的科技成就，但北宋的科学仍然没有从哲学的知识体系中分化出来。不过，与古希腊的知识体系不同，由于中国古代哲学的表现形式较多，因而科学的载体就显得复杂多样了，如道家、墨

[①] 恩格斯：《自然辩证法》，人民出版社 1984 年版，第 68 页。
[②] 牟宗三：《周易的自然哲学与道德函义》，《牟宗三全集》1《自序一》，台湾联合报系文化基金会 2003 年版。

家、阴阳家等哲学学派都程度不同地把科学作为其整个知识体系的重要组成部分。拿道家来说，《老子》就曾经说过这样的话："为学日益，务欲进其所能，益其所习。为道日损，务欲反虚无也。"在这段话里，"学"与"道"便构成了一对关系范畴，而冯友兰先生把这对关系范畴解释为"科学"与"哲学"的对立。他说："为学是求一种知识，为道是求一种境界。"[1] 然而，不管"为学"还是"为道"，都不过是在道家哲学体系之内有所分别的两种学问，各自却不相独立。实际上，《易经·系辞上》早已对科学与哲学作了区分："形而上者谓之道，形而下者谓之器。"而"道"与"器"的关系则是北宋道学所探求的基本理论问题之一，可见，对科学与哲学的这种区别，确实给了北宋道学以积极的影响。如张载把"气"之全体称为"道"，他说："太和所谓道，中涵浮沉升降动静相感之性，是生絪缊相荡胜负屈伸之始。"[2] 这段话就是在本体论的意义上来讨论哲学问题，是形而上之学。接着，张载又说："地纯阴凝聚于中天，浮阳运旋于外，此天地之常体也。恒星不动，纯系乎天，与浮阳运旋而不穷者也。日月五星逆天而行并包乎地者也。地在气中，虽顺天左旋，其所系辰象随之稍迟，则反移徙而右尔。间有缓速不齐者，七政之性殊也，月阴精反乎阳者也。故其右行最速，日为阳精然其质本阴，故其右行虽缓亦不纯乎天，如恒星虽不动，金水附日前后进退而行者，其理精深存乎物感可知矣。"[3] 与前一段话不同，这段话是在宇宙论（或为物质论）的意义上来探讨天体运行的现象即科学的问题，是形而下之学。虽然，张载对天体运行的现象还没有脱离开日常经验的束缚，但他对水星进动现象的揣

---

① 冯友兰：《新知言·绪论》，商务印书馆1946年版。
② 张载：《张子全书》卷2《正蒙·太和篇第一》。
③ 张载：《张子全书》卷2《正蒙·参两第二》。

测却是十分了不起的。由此可知，北宋时期的科学仍依附在道学的羽翼之下，而北宋的科技思想亦就不能不寓于其科学与道学的互动关系之中。

第二，科学与技术的关系问题。

大凡否认中国古代有科学者，似乎都忘记了这样一个客观事实，那就是中国古代具有深厚的技术传统，因而古代中国可堪称是世界上技术最为发达的文明古国。据此，我们不禁要问：技术可以完全脱离科学而独立发展吗？当然不能。科学学的创始人普赖斯曾把科学与技术的关系比作是一对舞伴，两者构成一个统一的整体①。马克思在《经济学手稿》（1861—1863）一书中多次谈到资本主义生产条件下科学与技术的关系问题。在马克思看来，在资本主义生产方式出现之前，科学只是以十分有限的知识和经验的形式出现，是跟生产劳动本身联系在一起的。然而，资本主义使"生产过程成了科学的应用，而科学反过来成了生产过程的因素即所谓职能"②。进而马克思将劳动工具称之为"科学思想的客体化"③。可见，中国古代的技术发明和创造诸如北宋的水运仪像台、针灸铜人、活字印刷术等亦理应是一种客体化的科学思想。

按照东汉班固的划分标准，中国古代的技术门类大致可分做十种：第一种，"阴阳者，顺时而发，推刑德，随斗击，因五胜，假鬼神而为助者也"；第二种，"技巧者，习手足，便器械，积机关，以立攻守之胜者也"；第三种，"天文者，序二十八宿，步五星日月，以纪吉凶之象，圣王所以参政也"；第四种，"历谱者，序四时之位，正分至之节，会日月五星之辰，

---

① 普赖斯：《巴比伦以来的科学》，河北科学技术出版社 2002 年版。
② 《马克思恩格斯全集》第 47 卷，人民出版社 1979 年版，第 570 页。
③ 《马克思恩格斯全集》第 46 卷上，人民出版社 1979 年版，第 469 页。

以考寒暑杀生之实";第五种,"五行者,五常之形气也";第六种,"蓍龟者,圣人之所用也";第七种,"杂占者,纪百事之象,候善恶之征";第八种,"形法者,大举九州之势以立城郭室舍形,人及六畜骨法之度数、器物之形容以求其声气贵贱吉凶";第九种,"医经者,原人血脉经络骨髓阴阳表里,以起百病之本,死生之分,而用度箴石汤火所施,调百药齐和之所宜";第十种,"经方者,本草石之寒温,量疾病之深浅,假药味之滋,因气感之宜,辩五苦六辛,致水火之齐,以通闭解结,反之于平"①。当然,因古今话语的不同,汉书所说的术类,如果用现代的学科体系来对照,它则归分为天文、军事、医药、建筑和预测五大类。而这五类属于技术性的学科,在北宋皆有长足的发展,并且还都取得了辉煌的成就。由于这些技术成就渗透着浓重的科学思想和科学精神,因此,我们通过考察这些技术成果,就能把当时整个社会的科学发展水平和人文价值层面揭示出来。

另外,西汉初期,社会上还有一种对科学与技术之社会地位的规范性认识,我们不能不加以认真地对待。那就是把科学与技术纳入了"道"的体系和框架之内,于是出现了"道本"与"道末"的区别。如贾谊说:"道者,所从接物也,其本者谓之虚,其末者谓之术。虚者,言其精微也,平素而无设储也;术也者,所从制物也,动静之数也。凡此皆道也。"② 接着,贾谊又特别对"术"作了规定,并重申了"六术",即"六艺"(《书》、《诗》、《易》、《春秋》、《礼》、《乐》)的主张。③ 可见,在贾谊的话语和观念里还没有歧视"技艺"的意思。而对"技

①　班固:《汉书》卷30《艺文志》,中华书局1983年版。
②　贾谊:《新书》卷8《道术》。
③　贾谊:《新书》卷8《六术》。

艺"的地位,《周礼·乐记》有"德成而上,艺成而下"的说法,本来这是一句很普通的话,而且《周礼·王制》还给了技术类人才以较高的官位,其《王制》规定:"凡执技以事上者,祝史、射御、医卜及百工。"将"百工"跟"祝史"平等对待,这说明当时德与艺并没有尊卑之分。然而,在汉武帝"独尊儒术"以后,经学取代了子学,因而经学家自东汉的郑玄开始,都对《周礼·乐记》中的话作了推演性的解释,于是在子学时代仅仅表现为堂上和堂下之分的德艺关系转而变成了经学时代的尊卑关系,如唐人张守节为《史记》卷24《乐书》所做的"正义"云:"上谓堂也,德成谓人君,礼乐德成则为君,故居堂上,南面尊也",而"下,堂下也,艺成谓乐师伎艺虽成唯识礼乐之末,故在堂下,北面卑之也"。在这样的认识域内,唐代便出现了歧视技术官的倾向和趋势①,如技术官不能入士流、限制技术官的正常升迁等,而这种制度性的缺陷对北宋的科学发展造成了一定的消极影响。当然,北宋科学与社会的文化制度在扬弃唐代科学与社会文化制度时,既有继承和恢复,也有否定和变革。例如,宋人虽然对技术官和文官在制度实践方面作了较为严格的区分,但在理论上却是有意识地向子学时代回归,从而使科学和技术在道德的外壳里重新建立起统一的关系。如欧阳修说:"匠之心也,本乎大巧;工之事也,作于圣人。因从绳而取谕,彰治材而有伦。学在其中,辨盖舆之异状;艺成而下,明凿枘之殊陈。"②其中"匠之心也,本乎大巧"讲的是技术层面的问题,而"工之事也,作于圣人"则是就科学层面来立言的,两者虽有所不同,但却共处于"大匠"这个统一体中。所以,科学与

---

① 包伟民:《宋代技术官制度述略》,《漆侠先生纪念文集》,河北大学出版社2002年版,第219页。

② 欧阳修:《欧阳文忠公文集外集》卷24《大匠诲人以规矩赋》,文渊阁四库全书本。

技术是相辅相成的关系，应当承认，这种认识代表着北宋在德艺关系方面的一种新气象。不过，如果说欧阳修旨在通过《大匠诲人以规矩赋》来表明技艺对于社会发展之重要性的话，那么，楼钥的《建宁府紫芝书院记》则是以高昂的姿态开始正确面对技术对于社会进步的价值和意义了，他说："谓艺成而下，圣人以游言之，疑其为可轻，是不然。所谓艺者，非如今之技艺，乃礼、乐、射、御、书、数，古所谓六艺是也……君子未有不兼此而能全德者。"① 之后，南宋学者易袚更明确地说："虽艺成而下，寔有形而上者之道充之。"② 另一位学者王与之也说："道隐于六艺之中，不可指言，故总而名之曰道艺。"③ 在这里，道是哲学，属于普遍性的东西，而艺则是技术，属于特殊性的东西。在艺与道之间所"隐"的和"不可指言"的部分，虽然不专指科技思想，但它本身包含着一定的科技思想却是无可质疑的。故此，明人倪元璐说："儒者之智不如伎士矣。"④ 因为伎士较儒者具有更加丰富的科技思想，如北宋的易学家刘牧、军事学家曾公亮和丁度以及医学家唐慎微等都是十分鲜明的例子。

三　我国北宋科技思想史研究状况概述

我国科技思想史的研究起始于五四运动之后，当时由于受西方科学的影响，一批留学归国人员开始用现代的科学知识整理和研究不同学科领域中的历史题材，他们应当是中国科学史事业的开拓者⑤，其代表人物有竺可桢、梁思成、章鸿钊、钱宝琮、刘

---

①　楼钥：《攻媿集》卷 54《建宁府紫芝书院记》。

②　易袚：《周官总义》卷 7《地官司徒第二》。

③　王与之：《周礼订义》卷 16《易氏》。

④　倪元璐：《儿易外仪》卷 2《易则》。

⑤　席泽宗：《科学史八讲：中国科技史研究的回顾与展望》，台北联经出版事业公司 1994 年版。

仙洲、陈邦贤等。而仅就科技思想史的研究来说，已故的化学家王琎（1888—1966）和科技史家钱宝琮（1892—1974）两位先生是中国古代科技思想史研究方面最重要的开拓者，如王琎在1922年的《科学》杂志上发表《中国之科学思想》一文，第一次从社会和士人"不知其自身有独立之资格"的视点探讨了中国科学不振的原因。而《宋元时期数学与道学的关系》一文是钱宝琮先生阐释宋代科技思想发展的代表作之一。该文讨论了"道学中与自然科学研究有关系的两点——'格物致知'说和象数神秘主义思想"，可称为我国研究宋代科技思想史的承前启后之作，他的学生如杜石然、薄树人等都是在他的引导下走入中国科技思想史的研究领域的，并做出了一定成绩。20世纪90年代中国科技思想史研究进入了活跃期，出现了一大批较有影响的著作，如台湾学者杜维运、陈维伦的《中国科学思想史》（1989），大陆学者董英哲的《中国科学思想史》（1990），袁运开和周翰光合著的《中国科学思想史》（1998）以及席泽宗主编的《中国科学技术史·科学思想卷》（2000）等（不包括论文在内）。这些著作从不同的角度阐释了中国科技思想史的发展理路，并在许多方面进一步补充和发展了李约瑟的观点，极大地丰富了中国科技思想史的研究内容，可惜他们都是通史而不是断代史，因而在阐述每个具体时代的科技思想发展过程时，不免有所遗漏。所以中国科技思想史的断代研究还有很大的拓展空间。

在北宋科学家思想的个案研究方面，竺可桢于1922年发表《北宋沈括对于地学之贡献与纪述》一文，它第一次系统地评述了沈括在地理学、地质学和气象学上的贡献，奠定了沈括科技思想研究的基础。其后，张荫麟先生著《沈括编年事辑》（1936），胡道静于1957年出版《新校正梦溪笔谈》等，这些研究成果为《梦溪笔谈》成为一门国际显学创造了条件。相对于沈括的研究，苏颂的科技思想研究则略显薄弱，人们主要从技术的角度来研究和复制苏颂创制的"水运仪象台",但对其科技思想的诠释还不够。好在邓广铭先生曾为苏颂写了小传①,颜中其、管成学著有《中国宋代科学家苏颂》②、《苏颂与新仪象法要研究》③ 等等,这些考证性的研究成果为进一步研究苏颂的科技思想提供了可靠的史料依据。

此外,邓广铭先生和漆侠先生,对北宋科技思想研究也提出了一些建设性的意见。如邓广铭先生在《论宋代的博大精深——北宋篇》中指出:"北宋王朝并不把科学技术视为奇技淫巧而采取鄙视和压抑政策……(故)北宋政权对于思想、文化、学术界的活动、研究,是任其各自自由发展而极少加以政治干预的。"这无疑是理解北宋科技思想为什么达到中国古代历史最高峰的关键。而漆侠先生在《宋学的发展和演变》一书中提出"宋学是对探索古代经典的一个巨大变革"的命题,对于进一步把握宋代科技思想的发展历史具有重大的理论指导意义。

从宏观上看,北宋科技思想的发展具有独特的思想文化背景,如中国传统的"天人合一"思想到北宋出现了很大的变革,其中"天人相分"的问题就十分突出。在这方面,李泽厚的《宋明理学片论》及葛兆光的《中国思想史》不约而同地走到了一起,尽管他们没有明确说明"天人相分"与北宋科技思想发展的内在关系,但是他们却给我们提供了一种新的研究北宋科技思想发展的历史维度。

四 本课题所要解决的主要问题

综合国内外关于北宋科技思想史的研究状况,目前存在的主

---

① 邓广铭等:《中国古代科学家·苏颂》,科学出版社 1963 年版。
② 颜中其、管成学:《中国宋代科学家苏颂》,吉林文史出版社 1988 年版。
③ 管成学等:《苏颂与新仪象法要研究》,吉林文史出版社 1991 年版。

要问题是：

第一，对道学与科学的关系问题，学界尚存在着严重分歧，而分歧的焦点是是否承认道学对北宋科技思想发展的积极作用。否定派以大陆学者杜石然为代表①，肯定派则以台湾学者沈清松为代表②。而究竟如何解决这个问题，便是本课题的研究内容之一。

第二，如何看待研究中国科技思想史方法的多样性问题。目前研究科技思想的方法主要有：马克思主义的社会史方法，实证主义的编年史方法及思想史学派的概念分析方法。科学史的创始人萨顿就是用实证主义的编年史方法来写科技思想史的，这种方法的特点是把科技思想史看做是最新理论在过去渐次出现的大事年表，是运用某种最近被确定为正确的科学方法对过去的真理和谬误所作的不断检阅的过程，但它的缺点是任何人都无法有充分的理由选择历史资料，而只能得到杂乱无章的不得要领的历史③；思想史学派的概念分析方法的特点是主张研究原始文献，他们甚至把哲学史研究中对概念的发生学分析技术带进了科技思想史的研究之中，他们认为科学本质上是对真理的理论探求，科学的进步体现在概念的进化上，它有着内在的和自主的发展逻辑，所以这种方法的缺点就是过于强调概念的发展演化。有学者抱怨现在的思想史过于概念化，其方法论的原因就在于此。马克思主义的社会史方法为我们所深熟，也是我们治史的主导方法，在这里无须多言。不过，席泽宗先生最近有种提法，他认为科技思想史"需力求确切地以当时的概念体系为背景"④，对每一历

---

① 杜石然：《数学·历史·社会》，辽宁教育出版社 2003 年版。

② 沈清松：《儒学与科技——过去的检讨与未来的展望》，中华书局 1991 年版。

③ 吴国盛：《科学思想史指南》，四川教育出版社 1994 年版。

④ 席泽宗：《中国传统科学思想的回顾——〈中国科学技术史·科学思想卷〉导言》，《自然辩证法通讯》2000 年第 1 期。

史时期的科技思想，尽量做客观的叙述。他主张把马克思主义的社会史方法与实证主义的编年史方法结合起来，只有这样才能构成一部完整的科技思想史。我认为这种方法是最有效的。

第三，如何看待"唐宋变革"与近代科学革命的关系问题。日本学者内藤湖南在《概括的唐宋时代观》中说："唐代是中世的结束，而宋代则是近世的开始。"基于这种认识，日本学者宇野哲人的《中国近世儒学史》就是从北宋开始的。在国内，自20世纪30年代起即有学者开始接受内藤湖南的看法，最典型的例子就是贾丰臻先生所著《中国理学史》之第四编《近世理学史》（商务印书馆1937年版）的起点是北宋的周敦颐，最近北京大学的陈来教授也写了一部书，名为《中国近世思想史研究》（商务印书馆2003年版），其"近世"的起点亦为北宋，显然是受日本学者的影响。假如我们接受了这一概念，那么就不得不去思考下面的问题，即近代科学革命为什么发生在欧洲而不是中国？换言之，北宋的科学进步和社会变革为什么不能引发科技思想革命？本课题当然不可能彻底解决该问题，但它却是本课题所要解释的问题之一。

第 二 章

宋学的形成与宋代科技思想的初兴

第一节 安定学派及其科技思想

一 宋初的"疑古惑经"思潮与安定学派的产生

（一）宋初"疑古惑经"思潮形成的历史原因

宋初学者所发动的那场颇具影响的疑古惑经运动，从历史上看，大致可分做两个阶段（关于疑古惑经运动的历史背景请参见漆侠《宋学的发展和演变》一书）：

第一个阶段是疑古和疑传，这里的"传"为狭义的《公羊》、《穀梁》和《左氏春秋》三传，这一侧重于"修《春秋》，为后王法"[①] 的"内圣外王"派，其中心问题是如何阐释孔子"《春秋》救世之宗旨"，它的代表人物唐有啖助（724—770）、赵匡（约761—779）和陆淳（？—805），而从北宋"疑传"人物的生年看，则宋初有孙复（993—1057）、石介（1005—1045）、刘敞（1019—1068）等。啖助、赵匡、陆淳三人略早于韩愈（768—824）。《旧唐书》卷189下《陆淳传》说他"有经学，尤深于《春秋》，少师事赵匡，匡师啖助"。可见，啖、赵、陆不仅为师徒关系，而且他们的治经方法亦趋一致，即他们共同

---

① 陆淳：《春秋集传纂例》卷1《春秋宗指议第一》，文渊阁四库全书本。

开创了"舍传求经"的经学新方法。宋人陈振孙说："汉儒以来言《春秋》者，推宗三传，三传之外，能卓然有见于千载之后者，自啖氏始，不可没也。"① 如宋初孙复作《春秋尊王发微》，即远师陆淳。另据《宋史》卷 202《艺文志一》著录，宋人有关《春秋》的著述在 200 种以上，而仅仅在宋初学者刘敞之前，所列宋人《春秋》传注就达 17 种 184 卷。据此可知，宋初儒学复兴确以《春秋》为主。当然，这一派重社会实践，崇尚实际，讲求社会效益，因而他们"把对经学的研究与现实生活（包括经济、政治生活诸方面）联系起来，强调对社会生活的改善"②，这便构成了宋学的重要内容和鲜明特色。

第二个阶段是变古和疑经，疑古必然导致变古，而疑传必然导致疑经。宋代学者吴曾说："国史云：庆历以前，学者尚文辞，多守章句注疏之学，至刘原甫为《七经小传》，始异诸儒之说，王荆公修《经义》，盖本于原甫。"③ 王应麟在评价北宋的变古和疑经思潮时亦讲过下面一段话，他说："自汉儒至于庆历间，谈经者守训，故而不凿。《七经小传》出而稍尚新奇矣，至《三经义》行视汉儒之学若土梗。古之讲经者执卷而口说，未尝有讲义也。元丰间陆农师在经筵始进讲义，自时厥后，上而经筵，下而学校，皆为支离曼衍之词说者，徒以资口耳，听者不复相问难，道愈散而习愈薄矣。陆务观曰：'唐及国初，学者不敢议孔安国、郑康成，况圣人乎！自庆历后，诸儒发明经旨，非前人所及，然排《系辞》，毁《周礼》，疑《孟子》，讥《书》之《胤征》、《顾命》，黜《诗》之序，不难于议经，况传注乎！'斯言可以箴谈经之膏肓。"④

---

① 漆侠：《宋学的发展和演变》，河北人民出版社 2002 年版，第 13 页。
② 陈振孙：《直斋书录解题》卷 3《春秋类》，文渊阁四库全书本。
③ 吴曾：《能改斋漫录》卷 2。
④ 王应麟：《困学纪闻》卷八《经说》。

据此，清代学者皮锡瑞将这段历史时期称为"经学变古时代"。此间，从范仲淹和"宋初三先生"到刘敞，他们通过回归"元典"，发新见，创新义而改变了"修辞者不求大才，明经者不问大旨"[①]的学风，从而开辟了经学历史的"变古时代"。尽管学界对刘敞在北宋"经学变古"时期的地位还有不同的说法，但《七经小传》一反汉唐章句注疏之学，多以己意而论断经义，却是事实，难怪朱熹曾赞美说"《七经小传》甚好"。之后，王安石更把《三经新义》颁布于学官，同时在熙宁变法时"罢诗赋及明经诸科，以经义、策论试进士"，至此，宋儒以"义理之学"代替了汉唐的"注疏之学"，并"视汉儒之学若土梗"。所以，从疑传到疑经是宋代思想界的一个大飞跃，是由古代精神向近代精神转变的关键。如果说孙复的《春秋尊王发微》是宋初疑古和疑传思潮的代表作，那么，刘敞的《七经小传》和王安石的《三经新义》就是变古和疑经思潮的代表作。此外，排《系辞》，毁《周礼》及黜《诗》之序主要是指欧阳修，疑《孟子》则有李觏，可见变古运动是经学发展所取得的最高成果，这是问题的一方面。另一方面，我们还要看到在宋初经学取得辉煌成就的同时，还存在着一定的灰色区域，那就是对私习天文者的压抑。由于中国古代的天人合一观念往往被打上很深"天人感应"的烙印，如《子夏易传》卷3《周易·上经噬嗑传》云："观乎天文，以察时变。"其"时变"就是人类社会历史的变化，故"天象观察可以预卜人间吉凶福祸，从而为统治者提出趋吉避凶的措施"[②]，因此，天文学具有很强的国家垄断性，而北宋时期更是如此。如宋太宗因不是以"子"的身份来继承皇位，深感自己统治根基不稳，故他对天文人才进行"一台"性管制，

---

① 范仲淹：《范文正公文集》卷7《奏上时务书》，文渊阁四库全书本。
② 席宗泽：《科学史十论》，复旦大学出版社2003年版，第135页。

"令诸州索明知天文术数者传送阙下，敢藏匿者弃市，募告者赏钱三十万"①，太平兴国二年（977）又诏"其天文相术、六壬遁甲、三命及它阴阳书限诏到一月送官"②。结果这些天文人才或"隶司天文台"或"黥面海南岛"③，所以，从整体上看，北宋初期之天文学人才多集中在国家天文台，它在客观上有利于历法的修订和大型观天仪器的制造；但从创新的角度看，缺乏自主创新却成为制约和束缚北宋天文学向更高层次发展的最重要因素。在中国古代，天文数术是基础学科，由于它的主要传承方式是靠家传或私学，所以宋代的这一政策对天文学的发展带来了严重的后果。钱宝琮曾痛心地说：唐宋两代"除立于学官之十部算书外，见于《隋志》之数学著述，大都失传于唐，其见于《唐志》者复亡于宋。元丰七年（1084）印行官本《算经十书》时，祖暅《缀术》及《夏侯阳算经》并佚，他书则残缺错误，不能复唐初之旧观矣。昔人称天算为绝学，良有以也"④。因此，宋初经学的变革与自然科学的发展是极不对称的，而这种不对称的现实使得当人们要把"理"的思维结构与范型导入科学自身之中时，不能不感到其可行性之艰难。有学者认为宋代"超越欧洲之中古之发展而步入近世期"⑤，其"近世期"只是部分地具有欧洲近代社会的一些特征，并不是真正意义上的"近世期"，最能说明这一点的就是欧洲近代革命是从天文学变革开始的，接着是近代科学向古希腊的回归，而宋代的所谓近世则从经学革命开始，接着是思想文化向"子学"的回归，至于真正的科学却没有了回归之处，故最终只能是用"子学"来代替科学，

---

① 李焘：《续资治通鉴长编》卷17，开宝九年十一月条。

② 李焘：《续资治通鉴长编》卷18，太平兴国二年十月条。

③ 李焘：《续资治通鉴长编》卷18，太平兴国二年十二月条。

④ 钱宝琮：《钱宝琮科学史论文选集》，科学出版社1983年版，第319页。

⑤ 韩钟文：《中国儒学史·宋元卷》，广东教育出版社1998年版，第100页。

这就是宋代为什么不能发生科学革命的重要原因之一。

（二）安定学派的产生

安定学派的产生跟范仲淹的积极推动直接相关。而从思想史的角度看，范仲淹对胡瑗的影响主要体现在两个方面：第一，以《易》学为独立思想的物质载体。《宋史》本传称他"泛通六经"而"长于《易》"，胡瑗也以讲《易》为特色，甚至他在为宋仁宗讲解《周易》时深刻发挥了其"大凡居上者，不可常损下以益己"① 的思想，大有为帝师的气魄。据漆侠先生考证，胡瑗对《易》之阐释多与范仲淹相同②，即可证明范仲淹对胡瑗《易》学思想的影响；第二，通过庆历新政的兴学运动进一步奠定了胡瑗成一代宗师的地位，尤其是在范仲淹的推动下，宋仁宗把胡瑗的"苏州教法"编成《学政条约》颁行全国，其所发挥的作用是历史性的。所以明弘治元年（1488）程明政上奏说："自秦汉以来，师道之立未有过瑗者"③，到嘉靖九年（1530）明世宗便令将胡瑗从祀孔庙④。

胡瑗"门下踰千人"⑤，而知名者有程颐、徐仲车及范仲淹的外甥滕元发等。这些弟子不仅经学造诣深厚，而且注重科学，其实践精神极强。如程颐提出"有气化生之后而种生者"⑥ 的科技思想，刘彝善治水⑦，罗适"尝有与苏文忠公论水利，凡兴复者五十有五"⑧ 等。因此，经世致用是安定学派的总特征。

---

① 胡瑗：《周易口义》卷7《下经·损》。
② 漆侠：《宋学的发展和演变》，河北人民出版社2002年版，第284页。
③ 李铭皖等：《苏州府志》卷25《学校》。
④ 同上。
⑤ 黄宗羲原著、全祖望补修：《宋元学案》卷1《安定学案》，中华书局1986年版。
⑥ 程颢、程颐：《程氏遗书》卷18《伊川先生语四·刘元承手编》。
⑦ 黄宗羲：《宋元学案》卷1《安定学案》。
⑧ 同上。

二 胡瑗"明体达用"的科技思想

(一) 胡瑗的生平简介

胡瑗(993—1059)字翼之,原籍陕西安定堡,故学界称其为"安定先生",他所创立的学术流派也称作"安定学派"。

胡瑗的著述颇丰,但大都已佚。而保留在《四库全书》中的《周易口义》与《洪范口义》是我们研究其科技思想的主要资料,此外尚有《安定言行录》传世。胡瑗在北宋科技思想史上,第一个从学校教育的角度提出"明体达用"的理学家,他以"敦尚行实"为教育的最高目标,首创"经义"与"治事"的"分斋教学法",强调学生须具备一定的技术实践能力和应用科学素质,并使之真正成为国家的有用之才。这在当时的历史条件下,无疑地是对"德高艺轻"传统观念的一种冲击和挑战,是一种全新的教学模式和育人理念。尤为可贵的是,胡瑗在《周易口义》一书中,用"自然而然"和"天地之间者惟万物"的观点,去重新审视易学的思想价值和科学意义,从而推动了宋代科技思想研究水平的提高和科学文化事业的进步,并使他由此而成为影响北宋科技发展的最重要的历史人物之一。

(二)"自然而然"的自然观

"自然而然"是《周易》自然观的核心概念,而胡瑗对这个概念作了全新的解释,他说:

> 天地之道,生成之理,自然而然也。……盖天地之道,生成之理,有全体而化者,有久大而化者,有骤然而化者,千变万化皆有形象而人莫能究其实,但知其自然而然也。①

---

① 胡瑗:《周易口义·系辞上》,文渊阁四库全书本。

"自然而然"这个概念在胡瑗科技思想中究竟具有何种意义，美国科学史家科恩曾征引过培根的一句话，也许它有助于我们的判断。引文说：

> 人类主宰事物完全依靠技术和科学，因为我们不能对自然发号施令，只能顺应自然。①

胡瑗说："道者，自然之谓也。"② 按照他的理解，道"以数言之，则谓一；以体言之，则谓无；以开物通务言之，则谓之通；以微妙不测言之，则谓之神；以应机变化，则谓之易；总五常言之，则谓之道也"③。如果我们用本质和现象的层次来考察，那"道"就是"本质"，而"千变万化皆有形象"之"形象"就是"现象"。宇宙演化当然有一个"现象"的序列，对于这个序列，胡瑗的看法是："大始者，是阴阳始判万物未生之时也。乾者，天之用也。夫乾以天阳之气在于上，故万物莫不始其气而生，莫不假其气而成。得其生者，春英夏华，秋实冬藏；承其气而成者则胎生，卵化蠕飞动跃是乾，知大始起于无形而入于有形也。"④

用现代的科学理论解释，"大始"应为"场"，"气"为"实物"，而"大始"与"气"的关系就是"场"与"实物"的关系。那么，"大始"与"气"如何生成宇宙万物呢？胡瑗说："夫乾之生物本于一气，其道简略不言，而四时自行不劳，而万物自遂，是自然而然也。坤以简能者，夫坤之生物，假天之气，其道亦简略，其省默而已，不假烦劳而物自生，不假施为而物自

---

① 科恩：《科学革命史》，军事科学出版社 1992 年版，第 151 页。
② 胡瑗：《周易口义·系辞上》，文渊阁四库全书本。
③ 同上。
④ 同上。

遂，是自然而然者也。"①

又说："夫独阳不能自生，独阴不能自成，是必阴阳相须，然后可以生成万物。"②

用图式来表达其宇宙的生成序列则为：

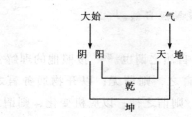

从图式来看，在这个序列里，"大始"与"气"的相互作用形成天地阴阳，亦可称为"乾"与"坤"。至于乾坤与万物的关系，胡瑗作了下面的解释："乾体在上，坤道在下。万物始于无形而乾能知，其时下降而生之，坤道在于下而能承阳之气以作成万物之形状，其道凝静不须烦劳，故乾言易知，坤言简能也"③，而"天地为乾坤之象，乾坤为天地之用，天地尊卑既分，则乾坤之位因而可以制定也。然则首言天地尊卑者，盖万事之理、万品之类皆自乾坤为始，故先言天地尊卑也"④。而所谓"万事之理、万品之类皆自乾坤为始"可作两面看，即一面是由"无形"而"有形"，也就是说"阴阳相须"以"作成万物之形状"，此时尚无秩序可言；另一面则是从"作成万物之形状"到"天地尊卑既分"，此时不仅已有秩序，而且"人事万物之情皆在其

---

① 胡瑗：《周易口义·系辞上》。
② 同上。
③ 同上。
④ 同上。

中"①。在胡瑗看来，自然秩序和社会秩序的形成是很艰难的，他说："夫天地气交而生万物，万物始生必至艰而多难，由艰难而后生成，盈天地之间，亦犹君臣之道始交，将以共定天下，亦必先艰难而后至于昌盛。"②

（三）"天地之间者惟万物"的科学观

胡瑗对科学宇宙的结构特点有他自己独到的见解，他在释"屯"卦时提到了下面的问题：

> 屯有二义，一是为"屯难"，"刚柔始交而难生是也"；二是为"盈"，《序卦》云："有天地然后万物生焉，盈天地之间者惟万物，故受之以屯。"③

对"屯"作"盈"释，当是胡瑗的一大发明。实际上，胡瑗已把"屯"理解为包容万物的宇宙空间即宇宙学意义上的物理宇宙而不是哲学意义上的心理宇宙，所谓"盈天地之间者惟万物，故受之以屯"是也。而在"屯"中，有两种物质同时存在，即"道体"和"一元之气"。"道体"为何物？胡瑗说："道者自然之谓也，……以体言之则谓之无"④，把"无"作"道体"讲，有没有科学依据？按照传统的解释，"无"是代表由精神性的"道"产生出来的浑沌未分的物质整体⑤，李泽厚则认为："只有'无'、'虚'、'道'，表面上似乎只是某种空洞的逻辑否定或浑沌整体，实际上却恰恰优胜于、超越于任何

---

① 胡瑗：《周易口义·系辞上》。
② 胡瑗：《周易口义》卷 2《上经·屯》。
③ 同上。
④ 胡瑗：《周易口义·系辞上》。
⑤ 萧萐父、李锦全：《中国哲学史》上，人民出版社 1983 年版，第 112 页。

'有'、'实'、'器'。因为它才是全体、根源、真理、存在。"①
不仅如此，来自某些物理学家的新近解释，更把"无"确定为
宇宙的物理边界，因而"无"具有了活生生的物理含义②。当
然，在没有新的科学证据证明"无"作为一种物质实体而存在
之前，上述的各种推断似乎都有一定道理，但既然说它们都属于
传统的解释，就不可能不具有其局限性。2004 年 2 月 12 日，
《科技日报》发表了一篇科普文章，名为《宇宙"暗"主宰？》。
文章说，65 年前，科学家通过天文观测和演算发现，在宇宙中
存在着神秘的不可视的暗物质；1998 年，天文学家证实暗能量
的存在。物质为什么会有"明"与"暗"之分，因为普通物质
与光发生相互作用，而暗物质不与光发生作用，更不发光。所
以，人类只有通过万有引力才能发现暗物质的存在。据研究，
"暗物质"可能由中微子（热暗物质）和重粒子（冷暗物质）
组成。科学家通过各种观测与计算证实："暗能量在宇宙中占主
导地位，约达到 73%，暗物质占近 23%，普通物质仅约占
4%。"这样我们便对胡瑗所讲的"道体"有了另外的解释，尽
管他当时并没有自觉地意识到这一点。"道体"是什么？"道体"
从现代物理学的角度看，似乎应属"暗物质"一类的客观存在，
因为人类看不到它的真实形象，故称作"无"。与"无"相对是
"一元之气"，胡瑗说："乾以一元之气始生万物，万物皆资始于
一元，然后得其亨通，故于春则芽者，萌者，尽达至夏则繁盛，
是乾以一元之气始生万物，而物得其亨通也。"③ 从这种意义上
说，地上的各种动植物是天的"形"。可见，由"一元之气"所
化生是宇宙中的有形物质，也就是"普通物质"。用图示如下：

<hr />

① 李泽厚：《中国古代思想史论》，人民出版社 1986 年版，第 89 页。
② 《"道生一"的物理解》，《科学》1985 年第 1 期。
③ 胡瑗：《周易口义》卷 2《上经·屯》。

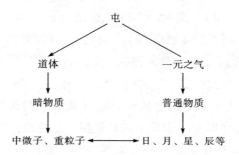

在图中，对于暗物质与普通物质的相互关系，胡瑗也认识到了。他说："大始起于无形而入于有形也"①，又说"千变万化皆有形象，而人莫能究其实"②，老子主张"有生于无"，的确很抽象，远不如胡瑗来得具体而生动，由于宋代科学技术发展水平的限制，他在当时还不可能预见"暗物质"的存在，但他能在自己的知识层次上，把"道体"与"一元之气"区别开来，这已经是一个很大的学术贡献了。

此外，胡瑗还是北宋一位著名的声律学家。《宋史》本传载："景祐初，更定雅乐，诏求知音者。范仲淹荐瑗，白衣对崇政殿。与镇东军节度推官阮逸同较钟律，分造钟磬各一镶（即悬挂钟磬的架子）。以一黍之广为分，以制尺，律径三分四厘六毫四丝，围十分三厘九毫三丝。又以大黍累尺，小黍实龠。丁度以为非古制，罢之。"关于胡瑗的乐论，后来他整理为《景祐乐府奏议》进献朝廷。《四库全书》卷38《皇祐新乐图记》提要云："是书上卷具载律吕黍尺四量权衡之法，皆以横黍起度，故乐声失之于高，中下二卷考定钟磬晋鼓及三牲鼎鸾刀制度，则精核可取之。"在我国，十二律的制定是很古老的，而《国语》卷

---

① 胡瑗：《周易口义·系辞上》。
② 同上。

13《周语下》已出现"十二律"的名称，即黄钟（c）、大吕（#c）、太簇（d）、夹钟（#d）、姑洗（e）、钟吕（f）、蕤宾（#f）、林钟（g）、夷则（#g）、南吕（a）、无射（#a）、应钟（b）。其中所谓"律"是为构成一定调高的音阶序列而制定的尺度，古人有"纪之以三，平之以六，成于十二"① 的说法，"纪之以三"即从一个被认为基音的弦（或管）的长度出发，把它三等分，"平之以六"实际上就是指用"纪之以三"算出的六律和六吕，其六律指黄钟（c）、太簇（d）、姑洗（e）、蕤宾（#f）、夷则（#g）、无射（#a），六吕则指大吕（#c）、夹钟（#d）、钟吕（f）、林钟（g）、南吕（a）、应钟（b），两律之间及两吕之间为全音关系。可见，"十二律"的关键是"律"的计算，而胡瑗考订的"十二律"结果为：

黄钟（c）——长9寸，空径3分4厘6毫

大吕（#c）——长8寸4分2厘半，空径3分4厘6毫

太簇（d）——长8寸，空径3分4厘6毫

夹钟（#d）——长7寸4分9厘强，空径3分4厘6毫

姑洗（e）——长7寸1分1厘强，空径3分4厘6毫

钟吕（f）——长6寸6分6厘强，空径3分4厘6毫

蕤宾（#f）——长6寸3分2厘强，空径3分4厘6毫

林钟（g）——长6寸，空径3分4厘6毫

夷则（#g）——长5寸6分2厘强，空径3分

南吕（a）——长5寸3分3厘强，空径3分

无射（#a）——长4寸9分9厘强，空径2分8厘

应钟（b）——长4寸7分4厘强，空径2分6厘②

从胡瑗对"十二律"的贡献言，他前不若南北朝时期的何

---

① 《国语》卷13《周语》韦昭注。

② 阮逸、胡瑗：《皇祐新乐图记》卷上《律度量衡四图·皇祐律图第二》。

承天，后不比明代的朱载堉。但中国古代"十二律"的发展是一个过程，就这个过程来说，胡瑗无疑地是其中的一个环节。他继承《管子·地圆》的律学传统，把声学知识与数学知识结合起来，试图给出"十二律"音的准确值，据《宋史》卷127《乐二》载阮逸的话说："臣等所造钟磬皆禀于冯元、宋祁，其分方定律又出于胡瑗算术。""胡瑗算术"实即"黍尺为法"①，即"阮逸、胡瑗钟律法黍尺"②。应当承认"黍尺为法"在宋代已经落后，而用此法来解决"十二律"中律数与转调的矛盾关系，在实践上是不会有结果的。故《宋史》卷127《乐二》载："至和二年（1055），潭州上浏阳县所得古钟，送太常。初，李照斥王朴乐音高，乃作新乐，下其声。太常歌工病其太浊，歌不成声，私赂铸工，使减铜齐，而声稍清，歌乃协。然照卒莫之辨。又朴所制编钟皆侧垂，照、瑗皆非之。及照将铸钟，给铜于铸泻务，得古编钟一，工人不敢毁，乃藏于太常……叩其声，与朴钟夷则清声合，而其形侧垂。瑗后改铸，正其钮，使下垂，叩之弇郁不扬。其镈钟又长甬而震掉，声不和。"

宋人对于"十二律"之"正音"和"不和音"（即不和谐音）的意识是很强烈的。而胡瑗已经有"依律大小，则声不能谐"③的认识，所以他的律学实践就是要解决"声不能谐"的难题。如他说：

> 今之镈钟则古之镛钟所以和众乐也。一十二钟大小高下当尽如黄钟，唯于厚薄中定清浊之声，则声器宏大可以和于众乐，苟十二钟大小高下各依本律，则至应钟声器微小，则在县参差，

① 脱脱等：《宋史》卷127《乐二》，中华书局1985年版。
② 同上。
③ 同上。

观者不能齐，肃声微小则混于众乐，听者不能和平。故今皇祐新钟大小高下皆如黄钟，但于厚薄中以定十二律也。①

胡瑗把"应钟"作为律音和谐与否的关键，这在赫尔姆霍兹谐和与不谐和理论诞生之前，可说是抓住了问题的实质，只是他还没有科学的方法将它提升到一个更高的理论层次。

（四）"敦尚行实"及"大中之道"的方法论

首先，"敦尚行实"②的方法包含着两个方面的内容：其一是"广其闻见"③，他说："学者只守一乡，则滞于一局，隘吝卑陋。必游四方，尽见人情物态，南北风俗，山川气象，以广其闻见，则有益于学者矣"④；其二是"分斋分科教法"，黄宗羲说："先生初为直讲，有旨专掌一学之政，遂推诚教育多士，甄别人物，故好尚经术者，好谈兵战者，好文艺者，好尚节义者，使之以类群居讲习。"⑤ "以类群居"可分两大类，第一类是"经义斋"，该斋的主要内容是"讲明六经"⑥；第二类是"治事斋"，该斋的主要内容则"一人各治一事，又兼摄一事。如治民以安其生，讲武以御其寇，堰水以利田，算历以明数也。"⑦ 此法不要说在宋代是伟大的创举，即使在今天，恐怕也是非常先进的教学理念，它的教学宗旨就是让每一位学生都有一技之长，立身为民，学以致用。

其次，胡瑗述"大中之道"的中庸法说：

① 阮逸、胡瑗：《皇祐新乐图记》卷中《皇祐镈钟图第六》。
② 蔡襄：《端明集》卷37《太常博士致胡君墓志》，文渊阁四库全书本。
③ 丁宝书：《安定言行录》。
④ 同上。
⑤ 黄宗羲原著、全祖望补修：《宋元学案》卷1《安定学案》，中华书局1986年版。
⑥ 同上。
⑦ 同上。

"皇大极，中也。圣人之治天下，建立万事当用大中之道，所谓道者何哉？即无偏、无党、无及、无侧。""故皇极者，万事之所祖，无所不利，故不言数，以此观之，包括九畴，总兼万事，未有不本于皇极而行也，故处于中焉。"①

何谓"皇极"？邵伯温《系述》云："至大之谓皇，至中之谓极"②，王植也说："皇极者，君极，极至也，德之至也。"③由此，我们联想到《四库全书提要》对《洪范口义》的评价是："其说惟发明天人合一之旨。"而《潜夫论》卷8《本论第三十二》载："天本诸阳，地本诸阴，人本中和，三才异务，相待而成，各循其道，和气乃臻，机衡乃平。"在这里，"人本中和"同"大中之道"可以直接沟通，也就是说，胡瑗在"天人合一"这个平衡木上更倾向于"人"这一边儿，而不是"天"那一边儿。在胡瑗看来，"人本中和"正是天地之"机衡乃平"的直接结果。他说："阴阳乖，则风雨暴；和气隔塞，天灾流行，民则疾疠矣。"④诚然，"和气隔塞"有自然方面的原因，但诸如战争、暴敛、黑色政治等，哪一个不是造成人间灾难的社会因素，故胡瑗说：

> 恶与弱，皆不好德者也。好德者，由乎中道也。恶与弱皆过乎中道与不及中道也。恶者，嚣而无所不至；弱者，懦怯而终无所立也。⑤

---

① 胡瑗：《洪范口义》卷上《洪范》，文渊阁四库全书本。
② 邵雍：《皇极经世》卷1《序》，九州出版社2003年版，第1页。
③ 同上。
④ 胡瑗：《洪范口义》卷下。
⑤ 同上。

为了根治"恶"与"弱",国家就要实行变法,如在经济上,他主张赋税征收要"量时之丰约,酌民之厚薄,使天下之人乐从而易于输纳,可谓得节之道"①,在政治上则君"处不失正"②,这是"皇极之道大行"③ 的前提,也是胡瑗"内圣型"政治的核心,故胡瑗之学实"开伊洛之先"④。

第二节　图书学派的易科技思想及其影响

一　刘牧的《易数钩隐图》及其易科学思想

（一）刘牧的生平简介

刘牧,字长民,彭城（今江苏铜山县）人,大约生活在北宋初期⑤,其生卒年不详。晁公武《郡斋读书志》和陈振孙《直斋书录解题》说,刘牧著有《刘长民易解》15 卷和《易数钩隐图》3 卷等书。

（二）"象由数设"的宇宙生成观

在欧洲科技思想史上,有两种理解或解释自然的方式,一种是"实体构成主义",另一种则是"形式主义"⑥。前者把气、火、水等物质实在看成是自然界产生的原初形态和终极原因,而后者认为组成自然界的实体固然重要,但最基本的还应是探求各实体之间的构成方式,也就是说自然界如何将物质实体结构为系统和整体,在古希腊的毕达哥拉斯看来,数是宇宙结构的基本形式,后来经过柏拉图的整合,形式主义遂成为西方科技思想的一

---

① 胡瑗:《周易口义》卷 10《下经·节》。

② 胡瑗:《周易口义》卷 4《上经·临》。

③ 胡瑗:《洪范口义》卷上《洪范》。

④ 黄宗羲原著、全祖望补修:《宋元学案》卷 1《安定学案》,中华书局 1986 年版。

⑤ 王风:《刘牧的学术渊源及其学术创新》,《道学研究》2005 年第 2 辑。

⑥ 吴国盛:《科学的历程》,北京大学出版社 2002 年版,第 20 页。

个重要流派。在中国，虽然易学家们没有能从《周易》象数思想中衍生出形式主义，但这种倾向却是存在的，其代表人物就是刘牧。刘牧在《易数钩隐图序》中说：

> 夫易者阴阳气交之谓也。若夫阴阳未交则四象未立，八卦未分则万物安从而生哉？是故两仪变易而生四象，四象变易而生八卦，重卦六十四卦，于是乎天下之能事毕矣。夫卦者圣人设之观于象也，象者形上之应，原其本则形由象生，象由数设，舍其数则无以见四象所由之宗矣。

在这段话里，包含着如下几层关系：一是数与气的关系，二是数与象的关系，三是仪与象的关系。其中第一层关系是本体论的关系，第二层关系是逻辑关系，第三层关系则是体用关系。在刘牧看来，从本体论的意义上讲，气在数先，而且气是产生数的根源，其具体的生成过程是：由太极而两仪，两仪而四象。但四象的性质不能自己规定自己，而是必须由数来规定其运动变化的性质。所以他说："易有太极，是生两仪。太极者，一气也。天地未分之前元气混而为一，一气所判是曰两仪"①，"天一地二天三地四，此四象生数也。至于天五则居中而主乎变化不知何物也，强名曰中和之气，不知所以然而然也。交接乎天地之气，成就乎五行之质，弥纶错综，无所不周"②。可见，气是产生万物的根本动力，是推动天地万物周流变化的原因。也许正因为这样，他才没有深入地去研究"气"本身的问题，就这一点而言，他跟王充、张载等人所主张的气一元论还是有着很大差异的，不能同日而语。其实，刘牧思想的重心并不在于数与气的关系问

---

① 刘牧：《易数钩隐图》卷上，《道藏》第三册。
② 同上。

题，而是在于数与象的关系问题。在刘牧的思想体系里，象是内容，而数是形式。不过，我们不能用简单的决定论程式来处理刘牧所讲的象与数的关系问题，因为两者不是决定与被决定的本体论关系，而是虽有先后却是地位平等的逻辑关系。如刘牧说："四象生数也"，这是强调"象"对于"数"的先在性，但同时他又说："天地之数既设则象从而定也"①，而这里强调的则是"数"对于"象"的主导性。因此，刘牧说："形由象生，象由数设"②，其"象生形"与"象生数"便逻辑性地具有了同等意义。实际上，刘牧所说的"象"应看成是"数"与"形"的统一体，所以他说："两仪变易而生四象，四象变易而生八卦。"何为"变易"？刘牧自己没有解释，但从"四象"过渡到"八卦"的最重要环节显然只能是"数"与"形"的变化。恩格斯在《反杜林论》一文中说："数和形的概念不是从其他任何地方，而是从现实世界中得来的"，"纯数学的对象是现实世界的空间形式和数量关系，所以是非常现实的材料"③，以此论之，刘牧所讲的"象"就是一种现实的数学对象，是现实世界的有机组成部分，而"数"和"形"是从现实世界中抽象出来的思维创造物，但"从现实世界抽象的规律，在一定的发展阶段上就和现实世界脱离，并且作为某种独立的东西，作为世界必须适应的外来的规律而与现实世界相对立"④。这样，我们在刘牧的思想体系里就看到了两个世界的生成过程：物理世界和思维世界。而要想弄清楚物理世界和思维世界在刘牧思想体系中的确实地位，就必须分辨仪与象的关系问题，因为这是一个问题的两个方面。"仪"即两仪，它是由太极生成物理世界的分化点，

---

① 刘牧：《易数钩隐图》卷上《地四右生天九第八》，《道藏》第三册。
② 刘牧：《易数钩隐图序》，《道藏》第三册。
③ 《马克思恩格斯选集》第3卷，人民出版社1973年版，第77页。
④ 同上书，第78页。

其在自然界的进化过程中占有十分重要的地位。刘牧说："太极一气也，天地未分之前元气混而为一，一气所判是曰两仪"，故"两仪则二气始分，天地则形象斯著，以其始分两体之仪"，"夫气之上者轻清，气之下者重浊。轻清而圆者，天之象也。重浊而方者地之象也。兹乃上下未交之时，但分其仪象耳，若二气交则天一下而生水，地二上而生火，此则形之始也。五行既备而生动植焉。所谓在天成象，在地成形也，则知两仪乃天地之象，天地乃两仪之体尔。"① 在这里，所谓"天地乃两仪之体"实质上就是说天地乃两仪的客观外化，是外在的东西，它的表现形式是形体（即有形之物），刘牧说："四象也，且金木水火有形之物。"② 而两仪则是天地的逻辑内化，是内在的东西，它的表现形式是象数。在刘牧看来，象数在功能上表现为"两仪"的用，所以他说："五十有五天地之极数也，大衍之数（即《系辞上》说：'大衍之数五十，其用四十有九'）天地之用数也。"③ 至于"大衍之数"为什么称"天地之用数"？刘牧列出了如下几种说法：

京房说："五十者谓十日十二辰二十八宿也。凡五十其一不用者，天之生气，将欲以虚求实，故用四十九焉。"④

马季长说："易有太极谓北辰，北辰生两仪，两仪生日月，日月生四时，四时生五行，五行生十二月，十二月生二十四气。"⑤

荀爽说："卦各有六爻，六八四十八加乾坤二用，凡

① 刘牧：《易数钩隐图》卷上《太极第一》，《道藏》第三册。
② 刘牧：《易数钩隐图》卷上《两仪生四象第九》，《道藏》第三册。
③ 刘牧：《易数钩隐图》卷上《大衍之数第十五》，《道藏》第三册。
④ 刘牧：《易数钩隐图》卷上《其用四十有九第十六》，《道藏》第三册。
⑤ 同上。

五十。"①

刘牧自己说:"盖由天五为变化之始,散在五行之位,故中无定象。又天一居尊而不动以用天德也。天一者,象之始也,有生之宗也,为造化之主。"②

尽管人们对"大衍之数"的解释存在着很大的主观随意性,但刘牧通过各种抽象的"式图"方式将人类思维的抽象特征凸显了出来,尤其是宋代易学家试图借助于特定的"式图"构架去认知物理世界的生成和变化,这一点集中体现了刘牧易科技思想的实质。因为在刘牧的图书学体系里,数不仅使天与地统一了起来,而且使时间与空间以及物质世界与思维世界都统一了起来,所以他才理直气壮地说:"天一与地六合而生水,地二与天七合而生火,天三与地八合而生木,地四与天九合而生金,天五与地十合而生土,此则五行之质各禀一阴一阳之气耳。至于动植物又合五行之气而生也。"③

他在《十日生五行》一节中又进一步说:"天一地六地二天七天三地八地四天九天五地十合而生水火木金土。十日者,刚日也。相生者,金生水、水生木、木生火、火生土、土生金也。相克者,金克木、木克土、土克水、水克火、火克金也。"④

这就是刘牧最终所要表达的宇宙观,它给人们展示了一幅以数为枢纽而生克不已的宇宙世界图景。在这个世界图景里,刘牧用生数和成数两个概念比较系统地论证了物质世界的形成和变化过程,其中一、二、三、四为生数,六、七、八、九为成数,两者的关系是由生数产生成数,如四象之生数产生四象之成数,而

---

① 刘牧:《易数钩隐图》卷上《其用四十有九第十六》,《道藏》第三册。
② 同上。
③ 刘牧:《易数钩隐图》卷上《坤独阴第二十七》,《道藏》第三册。
④ 刘牧:《易数钩隐图》卷上《十日生五行并相生第五十五》,《道藏》第三册。

44

五行之生数产生五行之成数。所以生数和成数的角色随着其作用对象的不同而不断发生转换，当其相对于四相来说就称之"象"，而当其相对于五行来说则称之为"形"。但是，我们绝不能由此认为，在刘牧的思维世界里，象的地位高于形的地位①。因为象虽然逻辑地处于五行之前，并且他还提出了"形由象生"的命题，但是天地在时间上却先于四象而生，即"两仪生四象"，理由是天地乃两仪之体，而天地是有形之物，刘牧就曾很肯定地说："两仪乃天地之象，天地乃两仪之体"②，又说："天地之数既设则象从而定也"③，也就是说天地通过数而外化为两仪，两仪再通过数而外化为四象。可见，在自然界的生成与演化次序中，形在象先，而不是相反。因此，刘牧宇宙观的突出之点就在于他赋予了数五以能动的意义，即"五能包四象，四象皆五之用也"④。故"形而上者谓之道也，天五运乎变化，上驾天一，下生地六，水之数也。下驾地二，上生天七，火之数也。右驾天三，左生地八，木之数也。左驾地四，右生天九，金之数也。此则已著乎形数，故曰形而下者之谓器。"⑤ 在这里，我们还应当注意一个问题，即刘牧在具体阐释世界万物的运动变化过程时，实际上已经涉及到了二因说，而所谓二因说就是指古希腊哲学家亚里士多德所讲的质料因与形式因。列宁在《亚里士多德"形而上学"一书摘要》里说：所谓质料（hule）因就是"事物所由产生的，并在事物内始终存在着的那东西"⑥。用列宁的话说就是"构成了一个物体而本身继续存在着的东西"⑦，即

---

① 王风：《刘牧的学术渊源及其学术创新》，《道学研究》2005 年第 2 辑。

② 刘牧：《易数钩隐图》卷上《太极第一》，《道藏》第三册。

③ 刘牧：《易数钩隐图》卷上《地四右生天九第八》，《道藏》第三册。

④ 刘牧：《易数钩隐图》卷上《大衍之数第十五》，《道藏》第三册。

⑤ 刘牧：《易数钩隐图》卷中《论中》，《道藏》第三册。

⑥ 亚里士多德：《物理学》第二章《本因》，商务印书馆 1997 年版，第 50 页。

⑦ 《列宁全集》第 38 卷，人民出版社 1963 年版，第 418 页。

构成事物的具体材料，如木头是桌子的质料，砖块是楼房的质料，而在刘牧看来，五行是整个物质世界的质料，因此他反对孔颖达以"金木水火为四象"的观点，而主张金木水火为有形之物①；所谓形式因则有两种内涵：一是指内在的必然（即 eidos）性方面，它是物质世界的本质，它表现为比例、组合、结构等；二是外在的偶然性方面，也就是形状，即物质表现于外的那个样子。而在通常情况下，形式因指的是内在的必然性方面。但是，"事物由于获得了形式便增加了现实性，没有形式的质料只不过是潜能而已"②。所以质料与形式跟潜能与现实相联系，物质世界从潜能到现实的过程也就是其质料获得形式的过程，而宇宙万物本身就是一个不断从质料到形式、从潜能到现实的运动发展过程，可见，物质的运动正体现在潜能的质料向现实的形式的转变之中。从这个角度讲，形式是积极主动的，只要哪里有质料和形式的"参合"，哪里就必然会产生运动。刘牧不是亚里士多德，但刘牧的"式图"宇宙模式只有用亚里士多德的"二因说"才能解释清楚。对此，我们可以分做两个相互联系的层面看，第一个层面展现的是宇宙万物由潜能向现实转化的过程，刘牧说："太极者，一气也。天地未分之前气混而为一，一气所判是曰两仪"③，他又说："万物之本，有生于无，著生于微，万物成形必以微"④，而"有生于无"是老子提出来的著名命题，学界对于这个命题尽管存在着不同的看法，但刘牧认为"无"是一种"微"，却是很有见地的观点。因为"无"既然是一种"微"状态，那么这种"微"状态就可理解为"潜能"，而且也只有把它理解为"潜能"才能在理论上说得通。由此看来，"气混而为

---

① 刘牧：《易数钩隐图》卷上《两仪生四象第九》，《道藏》第三册。
② 罗素：《西方哲学史》上卷，商务印书馆 1991 年版，第 217 页。
③ 刘牧：《易数钩隐图》卷上《太极生两仪第二》，《道藏》第三册。
④ 刘牧：《易数钩隐图》卷中《论中》，《道藏》第三册。

一”即为“潜能的质料”，而“两仪”就是“现实的形式”。所以，刘牧说：“易有太极是生两仪，两仪生四象，四象生八卦，八卦成列，象在其中矣”①，按照上面的理解，这段话可作这样的解释：太极本身既是潜能又是质料，生是质料和形式、潜能和现实的统一体，而两仪则既是现实又是形式，依次类推，整个宇宙就是“一个从质料到形式，从潜能到现实的统一过程，它构成一个从低级到高级逐渐上升（也可看作是由微到著的过程，引者注）的等级梯式的体系，其中高一级的事物就是低一级的事物的形式，低一级的事物就是高一级事物的质料”②。这么看来，西方的思维方式跟中国的传统思维方式并非格格不入，两者具有通约性，而就刘牧的宇宙生成思想与古希腊的形而上学暗自相合或两者可共置于同一个解释系统里这一点来看，北宋确实可称作是一个理性时代。

（三）“图数之学”对易科技思想的发展与张扬

从科技思想的角度说，科学的本质特征就是运用一定的知识范畴或概念、定理等思维形式来反映物质世界运动变化的内在必然性。虽然以直观思维为基础的易科学与以逻辑思维为基础的希腊科学在对自然界的解释方面存在着较大的差异，但两者把概念作为科学认识的前提却是共同的和一致的。在这方面，刘牧的易科技思想表现尤其突出。归纳起来，刘牧在易科技思想研究方面的主要贡献有三点：

第一，提出了“位点”的思想。刘牧在谈到他撰写《易数钩隐图》的目的时说：“夫注疏之家至于分经析义、妙尽精研及乎解释天地错综之数则语惟简略，与系辞不偶，所以学者难晓其义也。今采摭天地奇偶之数，自太极生两仪而下至于复卦，凡五

---

① 刘牧：《易数钩隐图》卷上《离生姤卦第四十四》，《道藏》第三册。

② 陈修斋等：《欧洲哲学史稿》，湖北人民出版社 1984 年版，第 6 页。

十五位，点之成图于逦，图下各释其义，庶览之者易晓耳。"①
尽管刘牧之后，宋代的易学家并没有很好地理解"位点"这个概念，甚至其末流近于游戏，但刘牧却是十分认真地来思考和应用"位点"来说明物质世界及人类自身的发展变化的。在刘牧的视野中，"位点"包含着两种意义：一是"位点"即位置之义，如刘牧说："且夫七八九六之数以四位，合而数之，故老阳四九则三十六也，少阳四七则二十八也，老阴四六则二十四也，少阴四八则三十二也。"② 在此，位就是位置，由于位置的变化而使四个数两两组合，从而产生了不同的结果。单纯从表面上看，数的位置变化对实际生活并没有多大的意义。其实不然，因为易学的最终目的不是数字游戏，而是要"以通神明之德，以类万物之情"。③ 在自然界中，位置的移动和变化可引起事物形状或性质的变化，反过来，事物形状或性质的变化又可通过其位置的变动而体现出来。如人与大猩猩血红蛋白分子的 α-肽链，有 140 个氨基酸的位置排列完全一致，不同的却只有一个，即第 23 个位置上，人是谷氨酸，而大猩猩则是天门冬氨酸④。在自然界中，有许多物质由于其组成元素所处位置的不同而呈现顺式和反式两种不同的几何结构，如顺，反 1，2 —二溴乙烯的几何异构体，而手性分子（具有左、右手性质的分子称为手性分子）的化学结构在空间位置上则正好相反等等。众所周知，核酸是生物遗传和变异的物质基础，而组成 DNA 分子的碱基虽只有 4 种，但其排列顺序可以千差万别，且因 DNA 分子内储存着生命的遗传信息，故它决定了自然界生物的多样性。从这层意义上说，每一个位点都包含着至少一个特殊的信息，而开展对生物分子位点

① 刘牧：《易数钩隐图序》，《道藏》第三册。
② 刘牧：《易数钩隐图序》，《道藏》第三册。
③ 《周易·系辞下》，《黄侃手批白文十三经》，上海古籍出版社 1985 年版。
④ 俞佩琛：《达尔文主义遇到的新问题》，《自然杂志》1982 年第 1 期。

的研究就成为当今生物学发展的主要方向。可惜，由于时代的局限性，刘牧当时还不可能将他的图数学跟生命现象联系起来，但莱布尼兹以19世纪的科学发展为背景竟然从邵雍的先天卦序图中看到了里面所包含的二进制信息，这个事实不能不提示我们，对待刘牧的图数学绝不能就图数而论图数，因为那样就不可避免地会失去或遮蔽掉其中所蕴藏着的文化信息。二是"位点"即秩序之义，刘牧说："数之所起于阴阳，阴阳往来在于日道，十一月冬至以及夏至当为阳来，正月为春，木位也，日南极，阳来而阴往，冬，水位也，当以一阳生为水数；五月夏至，日北极，阴进而阳退，夏火位也，当以一阴生为火数，但阴不名奇数必六月，二阴生为火数也。是故易称乾贞于十一月，坤贞于六月来而皆左行，由此冬至以至夏至当为阳来也。正月为春，木位也，三阳已生，故三为木数，夏至以至于冬至为阴进，八月为秋，金位也。四阴以生，故四为金数，三月春之季，土位，五阴以生，故五为土数。"从历史上看，北宋初建之时，面临着如何从"五代之衰乱"[①] 的阴影中走出来的问题，当然新王朝的建立也需要一个更加理性化的"位点"，亦即需要"确立自己的合法性"[②]，而对各封建王朝来说，其最大的合法性就是顺应五行流转之位，《晋书》卷13《天文志》引《蜀记》的话说："天下鼎立，何地为正？"答曰："当验天文，往者荧惑守心而文帝崩，吴、蜀无事，此其征也"，这里所谓"正"实际上就是指其能体现其合法性的"位点"，这是历代封建帝王的一种普遍心理。因此，"天子有灵台以观祲象，察气之妖祥也"[③]。"灵台"其实就是通天之

① 脱脱等：《宋史》卷98《礼一》。

② 葛兆光：《中国思想史》第2卷《七世纪至十九世纪中国的知识、思想与信仰》，复旦大学出版社2001年版，第171页。

③ 汉郑玄笺，唐孔颖达疏：《毛诗注疏》卷25《大雅·皇矣八章章十二句》，文渊阁四库全书本。

地，既然如此，那些帝王自然非垄断它不可，故太平兴国二年（977），宋太宗诏令禁止私习天文①，而宋初象数学所要论证的恰恰是北宋皇帝之所求，所以《河图》、《洛书》被宋人重新发现，并迅速发展成为一种学术潮流，实有其深刻的政治根源。据宋代星象家的推演，宋朝的天位以五行的流转次序来看是为火，由此五行之火就获得了神圣不可侵犯的地位，以至于当苏颂把他制造好的浑天仪象命名为"水运仪象台"后，竟然遭到某些朝中大臣的强烈反对，理由是："宋以火德王，其名'水运'，甚非吉兆。"②

第二，对"河图"、"洛书"做了准科学化处理，使其从纯粹的星占学中解放出来，并重新以图书学的面目来再现它的科学价值和知识意义。河图、洛书是先秦"日者"占筮的产物，虽然河图、洛书不是原《周易》书中所有而是汉代以后的易学家增补的，但它却反映了中国古代数理由二进制向十进制转变的历史趋势，是"日者"从方圆（即《周易·系辞上》所说："筮之德圆而神，卦之德方以知"）两用菱形布局的"四四一十六"卦中衍生出来的一个科学成果。可惜，直到刘牧之前，河图、洛书始终跟占卦粘贴在一起，其科学性被深深地掩盖在"神道设教"的芜草之下，不得见到光明。而刘牧的可贵之处就在于他对河图、洛书作了新的解释，在他看来，"见乃谓之象，形乃谓之器"③不仅对阴阳五行是适用的，而且对河图、洛书也是适用的，他说：

> 见乃谓之象，河图所示以其象也，形乃谓之器，洛书所

---

① 李焘：《续资治通鉴长编》卷18，太平兴国二年十月丙子。

② 徐松：《宋会要辑稿》运历2之13，中华书局1987年版。

③ 《周易·系辞上》。

以陈其形也。本乎天者亲上，本乎地者亲下，故曰：河以通乾出天，洛以流坤吐地，易者韫道与器所以圣人兼之而作，易经云："河出图，洛出书，圣人则之"，斯之谓矣。且夫河图之数惟四十有五，盖不言土数也。不显土数者以河图陈八卦之象，若其土数则入乎形数矣，是兼其用而不显其成数也；洛书则五十五数所以成变化而著形器者也，故河图陈四象而不言五行，洛书演五行而不述四象。①

　　这样，河图、洛书就被刘牧纳入到了象、形的范畴之内，从而把河图、洛书真正地变成了科学研究的对象，而不独为占筮所垄断。其中所谓"洛书演五行而不述四象"是就"形而下"的层面来说的，故"形而下"在易学家的思维世界里是指人们所生活的物质世界，它具有直接的现实性，因而它的外在形态就是"器"。而所谓"河图陈四象（如东、南、西、北，引者注）而不言五行"则是就"形而上"的层面来说的，故"形而上"在易学家的思维世界里是指人们所生活的潜在物质世界，它不具有直接的现实性，其"见乃谓之象"之"见"应理解为物质从潜能转化到现实的过程，因而它的表现形式就是"象"。于是，刘牧的"河图陈四象而不言五行"就成为宋代科技思想发展的基本理论前提，其实早在西汉时刘向就将易学分成两支：阴阳说与五行说。而五行说主要跟占术相联系，他们用于占验时日的工具是各种演式，如九宫、太乙、六壬等。钱宝琮先生说："刘牧撰《易数钩隐图》以九宫数为'河图'。"② 而黄克剑先生认为刘牧的"河图"图象就是从明堂九室的建筑形式中抽象出来的③。所

① 刘牧：《易数钩隐图》卷中《七日来复第四十六·论中》，《道藏》第三册。
② 钱宝琮：《钱宝琮科学史论文选集》，科学出版社1983年版，第585页。
③ 黄克剑：《〈周易〉"经"、"传"与儒、道、阴阳家学缘探要》，《中国文化》1995年第12期注32。

以，在此基础之上，刘牧把"河图"理解为一种形式因，也许因为这个缘故，后来的邵雍以及清代的胡煦才将其称作"先天之象"。与此相应，洛书是为后天易。在刘牧的图书学思想体系里，洛书可分成"五行生数"和"五行成数"两个部分，本来五行在宋代之前主要用于占算，它本身给科学留下的空间并不多，但刘牧通过河图而将五行说中的占算因素统统吸收了过去，使之成为一种纯粹的思维形式。而洛书则仅仅保留下其技术性的积极因素，于是它就变成了宋代技术科学发展的指南，所以就洛书的性质而言，它的实用价值大于河图。从表面上看，生数1、2、3、4、5与成数6、7、8、9、10，在排序时似乎随意性较大，其实不然，因为生数和成数需要"演五行而不述四象"，所以刘牧说："一曰水，二曰火，三曰木，四曰金，五曰土，则与龙图五行之数之位不偶者何也？答曰：此谓陈其生数也。且虽则陈其生数乃是已交之数也，下篇分土王四时则备其成数矣。且夫洛书九畴惟出于五行之数，故先陈其已交之生数，然后以土数足之乃可见其成数也。"① 刘牧在《易数钩隐图》中所给出的洛书如下图示：

2、7（火）
3、8（木）5、10（土）4、9（金）
1、6（水）
天地之数生合五行图（即刘牧的"洛书"）

在这个数图中，其生数与成数的组合规律是：1与6配水，位居北方（古人以上南下北为方位之约定，跟我们今天的约定正好相反）；2与7配火，位于南方；3与8配木，位于东方；4与9配金，位于西方；5与10配土，位于中央。按照《洪范》五行

---

① 刘牧：《易数钩隐图》卷下《洛书五行成数第五十四》，《道藏》第三册。

的位序"水、火、木、金、土",其"天地生成数图"的结构与布局关系是:"天五运乎变化,上驾天一下生地六,水之数也;下驾地二上生天七,火之数也;右驾天三左生地八,木之数也;左驾地四右生天九,金之数也;地十应五而居中,土之数也。"①在刘牧看来,只有这样的结构布局,才能著形数而成"器",才能构成生动丰富的物质世界。由于"土王四时则备其成数",故通过"土",从1、6水开始左旋可生成相生的关系,即水生木,木生火,火生土,土生金,金生水,如此循环,周而复始。同理,从1、6水开始右旋则有隔代相克的法则,如水克火,金克木,木克土,土克水。但在刘牧的"洛书"里,其五行的相克关系寓于相生关系之中,所以,突出五行的相生关系就构成了刘牧易科技思想的核心。刘牧明确地说:"洛书九畴惟出于五行之数",且洛书为九畴之母,九畴为洛书之子。台湾易学家叶继业也认为:"大禹作九畴,乃是根据洛书而成。②"从历史上看,大禹作九畴而取得了治水的成功,显见洛书对治理国家的重要性。刘牧生活的时代恰好是宋初百废待兴的时期,社会、经济、政治、思想等各方面尚待秩序化和规范化,尤其需要"奉天承运"及其"天地生成数图"理论的支持,故聂崇义不失时机地提出:宋朝"以火德上承正统,膺五行之王气"③,而刘牧在解释"天地生成数图"时也格外强调"洛书九畴惟出于五行之数"的意义,这恐怕不是偶然的巧合,它应是回荡于当时整个士大夫阶层中的一种很响亮的呼声,刘牧只不过是把它加以理论化和系统化而已。当然,用现在的眼光回过头去看,刘牧的图书学思想不仅具有特定的政治功能,而且也有着积极的科学价值,如他说:

① 刘牧:《易数钩隐图》卷中《七日来复第四十六·论中》,《道藏》第三册。
② 叶继业:《易理述要》,台北黎明事业文化出版公司1988年版,第184页。
③ 李焘:《续资治通鉴长编》卷4,乾德元年十二月乙亥。

"人之生也，外济五行之利，内具五行之性。五行者木火土金水也，木性仁，火性礼，土性信，金性义，水性智，是故圆首方足最灵于天地之间"①，元代学者张理曾说："河图四正之体也，以□交十□则四正，四隅者洛书九宫之文也，顺而左还者，天之圆，浑仪历象之所由制；逆而右布者，地之方，封建井牧之所由启也。以圆函方□、以方局圆□则范围天地之化而不过，曲成万物而不遗矣。惟人者天地之德，阴阳之交，鬼神之会，□行之秀气也。身半以上同乎天，身半以下同乎地，头圆足方，……是知易即我心，我心即易。"② 这就是说人亦体现着"方圆图"的结构变化，所以有人认为："'方圆图'的原理主为日地关系，它说明的则是生命的基本规律，属物质存在的最基本范畴。'圆方图'原理主为日地关系，曲成万物，它说明生命在宏观世界中的整体性和复杂性，是物质变化的最基本素材。"③

第三，以点（即●和○两个符号）画图，使人类的知识解释学尤其是陈述自然科学的原理趋于直观化，它实际上已经开启了近代科学的一种捷径，是中国古代科学发展到宋代之后所出现的一次重大思想飞跃。考刘牧的《易数钩隐图》，其中共有53个点画图，可见，刘牧在创造这些点画图时，他是自主的和认真的，也许他在做这项工作时，根本没有意识到它的科学价值和科学意义，但他用最直观和最简单的符号来说明最深刻和最复杂的自然现象，其思维意图是清晰的，而他给近现代科学发展所带来的方便也是不言而喻的。如化学分子式就主要是用点画图的形式来表现的，人类的遗传系谱也是用点画图形式来说明的，等等。由于自然现象的复杂性和多样性，光靠点画图也不能解决所有问

---

① 刘牧：《易数钩隐图》卷上《人禀五行第三十三》，《道藏》第三册。
② 张理：《易象图说内篇序》卷上。
③ 江国樑：《周易原理与古代科技》，鹭江出版社1990年版，第386页。

题，所以刘牧在应用点画图时没有忘记文字释义，因此，把点画图跟文字释义结合起来去深入而具体地说明运动变化发展的物质世界，就构成了刘牧著述的特点，而它在某种程度上可以看做是近现代科学著作诞生的真正雏形。

二 图书学派对北宋科技思想发展的影响

刘牧是北宋图书学派的真正创始人，他的思想在宋仁宗时期既已造成了广泛的社会影响。在他的影响之下，有不少年轻学者对易学中的图数问题发生了兴趣，有的甚至由此而成为北宋图书学的巨擘，如邵雍即是一例。还有的学者以刘牧的学说为底本，颠倒而立，形成与刘牧意见相左的一派学说，如阮逸就是这个方面的典型代表。下面就以邵雍和阮逸为例来具体探讨刘牧的图书学思想在宋学发展中的地位及其对北宋科技文化发展的实际作用和影响。

（一）刘牧图书学思想对邵雍学术的影响

在宋代理学史上，人们普遍认为邵雍的学术直接承接于李之才，其实实际情况要比书本上所载复杂得多。因为中国古人太注重"一脉相承"的师承谱系了，所以有时人们竟忽略了学术本身的发展规律，学术不是一座孤岛，也不是一个人或师生几个人把门关起来所能成就的事业，而是人类特殊的思想文化现象，任何人的思想无不是诸多学派和个人相互吸纳、相互渗透和相互作用的产物和结果。邵雍亦复如此，张岷在述及邵雍的学术渊源时曾说："先生少事北海李之才挺之，挺之闻道于汶阳穆修伯长，伯长以上虽有其传，未之详也。"① 前面说过，南宋朱震所编撰的易学传承谱系并不可靠，他说：

---

① 张岷：《邵雍行状略》，徐必达：《邵子全书》附录，明徐必达刻本。

陈抟以《先天图》传种放，种放传穆修，穆修传李之才，之才传邵雍。放以《河图》、《洛书》传李溉，溉传许坚，许坚传范谔昌，谔昌传刘牧。[①]

朱震这个谱系说穆修的学术直接来源于种放，而张岷则说不可知。朱震又说刘牧之学远绪李溉，而陈振孙《直斋书录解题》则"或言刘牧之学出于谔昌，而谔昌之学亦出种放，未知信否？"经郭彧、王风等先生考证，刘牧卒于庆历之前，当其学说在宋仁宗朝盛行时，邵雍不过30岁左右，甚至被后人称作理学鼻祖的周敦颐也不过20多岁，所以"他们接触到刘牧的图书学，乃至受到图书学的影响，几乎是不可避免的"[②]。《宋史》卷427《邵雍传》说：

北海李之才摄共城令，闻雍好学，尝造其庐，谓曰："子亦闻物理性命之学乎？"雍对曰："幸受教。"乃事之才，受河图、洛书、宓羲八卦六十四卦图象。之才之传，远有端绪，而雍探赜索隐，妙悟神契，洞彻蕴奥，汪洋浩博，多其所自得者。

其中邵雍所受之"河图"、"洛书"，很可能就是刘牧所传之图书学。理由如下：

第一，在形与象的关系问题上，邵雍跟刘牧的观点十分接近。刘牧在《易数钩隐图》中说："形由象生，象由数设"，而邵雍《皇极经世》卷64《观物外篇下》则云："象起于形，数起于质。"所谓"质"即象表现出来的高、下、明、暗、鼓、

---

① 脱脱等：《宋史》卷435《朱震传》。
② 王风：《刘牧的学术渊源及其学术创新》，《道学研究》2005年第2辑。

舞、通、塞等可以用数来表示的性质①。而刘牧"象由数设"的基本内涵也是指用天地生成数来表示世界万物的性质，用刘牧的话说就是"四象附土数而成质"②，两者的意指大同小异。另外，在邵雍和刘牧看来，"形由象生"或"象起于形"都仅仅是宇宙万物发展的一个阶段，"象"并不是宇宙万物生成的最初原因。刘牧说："太极无数与象，今以二仪之气混而为一以画之"③，然后"太极生两仪（即天地）"，接着天地产生了"生数"与"成数"，"天地之数既设则象从而定也"④，象既定则"著乎形数"，故曰："地六而下谓之器也"⑤。如果把刘牧的思想加以凝练，就变成了邵雍的学说："太极不动，性也。发则神，神则数，数则象，象则器。"⑥ 可见，刘牧跟邵雍在宇宙万物的生成序列上亦大同小异。而出现这种雷同情况从逻辑上讲则有两种可能：要么两者来源于同一学者，要么后者吸纳了前者的思想精华。根据朱震的谱系，刘牧与邵雍的学术渊源不同，所以作为晚辈的邵雍在当时吸收了作为长辈的刘牧的象数思想则是不可避免的。

第二，李觏在《删定易图序论》中有两处把刘牧跟邵雍对举，从文本的语言背景分析，邵雍的象数学思想确实受到了刘牧的影响。李觏的《删定易图序论》完成于庆历七年（1047），此时刘牧已经故去，但社会上乐于治其图书学的人为数不少，用李觏的话说就是"世有治《易》根于刘牧者"，说明刘牧的学说在

---

① 邵雍：《皇极经世》卷 64《观物外篇下》，九州出版社 2003 年版，第 593页。

② 刘牧：《易数钩隐图》卷中《七日来复论中》，《道藏》第三册。

③ 刘牧：《易数钩隐图》卷上《太极第一》，《道藏》第三册。

④ 刘牧：《易数钩隐图》卷上《地四右生天九第八》，《道藏》第三册。

⑤ 刘牧：《易数钩隐图》卷中《七日来复论中》，《道藏》第三册。

⑥ 邵雍：《皇极经世》卷 64《观物外篇下》，九州出版社 2003 年版，第 593页。

当时颇有社会影响，有鉴于此，李觏乃"购牧所为易图五十五首"①。由于刘牧是前辈，且其思想的影响力亦较大，故李觏对他的批判就毫无情面，并称其"大惧违误学子，坏隳世教"②。相反，李觏对待同时代的邵雍则要客气得多，如《删定易图序论》之"论三"问道："康伯（即邵雍）以为太极，刘氏以为天一，何如?"李觏答曰："太极与虚一相当，则一非太极何也!"在这里，李觏肯定了刘牧与邵雍思想的一致性，后面紧接着李觏又对邵雍的"无不可以无明，必因于有"注（"以为太极其气已兆，非'无'之谓"）提出了批评，他说："噫! 其气虽兆，然比天地之有容体可见，则是无也。"③ 在此，虽也是批评，但语气却要缓和得多，在一般情况下，这恐怕也是人们处理社会关系和学术问题的共同手法。

第三，从方法论的角度看，邵雍借鉴了刘牧的"四分法"，从而使刘牧的"四分法"在原有的基础上得到了进一步扩展。刘牧的图书学思想对北宋学界的影响是多方面的，既有自然观方面的，也有方法论方面的。毋庸质疑，"四分法"是刘牧学术的特色之一，如刘牧把"少阴、少阳、老阴、老阳"称之为"四象"④，而王植《皇极经世全书解》卷首附有邵雍所做的《伏羲始画八卦图》，其两仪生四象之四象为"太阴"、"少阳"、"少阴"、"太阳"，邵雍《观物内篇》又将四象称之为"阳、阴、刚、柔"，进而他把"太阴"、"少阳"、"少阴"、"太阳"称作"天之四象"，把"太柔"、"少刚"、"太刚"、"少柔"称作"地之四象"。以此为前提，邵雍独创了以"元、会、运、世"为特征的"四分时间系统"。尽管这个时间系统并没有实验和观

---

① 李觏：《李觏集》卷4《删定易图序论》，中华书局1981年版，第52页。
② 同上。
③ 同上。
④ 刘牧：《易数钩隐图》卷上《两仪生四象第九》，《道藏》第三册。

察的实证数据，里面虚构的成分较多，但它毕竟在当时的历史条件下给我们展现了一幅社会与自然界事物运动发展变化的整体图景，其内在的科学价值不应否定。

第四，《四库全书总目提要》在评述邵雍学术跟后传者的关系时说："方技之家，各挟一术，邵子不必尽用《易》，泌（指邵学的后继者祝泌）亦不必尽用邵子，无庸以异同疑也"，而刘牧与邵雍的学术关系就像邵雍同祝泌的学术关系一样，亦"无庸以异同疑也"，也就是说我们考察刘牧思想对邵雍学术的影响，并不要求其外在体征的相像，而是看其血脉中究竟流动着多少共同的遗传因子。刘牧与邵雍都不是心学家，但他们却都把"心"抬举到了"创始者"的神圣地位。如刘牧说："阴阳复为天地之心也"，"易曰：雷在地中，动息也。复见天地心，反本也。"① 而邵雍在《观物外篇》之二说："先天之学，心法也。故图皆自中起，万化万事，生乎心也。"其《观物外篇》之十二又说："心为太极"，甚至《观物外篇》之六还说"天地之心者，万物之本也"。可见，两人都讲"天地之心"，且举"天地之心"的内涵亦基本相同，显而易见，它们两者之间肯定存在着影响与被影响关系。

总之，刘牧著作对邵雍先天象数学思想形成的影响是客观存在的，据考，邵雍的《皇极经世书》原本早已不知去向，而我们今天所见之版本多经邵伯温、蔡元定等人的增补，由于邵雍学术本身艰涩难懂，而且多为经验所不及，故给其在社会上流传造成了很大的障碍。与此不同，刘牧的图书学简明易懂，以图解易，所以在北宋中后期乃至整个南宋时期刘牧的易学成为一门显学，当世的学者如李觏、宋咸、阮逸等都曾撰文批评刘牧的学说，而坊间更是流传着多种《易数钩隐图》的版本，说实在的，

---

① 刘牧：《易数钩隐图遗论九事》卷6《复见天地之心》，《道藏》第三册。

像刘牧这样引起当时社会如此广泛影响的学者在北宋初期并不多见。雷思齐云："自图南五传而至刘长民，增至五十五图，名以《钩隐》。师友自相推许，更为唱述，各于易间有注释，曰《卦德论》，曰《室中语》，曰《记师说》，曰《指归》，曰《精微》，曰《通神》，亦总为《周易新注》，每欲自神其事及迹"①，而实际情形是刘牧的学说不仅仅在师友之间唱述，否则，它就不会产生那么广泛的社会效应了，看来《四库全书总目提要》说"至宋而象数之中复歧出图书一派，牧在邵子之前，其首倡者也"，绝非虚言。

（二）刘牧图书学思想对李觏学术的影响

刘牧的图书学从传统易学的意义上说，具有一定的叛逆性，学术个性非常鲜明。如自汉代孔安国之后，易学的主流派始终认为，从数1至10成"河图"，而从数1至9则为"洛书"，可是到刘牧这儿一反常态，反"洛书"为"河图"，倒"河图"为"洛书"，也许是刘牧太个性了，且其说颇"与诸儒旧说不合"②，故惹来了许多学者的非议与责难，以斥其说。而在这派学者中，以李觏《删定易图序论》最具代表性。

李觏辩难刘牧是因为刘牧的学说诱导学子"疲心于无用之说"，所以在他看来，《易说五十五》其说"犹不出乎河图、洛书、八卦三者之内，彼五十二皆疣赘也"，故"删其图，而存之者三焉，所谓河图也、洛书也、八卦也"③。综观《删定易图序论》是从六个方面来辩论刘牧图书之学的，他说："于其序解之中，撮举而是正之。诸所触类，亦复详说。成六论，庶乎人事修而王道明也"④，其"六论"中共包括十四个问题，即（1）"刘

---

① 朱彝尊：《经义考》卷16《易数钩隐图》引雷思齐语。

② 俞琰：《读书举要》卷3《论象数之学》。

③ 李觏：《李觏集》卷4《删定易图序论》，中华书局1981年版。

④ 同上。

氏之说河图、洛书同出于伏羲之世，何如？"（2）"敢问河图之数与位，其条理何如？"（3）"刘氏之辩，其过焉在？"（4）"刘氏谓圣人以河图七、八、九、六而画八卦，而吾子之意乃取洛书，何也？"（5）"《说卦》称劳乎坎，谓万物闭藏纳受为劳也。成言乎艮，谓万物之所终也。今吾子之言似不类者，何也？"（6）"刘氏谓三画象三才，为不详《系辞》之义，则以'乾'之三画为天之奇数三，一、三、五皆阳也。'坤'之三画为地之耦数三，六、八、十皆阴也。独阳独阴，无韫三才之道者，何如？"（7）"大衍之数五十，诸儒异论，何如？"（8）"虚其者，康伯以为太极，刘氏以为天一，何如？"（9）"刘氏谓'坎'生'复卦'，'离'生'姤'卦，何如？"（10）"刘氏之说七日来复，不取《易纬》六七分，何如？"（11）"临'至于八月有凶'，诸儒之论，孰为得失？"（12）"《易纬》以六十卦，主三百六十五日四分日之一，信乎？"（13）"敢问元亨利贞何谓也？"（14）"敢问五行相生则吉，相克则凶，信乎？"① 概括起来，这十四个问题可归结为两个基本问题，而这两个基本问题就成了刘牧与李觏易学思想分歧与冲突的焦点。

第一个基本分歧：自然主义与功利主义的对立。从来的科技思想家在人与自然的关系问题上就存在着两种相互对立的观点：凡是以自然为中心，认为人的主观意志应当符合和顺从自然界发展规律的观点，就叫自然主义；相反，凡是以人为中心，认为自然界只有盲目性而没有能动性，因而自然界应当符合和顺从人的主观目的的观点，就叫功利主义。刘牧认为："天地养万物以静为心，不为而物自为，不生而物自生，寂然不动，此乾坤之心也。然则易者易也，刚柔相易，运行而不殆也。阳为之主焉，阴进则阳减，阳复则阴剥，昼复则夜往，夜至则昼复，无时而不易

---

① 李觏：《李觏集》卷 4《删定易图序论》，中华书局 1981 年版。

也。圣人以是观其变化也，生杀也，往而复之，复之无差焉。故或谓阳复为天地之心者也，然天地之心与物而见也，将求之而不可得也。子曰：天下何思何虑？天下殊途而同归，一致而百虑，圣人之无心与天地一也，以物为心也。"① 所谓"圣人无心"实际上就是让人的意志去符合和顺从自然界的客观情势，即"以物为心"，从这个角度讲，自然主义必然会滑向悲观主义，但它讲求人与自然的和谐，却有着积极的科学价值。在李觏看来，刘牧"谓存亡得丧，一出自然"之说未免太消极了些，检验一个人的成败不是看他说得有多好，关键是看他做得效果怎么样，他说：禹、稷、契等就其功绩而言，"其迹殊，其所以为心一也。统而论之，谓之有功可也"②，而李觏一方面认为"唯君子为能法乾之德，而天下治矣！"③ 所谓"乾之德"即"制夫田以饱之，任妇功以暖之，轻税敛以富之，恤刑罚以生之，此其元也；冠以成之，婚以亲之，讲学以材之，摒接以交之，此其亨也；四民有业，百官有职，能者居上，否者在下，此其利也；用善不复疑，去恶不复悔，令一出而不反，事一行而不改，此其贞也"④。另一方面，受刘牧"性命之理"思想的影响⑤，李觏从理论上用天道来证明人事⑥，所以李觏又强调"人受命于天，固超然于群生"，而"得天之灵，贵于物也"，所以人类的种种活动无非是"为之所为也"⑦。可见，李觏不是个彻底的功利主义者，因为他的思想最终还是被打上自然主义的烙印。

---

① 刘牧：《易数钩隐图遗论九事》卷6《复见天地之心》，《道藏》第三册。
② 李觏：《李觏集》卷4《易论第十一》。
③ 李觏：《李觏集》卷4《删定易图序论》，中华书局1981年版。
④ 同上。
⑤ 余敦康：《内圣外王的贯通——北宋易学的现代阐释》，学林出版社1997年版，第15页。
⑥ 同上。
⑦ 李觏：《李觏集》卷4《删定易图序论》，中华书局1981年版。

第二个基本分歧：在河图与洛书的性质问题上，是由河图而生八卦还是由河图与洛书相须相成而生卦的观点对立。关于河图与洛书的功能与性质的定位，刘牧跟李觏存在着不同的认识和看法，首先，刘牧是主张由河图而生八卦的，他说："经虽曰四象（刘牧认为河图为象）生八卦，然须三五之变易备七八九六之成数而后能生八卦"①，李觏反驳道："且阴阳会合而后能生，今以天五驾天一天三乃是二阳相合，安能生六生八哉！……况所谓五者，乃次第当五，非有五物也，其一与六合之类，皆隔五者，盖以一二三四五主五方，而六七八九十合之，周而复始，必然之数，非有取于天五也"②，究竟李觏的批评有没有道理？我们不妨再重温一下刘牧的原话，看看他到底想表达一种什么样的思想信息，他说："天一地二天三地四此四象生数也，至于天五则居中而主乎变化，不知何物也。强名曰中和之气，不知所以然而然也，交接乎天地之气，成就乎五行之质，弥纶错综，无所不周"③，而存在于"五"之内部的这个说不清道不明的东西究竟是什么？依今天的科学看，刘牧所讲的"五"其实就是事物内部的驱动因子，就是促使事物发展变化的"活性酶"，所以李觏的理解并不符合刘牧的本意；其次，刘牧把河图称为"象"，把洛书称作"形"，而在李觏看来，刘牧用象与形的关系来区分河图与洛书的性质，是不能自圆其说的，因为"刘氏以河洛图书合而为一，但以河图无十而谓水火木金不得土数，未能成形，乃谓之象；至于洛书有十，水火木金附于土而成形矣，则谓之形，以此为异耳。其下文又引水六、金九、火七、木八而生八卦，于此则通取洛书之形矣，噫！何其自相违也？"④ 李觏说："河图之

---

① 刘牧：《易数钩隐图》卷上《天五第五》，《道藏》第三册。
② 李觏：《李觏集》卷4《删定易图序论》，中华书局1981年版。
③ 刘牧：《易数钩隐图》卷上《天五第三》，《道藏》第三册。
④ 李觏：《李觏集》卷4《删定易图序论》，中华书局1981年版。

数二气未合，则五行有象，且有形矣，象与形，相因之物也"①，把河图和洛书看成"相因之物"即矛盾着的两个方面，既对立又统一，它克服了刘牧在这个问题上的片面性，对图书学的发展具有积极的作用。

第三节　山外派的心学思想及其科学价值

一　释智圆的生平简介

释智圆（976—1022）字无外，俗家姓徐，浙江钱塘人。从小出家，好读书，他"于讲佛经之外，好读周、孔、扬、孟书，往往学为古文，以宗其道。又爱吟五七言诗，以乐其性情"②。他仅以短短二十三个春秋的学术生命完成了至少二十六部佛教著作，成为天台宗历史上著述最丰的佛学家之一。

二　释智圆的科技思想及其价值

（一）释智圆的"真谛"观

在佛教史上，有所谓"内学"和"外学"之分。其中"内学"亦称"内明"，专指佛法本身或者佛教专门知识，包括般若学、中观学、律学等；"外学"则是指除佛法以外的其他知识，包括大五明（内明、因明、声明、医方明及工巧明）和小五明（数学、诗学、词藻学、音韵学及戏剧学）。由于北宋的佛、儒、道三教渐趋统一，因而佛教的"内学"便出现了理学化的倾向，这一点在释智圆的自然观方面表现尤为突出。

首先，从功能上说，释智圆把宇宙万物的存在形式分为"俗谛"（动）和"真谛"（静）两类。所谓"俗谛"即人类对

---

① 李觏：《李觏集》卷4《删定易图序论》，中华书局1981年版。
② 释智圆：《闲居编》卷首《自序》，《续藏经》第1辑第2编第6套第2册。

自然界已知部分的认识和把握，用释智圆的话说就是"思议境智"；所谓"真谛"则是人类对自然界未知部分的探索和描述，用释智圆的话说就是"不思议境智"①。在这里，释智圆特别强调宇宙万物的自我运动和自我发展。他说："谓境自是境，智自是智，不相因也。此是自生者，若云境自是境者，境不因智照，是境自生。若云智自是智，智不因境发，是智自生。"② 说"境不因智照，是境自生"突出了物质世界（即境）的客观性和其不依赖于人的意识（即智）而存在的独立性，是符合客观物质世界的发展规律的，是释智圆自然观的精华。但他认为人类的意识也不依赖物质世界（即"智不因境发"）而"自生"，就缺乏科学根据了。因为人类的意识一旦离开物质世界，它就成了无源之水和无本之木。

其次，物质世界的运动变化是一个过程，释智圆把这个过程分成了"生"和"灭"两个阶段。他说："初约真俗中俱名大也。初明真谛，遍荡相著大，故大，故云大若虚空，次明俗谛，体具三千故大，故云其性广博。后名中谛，遮照不二故大，故云名不思议等。不因小相者，虚空绝待非对小名大也。二约真、俗、中俱名灭也，初约真谛自行名灭，灭凡夫生死故云灭，二十五有灭二乘涅槃故，云及虚伪物；次约俗谛化他明灭，则随类现形灭彼三惑，故云得二十五三昧也。二十五三昧如圣行品说。后明中谛，灭真灭俗，故云生灭灭已，生即是俗，灭即是真，二边俱灭故云灭已。""俗"是指物质现象的变动不居，而物质现象都是由有形体的实物所构成，故曰"随类现形"，曰"虚伪物"，因为凡有形体的实物存在都是短暂的和幻灭的，所以世界万物总

<hr />

① 释智圆：《请观音经疏阐义钞》卷1，《新修大正藏经》第 37 卷经疏部五，第 977 页。

② 同上书，第 980 页。

是通过"自行名灭"（即新陈代谢）而延续其存在，从这个角度看，"灭"是客观事物阶段性的"中顿"，是为下一个阶段的"生"而做准备。事实上，释智圆已经注意到，事物每经历一次"灭"的"中顿"，其自身就必然会获得一次超越或称"过越"，而事物通过一次次的"生灭"来不断的实现自我超越，自我发展，这是释智圆科技思想的最大特点，也是其自然观中最有价值的一个亮点。他说："三约真俗中俱名度者，度以过越为义，三谛无著悉是过越。咸得度名，不著于俗，故云度于不度，不著于真，故云又度于度，又度此彼下约中谛明度也。不著双照故云度，此彼之彼岸不著双遮故，云亦度非彼非此等，此即生死俗，彼即涅槃真。"① 在这里，"度"有"过渡"和"超越"两重意思，其"过渡"的意思是说事物的"灭"并不是消亡，而是一事物过渡到了另一个事物，或在一个事物的发展过程中由一个阶段过渡到了另一个阶段。而"过渡"的实质不是简单的循环和重复，而是一次超越，是一个新的起点的开始，是事物自己不断地超越自己的"真谛"。

（二）"以智照境"的反映论及其科学内容

在释智圆的思想体系里，"境"有着特殊的内涵。在他看来，"境"不是客观事物自身，而是由人类思维及其经验知识所形成的一种特定集合体，它本身是对客观事物的反映或映射，但由这些映射所构成的"境"具有不依赖于客观世界的独立性，所以释智圆说："以心生六界三种世间为境"②，又说："智境照发相应者，以智照境，由境发智，境大智大故曰相应。境即法身，智即报身，应身自在者，应遍法界如境现像，形对像现故曰

① 释智圆：《涅槃玄义发源机要》卷1，《新修大正大藏经》第 20 页。
② 释智圆：《请观音经疏阐义钞》卷1，《新修大正大藏经》第 37 卷经疏部五，第 981 页。

无能遏绝。"① 在这段话里，释智圆至少表达了如下两层意思：一是人类的认识来源于"境"，而"境"具有客观实在性，用他的话说就是"境即法身"；二是人类意识对"境"的反映，是直观的、机械的和照相似的反映，这就是"以智照境"和"形对像现"的含义。在西方近代哲学史上，第一个机械唯物主义哲学家霍布斯就曾认为："知识的开端乃是感觉和想象中的影像；这种影像的存在，我们凭本能就知道得很清楚。"② 而霍布斯所说的"感觉和想象中的影像"在某种程度上跟释智圆的"智境"观很相近。马克思指出："霍布斯根据培根的观点论断说，如果我们的感觉是我们的一切知识的泉源，那么观念、思想、意念等等，就不外乎是多少摆脱了感性形式的实体世界的幻影。科学只能给这些幻影冠以名称"③，霍布斯在科学知识方面所具有的"唯名论"倾向恰恰就是释智圆"智境"观所表现出来的倾向。至于人类认识的"直观反映论"则是洛克知识哲学的特色，用洛克的话说就是"照应"，在他看来，人的感觉认识就像照相机的工作原理一样。他说："每一种感觉既然同作用于我们任何感觉上的能力相照应，因此，由此所生的观念一定是一个实在的观念（它不是人心底虚构，因为人心就没有产生任何简单观念的能力），一定不能不是相称的，因为它是同那种能力相照应的"④，对于人类认识所"照应"的对象，洛克提出了"二重经验论"，他认为，人类认识所"照应"的对象是"经验"，而经验可分成"外部经验"和"内部经验"两大类，其中"内部经验"是指心灵自己反省自身内部活动时得到的各种观念，这些

---

①　释智圆：《涅槃玄义发源机要》卷1，《新修大正大藏经》第20页。

②　霍布斯：《论物体》，《十六——十八世纪西欧各国哲学》，商务印书馆1975年版，第66页。

③　《马克思恩格斯全集》第2卷，人民出版社1965年版，第164页。

④　洛克：《人类理解论》上册，商务印书馆1997年版，第352—353页。

观念就像海市蜃楼一样，所差只是一个是物理的光反射，一个是心灵的境像而已。释智圆同霍布斯和洛克一样，他亦承认人类认识来源于感觉这一点，这叫"由境发智"，而"境"是物质世界的观念集合，即"以心生六界三种世间为境"。在此，释智圆不可避免地又站到了唯心论的立场上。

如果说在"智境"问题上，释智圆表现出了鲜明的"内学"性质，那么在谈到人类生活实践方面的问题时，他则表现出了更加积极的态度和强烈的兴趣，这说明他对"外学"的关注是时势所迫，由衷而发。如他说："身口意业善恶分二，变化示现名工巧"①，"变化示现"是人类社会存在和发展的物质基础，而对于那丰富多彩的社会生活和生产实践，释智圆当然不能熟视无睹，也不能不受其滋惠，他说："释氏子之恢廓才识者，必内贯三学，外瞻五明。戒、定、慧之谓三学，声、医、工、咒、因之谓五明也。明者，晓解精识之谓乎！写貌传神其工巧明之至者矣。"②而释智圆自身对"五明"都有研究，如在声明方面，他写有《古琴诗》，诗云："良工采蝉桐，斲为绿绮琴。一奏还淳风，再奏和人心……冷落横闲窗，弃置岁已深。安得师襄弹，重闻大古音。"③这说明释智圆善于弹古琴，他对古典音乐有一定深度的研究，其自身的声乐素养也有较高的水准；在医方明方面，释智圆对病因病理作了比较深入的研究，如他说：

> 腹内为病者，腹属身故，意识即虑知心也。五根不利者，根应作藏，字之误也，谓五藏不利外应五根，成病恼也。此约病从内出，亦可下约病从外入。如久视久听，乃至

---

① 释智圆：《请观音经疏阐义钞》卷1，《新修大正大藏经》第37卷经疏部五，第980页。
② 释智圆：《闲居编》卷27《叙传神》。
③ 释智圆：《闲居编》卷39《古琴诗》。

饮食皆成病，故具论者外入，乃是病缘。入伤五脏，五脏既病，外应五根，五根亦病也。①

这些观点符合中医病因学的基本理论，是"山外派"医学思想的精髓，具有一定的科学价值。此外，释智圆还写有《病夫传》和《病赋》两篇医学专文，特别是在《病赋》一文中，他提出了四种治病的方法，他说："夫治病有四焉，谓药治、假想治、咒术治、第一义治。"其中"以理观为专治，盖第一义之谓也"②。这样，他从"唯心是理"的角度出发，认为"病从心作，惟病是色"③，至于人类精神因素（即"心"）与致病的关系，《黄帝内经灵枢经》卷6《平人绝谷第三十二》载："五脏安定，血脉和则精神乃居"，反之，"喜怒不节则伤脏，脏伤则病"④，而宋代陈言在《三因极一病证方论》中进一步说："悲哀忧愁则心动，心动则五脏六腑皆摇"，可见，"病从心作"符合中国传统的"心身统一观"，是对中国古代病因学的科学概括与总结。现代医学理论认为，人类机体在应激状态下会出现多种生理心理反应，牵连多个组织系统，导致诸多心身疾病。因而释智圆说："莫谈生灭与无生，谩把心神与物争"⑤，这既是一种生活境界，也是一种养生方法，正所谓"志意和者"，其"五脏不受邪矣"⑥。

（三）"渐顿渐圆"与"理事互融"的辩证方法

胡适在《实验主义》一文中曾经说过："一切科学的发明，

① 释智圆：《请观音经疏阐义钞》卷2，《新修大正大藏经》第37卷经疏部五，第988页。
② 释智圆：《闲居编》卷34《病赋》。
③ 同上。
④ 庄周：《庄子》外篇《在宥第十一》。
⑤ 释智圆：《闲居编》卷36《挽歌词其三》。
⑥ 《黄帝内经灵枢经》卷7《本脏第四十七》。

都起于实际上或思想界里的疑惑困难。"① 所以"惑"是人类认识过程的"遮蔽",而这"遮蔽"的消除和揭示就是科学前进的直接动力,当然人类认识过程中所出现的"惑"归根到底来源于人类的社会实践,来源于现实生活的客观需要。在中国佛教发展史上,天台宗是第一个对"惑"进行系统分类研究的佛教宗派。它把"惑"从整体上分为三类:见思惑,由界内三道(即天、人、修罗)所产生的认识谬误,属于情意的颠倒执著,因而不理解三界内的事理,故又称界内惑,是事惑;尘沙惑,由出了三界的界外众生(即菩萨、缘觉、声闻)所产生的困惑,也是事惑;无明惑,是仅限于菩萨所断的惑,它是遮蔽真谛法的惑,所以是理惑。而从科学方法论的角度讲,"三惑"主要反映了人类认识的三个不同层次,借用康德的话说就是感性、知性和理性。其感性相应于"见思惑",知性相应于"尘沙惑",理性相应于"无明惑"。而对于不同层次的惑,其断除和化解的方法也不相同。在释智圆看来,对属于感性层次的惑,施用"渐法",对属于知性层次的惑,施用"渐顿法"或"渐圆法",对属于理性层次的惑,则施用"顿法"。释智圆说:

> 初顿,二渐。顿即《华严》,渐及四味。菩萨对扬,五时益物。《华严》兼别正从圆说,故云圆机。初心即初住,次渐中鹿苑三藏,《法华》唯圆,中略二味,故云乃至。渐引至实,同归圆教。②

所谓"五时"即华严时、阿含时、方等时、般若时、法华

① 胡适:《问题与主义》,光明日报出版社 1998 年版,第 307 页。
② 释智圆:《维摩经略疏垂裕记》卷 2,《新修大正大藏经》第 38 卷经疏部六,第 731 页。

涅槃时，它对应于《大般涅槃经》之乳喻（指《华严经》）、酪喻（指《阿含经》）、生酥喻（指《维摩经》、《楞枷经》等）、熟酥喻（指《般若经》）、醍醐喻（指《妙法莲花经》、《大般涅槃经》），代表人类认识发展和演化的五个不同阶段以及人类在每个阶段所达到的认识水平。与此相连，鹿苑是人类刚刚脱离蒙昧状态而进入佛教智慧的初期，此时，人的认识能力还比较低下，故对有情识的众生而言就须渐次说《阿含经》、《维摩经》、《大般涅槃经》。由于在这个时期，佛陀采取了由浅入深、转小为大的方法，使众生渐次深悟教理，故为渐。而当众生超越了自我，进入忘我状态时，其认识能力也随之升华到说《华严经》的境界，由于在这个时期，佛陀采取了"顿悟"的方法促使众生究竟教理，故为顿。在科学实践中，"顿悟"或"直观"是基本的思维方法之一。如阿基米得发现"浮力定律"，凯库勒发明苯分子的环状结构，庞加莱发现"福克斯群"和"福克斯函数"（这个理论认为不定的三元二次形式的算术变换与非欧几里得几何的变换在本质上是同一的），能斯脱提出"热力学第三定律"，库恩确立"范式"概念等等，这些科学发现的共同特点是都经历了由疑惑到顿悟的认识过程。生理学家赫尔姆霍茨在总结他的科学创造经验时认为科学发现本身存在着三个阶段：疑难，长时间的思索，豁然开朗。英国心理学家澳勒斯也认为，一个科学的创造过程应当包括提出问题、提出试探性解决方案、产生顿悟及验证所得结论的正确与否等四个阶段。而爱因斯坦则非常肯定地说："我相信直觉和灵感。"① 1981 年 12 月 12 日，日本第一位获得诺贝尔奖的科学家福井谦一在接受瑞典国家电台采访时亦说："我相信直觉的存在，所谓直觉就是不依赖逻辑思维的选择。"至于顿悟思维本身的形成机制，目前学界尚没有统一的说法。如

① 爱因斯坦：《爱因斯坦文集》第 1 卷，商务印书馆 1983 年版，第 284 页。

认知心理学家西蒙认为，大量信息组块的储存和极迅速地检索能力是构成顿悟思维产生的基础。弗洛伊德又说，顿悟是人类大脑下意识活动的一种外显形式。布莱克斯利则具体地说："直觉方法乃是右脑思维的结果。"① 既然顿悟于人类创造意识的关系如此密切，那么释智圆在他的有关著述中去格外关注"顿悟"思维就毫不奇怪了。他说："三教互有浅深，圆教唯深菩萨备修四教，故云从浅至深，即是渐顿之教等者，历三教偏渐至圆顿故，故名渐顿渐圆。"② 所以"渐顿渐圆"是对"顿悟"思维的一种补充和进一步延伸，因为"顿悟"仅仅是人类认知过程的一个阶段，他距离问题的圆满解决尚待时日，所以"顿"还须逐渐地转变成"圆"，从科技思想的角度讲就是科学问题的最后解决。这样一来，"渐顿渐圆"实际上就是又一思维方法了，现代思维科学将它命名为"无穷逼近法"。在数学界，人们解决哥德巴赫猜想（即每个整数都可以表示为素数之和的推断，用数学式可表示为 m + n）所采用的就是这个方法，1920 年挪威数学家布龙首先证明了"9 + 9"，后来人们又相继证明了"7 + 7"、"6 + 6"、"4 + 4"，1956 年我国数学家王元证明了"1 + 3"，1962 年我国另一位数学家陈景润又证明了"1 + 2"，取得了目前在这个领域里的最好成绩，它距离"渐圆"仅隔一步之遥了。在道德实践方面，则"日取一小善，而学行之积日至月则身有三十善矣，积之数年而不息者，不亦几于君子乎！"③ "几"即"逼近"之意。"结界"教化亦复如此，即由"一以教十，十以教

① 托马斯·R. 布莱克斯利：《右脑与创造》，北京大学出版社 1992 年版，第21 页。
② 释智圆：《涅槃玄义发源机要》卷 1，《新修大正大藏经》第 38 卷经疏部六，第 18 页。
③ 释智圆：《闲居编》卷 20《勉学下》。

百，百以教千，至于无穷，漫衍天下"①，所以，相对于"渐圆"来说，"渐顿"就具有了近似性的特征。释智圆说：

> 随机约理则不同执家，约机则不同难家，宁得称理者，以如理而解方名智，故智不称理全是邪执，如方下如方凿入于圆枘，言不相应也。不见下不见约理无得约智，俱非渐顿。②

在一般情况下，"执家"的目的在于积累财富，它的侧重点是"物"，而"约理"的目的则在于累积成佛因行，它的侧重点是"心"；"难家"之"难"可以通过自身的努力而加以克服，但"约机"之"约"却力求使人脱落依靠自力的心，而逐渐转向依靠佛力。在这里，释智圆似乎更加强调"外力"的作用，而中外思想史的发展历史反复证明："外力论"最终都必然要滑向宗教唯心主义和神秘主义。释智圆也不例外，如他的"约机则不同难家"思想就暴露了他的宗教唯心主义和神秘主义实质，但我们不能仅仅从宗教唯心主义和神秘主义的层面来透析释智圆的精神世界，因为只要我们揭去遮盖在释智圆身上的那层神秘主义面纱，就会看到蕴涵在他思想内层的那些合理因素和活性成分。所谓"随机约理"，在笔者看来，就是指人们发动自己的主观能动性而无限地逼近"天理"。释智圆曾这样议论说：

> 夫人生而静，天之性也。感于物而动，性之欲也，物诱于外而无穷，欲动于内而无节，不能反躬，天理灭矣。是故

---

① 释智圆：《闲居编》卷24《与门人书》。
② 释智圆：《涅槃玄义发源机要》卷3，《新修大正大藏经》第38卷经疏部六，第31页。

觉王之制戒律，人为之节粗暴不作，则天理易复矣。故为官而居，将行戒律必以结界始。由结界则画分其方隅，标准其物类，界相起于是，众心始于是，则凡百羯章羯磨之法可得而行也。羯章行则粗暴由是息，天理由是复，然后知佛之所以圣，法之所以大，僧之所以高。①

从中国古代"天理观"的发展历史看，释智圆的"天理观"源于汉代的《乐记》："人生而静，天之性也。感于物而动，性之欲也，物至知知，然后好恶形焉，好恶无节于内，知诱于外，不能反躬，天理灭矣。夫物之感人无穷，而人之好恶无节，则是物至而人化物也。人化物也者，灭天理而穷人欲者也。"但释智圆依据北宋初年佛教发展的客观需要，"留意于笔削"②，故而形成了他那绾连和贯通《中论》与《中庸》的"天理观"。他说：

1. "天理湛然，讵可以净乎、秽乎、延乎、促乎、彼乎、此乎而思量拟议者哉！然而悟之则为圣、为真、为修德、为合觉、为还源、为涅槃，迷之则为凡、为妄、为性德、为合尘、为随流、为生死，大矣哉！"③

2. "禅律为交而成结界之文，使后来者居于是所以息粗暴，反其躬而复天理焉。为益之大可胜于言哉。"④

3. "夫天理寂然，曾无生灭之朕乎。妄情分动，遂见去来之迹矣。"⑤

① 释智圆：《闲居编》卷 13《宁海军真觉界相序》。
② 释智圆：《闲居编》卷 19《中庸子传中》。
③ 释智圆：《闲居编》卷 9《净土赞》。
④ 释智圆：《闲居编》卷 13《宁海军真觉界相序》。
⑤ 释智圆：《闲居编》卷 18《生死无好恶论》。

由这几段话，我们能大概地明了释智圆"天理观"的一些基本内容。第一，"天理"是先天地寄生于人心体内的一个寂然不动的客观实体，这个"天理"又可称作"大理"或"涅槃佛性之理"①；第二，"天理"的特点是"无生灭"，用释智圆的话说就是"中"，而探讨"天理"的学问则称为"中论"。如果转换成儒家的文本，则"中论"就是"中庸"。如释智圆说："中庸子，智圆名也……释之明中庸，未之闻也。子姑为我说之。中庸子曰：居吾语汝，释之言中庸者，龙树所谓中道义也。"② 第三，由于外物的诱导，人心躁动而为之"惑"，故而不能发现和觉悟"天理"，怎么办呢？开发心智，"即智能破惑，通于至理"③。由此可见，释智圆所说的"合觉"、"还源"、"涅槃"等概念，其实就是科学思维的基本要素。当然，我们在此需要强调的是，释智圆"天理观"的特殊之处还在于他不是简单的道德说教，而是从北宋社会的现实状况出发，主张人类世界及其宇宙万物应当被纳入到一个有秩序和合目的（即"结界"）的发展轨道上来，相互依存，协调发展，这应是"由结界则画分其方隅，标准其物类"一句话的真正内涵。而释智圆的"中道"思想实际上就是以此为根基的。

释智圆认为，人生有两种病患：一是"身病"，二是为"五尘所侵"之致的"心病"，如贪心、嫉妒心等。他说：

> 若生方便未断尘沙，须学无量四谛也。五分下明身病，无明下明心病，约四十二位互作浅深优劣重轻，望下为深优轻，望上为浅劣重。乃至等觉一生在，皆有二病也。故经下

---

① 释智圆：《涅槃玄义发源机要》卷1。
② 释智圆：《闲居编》卷19《中庸子传上》。
③ 释智圆：《请观音经疏阐义钞》卷3。

示妙觉无病也，等觉一品犹是无常，妙觉究竟故五并常方无两病，外内火即仁王经七火也。一鬼火，二龙火，三霹雳火，四山神火，五人火，六树火，七贼火。人火者，恶业发时身自出火，树火者，如久旱时诸木自出，今云内火即人火也。外火即余六也，又内火即病也，病侵于身如火烧物，又是身内火大不调故为病也。①

因此，"一但医身病，后三医心"②，那么，如何祛除"垢心"呢？释智圆说："今观善恶悉由心起，即空、假、中。一念叵得故空，理具三千故假，心性不动故中，三一互融方名妙观。"③ 所以欲祛"心垢"尚需从空、假、中三个方面入手，在释智圆看来，宇宙万物皆从因缘中产生，没有恒常不变的实体，这就是所谓的"空"；凡存在着的实体都具有形状、体积、规模、大小等量的规定性，这就是所谓的"假"；任何事物的存在都是"空"与"假"的统一，是一物之两体，不能偏倚其中的任何一方，空假不二，即空即假，这就是所谓的"中"。"中"即"中道"、"中观"、"中庸"之意。而"不著于空，不执于假，即曰中道"④，空、假、中同时具于一念，三即是一，一即是三，三一相互包含，你中有我，我中有你，无障无碍，是为"三一互融"。由于智顗将"十如"、"十法界"与"三种世间"结合起来，构筑了他的"一念三千"说（一心具十法界，十法界一一互具成百法界，且十法界又各具三种世间，为三十种世间，故百法界就具三千种世间了），所以作为智顗思想继承者之一的释智圆就自觉地应用智顗的"一念三千"说来为他的"真

---

① 释智圆：《请观音经疏阐义钞》卷3，《新修大正大藏经》第37卷经疏部七。
② 释智圆：《请观音经疏阐义钞》卷2，《新修大正大藏经》第37卷经疏部七。
③ 释智圆：《维摩经略疏垂裕记》卷1，《新修大正大藏经》第38卷经疏部六。
④ 汤用彤：《汤用彤全集》第1卷，河北人民出版社2000年版，第239页。

心观"服务了。所谓"理具三千"其实是"一念三千"的另一种说法，与此相对，即"有事造三千"。在这个意义上说，"三一互融"又可称作"理事互融"①，释智圆说：

> 五阴是事，佛性是理。事由理变，此事即理，故云所以也。五阴是因复生智慧之因，故曰因因。问五阴是果何名因耶？答凡夫妄果望佛仍因，智慧增成者，分证究竟悉曰增成智慧。所灭者，所灭即无明，无明灭处即涅槃果，余一切法者，即界入等……谓因果不二即理体，事理融一，故并相即不二，不可为二者，以名事分别，则不二之体不可为因果之宗。②

在这段话里，不仅包含着丰富而深刻的辩证法思想，而且释智圆用他的文本语言区分了"形而上学"与"科学"的本质差异，即形而上学的研究对象是"物自体"本身，用释智圆的话说就是"理体"，它的存在特征是"事理融一"，所以"理体"是形而上学的研究对象而不是科学的研究对象；科学的研究对象是现象界，是现象界中所存在着的丰富多彩的个体，这些生动的个体只有加以逻辑上的分门别类，并将其置于前后相继、彼此制约的因果关系之链条中，它们的存在才具有科学意义，所以说"不二之体不可为因果之宗"。

综上所述，释智圆的科技思想在宋学发展史上具有独特的理论价值。首先，他把佛儒两家的思想相互环节和贯通起来，成为启发北宋理学家的先导。关于这一点，陈寅恪、漆侠等先辈多有揭示，此不赘语；其次，释智圆认为，宇宙万物的生成和变化是

---

① 释智圆：《维摩经略疏垂裕记》卷5，《新修大正大藏经》第38卷经疏部六。
② 释智圆：《涅槃玄义发源机要》卷3，《新修大正大藏经》第38卷经疏部六。

有规律的，即"众生由理具此体故原生"①，且现象界的万物变动不居，无常性，而"理体"却是稳定的、自性的和本觉的。而科学的任务就是将发生在由"理体"所支配的现象界里的这种自性的东西描写出来，然后形成一种"经验的共性"。毋庸讳言，我们所处的现象界是由相互对立着的事物或者称为有极性事物所构成的，在释智圆看来，任何事物的性质都具有"约"性（即近似性），如物质的纯与不纯以及科学观察与干扰现象等，它们对人类的认识能力而言，都具有模糊性和近似性。尤为重要的是，释智圆用"镜"跟"智"的关系来说明宇宙万物的存在方式，这种存在方式就是"镜像"，既物质形成为一种思维镜像，现代科学已经证实，物质世界中的确存在着很多"镜像"实体，霍夫曼称之为"手性物质"，他说："在差别的王国中，很微妙的是手征性，Chirality，它来自希腊字Cheiros。一些分子以不同的镜——像形式存在，相互关系如左右手。分子互为镜像关系的化合物，可以有许多客观性质相同（不是所有性质），像熔点、颜色等。也有一些性质不同。比如，左旋的分子与右旋的分子会产生相互作用。"② 如此等等，如果我们把上述的卓越思想跟中国11世纪初期的社会发展状况相联系，就一定会发现释智圆当时提出的许多见解都具有独创性，这是我们应该引以为豪的。科学创造不同于一般的生产劳动，因为科学劳动的重要特征之一就是对各种自然事实和客观问题的高度专注与"真心观"，从这个角度讲，释智圆的思想中还渗透着一种积极的和进取的科学意识和精神，这种精神自然也是"山外派"留给我们的一笔最可宝贵的知识财富。

① 释智圆：《佛说阿弥陀经疏》，《新修大正大藏经》第37卷经疏部五。
② 霍夫曼：《相同与不同》，吉林人民出版社1998年版，第33页。

第四节 《武经总要》的兵学成就及其科技思想

一 官修《武经总要》及其曾公亮的生平简介

康定元年（1040）宋仁宗诏令天章阁待制曾公亮和工部侍郎参知政事丁度，具体负责修撰北宋第一部大型军事教科书，同时也是中国古代第一部官修的百科全书式的兵书——《武经总要》。曾公亮（998—1078）字明仲，泉州晋江人，进士出身，"为政有能声"；丁度（990—1053）字公雅，祥符（今河南开封）人，曾登服勤词学科，"强力学问"。《武经总要》的编纂先后用时五年，传本共40卷，分前、后两集。前集20卷，主要论述了选将用兵、部队编成、行军宿营、通信侦察、城池攻防、火攻水战、武器装备等，其中在兵器、器械部分，每一卷都配有详细而规正的插图，仅第十到第十三卷就附有250多幅插图，是全书的精华。另外，"边防"部分介绍了北宋北部、西北部及西南部等地的边疆地理，虽"道里山川以今日考之，亦多刺谬"①，但它所述之辽及西夏等民族的发展历史，不乏资料价值。后集20卷，包括"故事"15卷，"依仿兵法"，实即《通典》体例，分门别类，介绍历代战例，比较用兵得失，"使人彰往察来"；"占候"5卷，主要指军事阴阳，包括对天文、气象、灾异等自然现象的预测与判断，对于这部分内容，只要我们用批判的眼光和辩证否定的态度，去其糟粕，取其精华，就一定能发现它里面所包含着的科学价值。《四库全书总目提要》说得好：《武经总要》这部书，其"前集备一朝之制度，后集具历代之得失，亦有足资考证者"。

---

① 永瑢等：《四库全书总目提要》上册卷99《子部》之"兵家类"，中华书局2003年版，第838页。

二 《武经总要》中的科技思想及其局限性

《武经总要》主要由四部分组成：军事科学、自然科学、技术科学和人文科学。而这四部分既相互区别又相互联系，构成一个完整的兵学思想体系。在北宋乃至整个中国古代兵学发展史上，《武经总要》之所以能独树一帜，其真正的原因恐怕就在于此。

（一）《武经总要》中的自然科学思想

军事学本身是一个十分复杂的系统工程，而作为综合性很强的"第七类科学技术部门"①，它的产生和发展始终不能离开自然科学的支持。特别是由于影响具体战事的因素很多，其中天文、地理及人事都有可能对战争的胜负起到关键性的作用，所以如何对这些可变因素作出科学分析，就不能不掌握一定的自然科学知识了。而《武经总要》在"采古兵法，及本朝计谋方略"②的同时，也吸收了不少当时先进的科技思想和自然科学知识，因而它在北宋科技发展史上的价值和地位是不能忽视的。

第一，星占学中的实用天文学思想。《武经总要》后集之"阴阳占候"部分为司天少监杨惟德等所编撰，老实说，杨惟德这个人虽以星占学为其特长，如他先后撰写了《六壬神定经》、《七曜神气经》、《景祐遁甲符应经》等多部星占著作，但他在星象观测和磁学研究方面却业绩不俗。据考，他首先于至和元年（1054）发现了一颗中子星③，这在有记录以来的人类科学发展史上是最早的；他在献给宋仁宗的《莹原总录》（1041）里提到了"地磁偏角现象"，比沈括《梦溪笔谈》（约1093）所记载的

---

① 钱学森：《关于思维科学》，《自然杂志》1983年第8期。
② 赵希弁：《郡斋读书志后志》卷2，文渊阁四库全书本。
③ 徐松：《宋会要辑稿》瑞异1之2。

"地磁偏角现象"至少早50年。由此可见，杨惟德所从事的星占学是以特定的观察事实为依据的，不同于一般的江湖占星术。其实，中国古人的思维方式就是天、地、人"三位一体"的整体观或者说系统观，而系统是"集合了若干相互依存、相互联系、相互制约的要素，具有特定的性质、结构和功能的有机整体"①，以此为基准，天、地、人三者之间必然存在着相互影响和相互作用的内在联系，如俄罗斯学者西尼亚科夫认为，地球上的许多空难和矿难等都跟地球物理共振现象有关，因为地球同其他行星之间不可避免地要发生相互作用。然而，问题的分歧在于人们应当如何去阐释这些联系，是用神秘的观点还是用实用的或准科学（因为当时没有真正意义上的科学）的观点？从历史上看，中国古代的天象学可分成两脉：一脉是研究星体本身运动变化规律的学问，即狭义的天文学；二是研究宇宙星体对地球及其人类社会生活影响的学问，即星占学。而对于星占学，我们不能笼统地说好还是不好。若从沉淀的层面或者说基本的部分看，它就会呈现出客观性的特征来，因为星占家必须观察到星体所在的区域位置及其变异情况，在这个阶段它的科学性是显而易见的，如杨惟德发现中子星残骸和磁偏角现象，都属于该阶段的产物；若从稀释的层面或者说派生的部分看，它则会呈现出主观性的特征来，因为星占家要把星象的异常变化跟特定的人类活动相联系，所以他的解释就必然携带有个人的感性色彩，由此出发，星占学则很容易滑向神秘主义和宿命论。杨惟德在《武经总要》里用很大的篇幅来描述"太乙占"、"六壬占法"及"遁甲法"的内容，对此，《四库全书总目》卷109《遁甲演义》说："仁宗时，尝命修《景祐乐髓新经》，述七宗二变，合古今之乐，参以六壬遁甲。又令司天监杨惟德撰《遁甲玉函符应经》，亲为制

---

① 白正林等：《自然辩证法》，民族出版社1994年版，第24页。

序。故当时壬遁之学最盛，谈数者至今多援引之。自好奇者援以谈兵，遂有靖康时郭京之辈，以妖妄误国。"看来，教导将士懂得一定的"式法"跟把"式法"教条化是不同性质的两个问题。"式法"本身是解释自然界周期运动变化规律的一种系统模型，是中国古代"人法地，地法天，天法道，道法自然"的理性化学说，正是由于这个原因，故刘大均、张岱年等学界前辈才对六壬、奇门、太乙等"式法"多有肯定。而为了实用起见，杨惟德在《武经总要》里特别选用了阿拉伯占星术的"十二宫"而不是中国古代天文学的"十二次"来与中国传统二十四节气的十二中气相关节，并用它作为"六壬占法"的客观依据，"推步占验，行之军中"①。

在这里，阿拉伯历法同中国传统历法一样，非常重视观测，因而他们在长期的观测实践中形成了一套比较完整的观测方法，其中"宫分法"就是回历法的重要创造之一。回历将周天三百六十度按黄道等分三百六十，每三十度为一宫，共十二宫，而中国传统历法则按赤道等分周天三百六十度，每三十度为一次，共十二次。尽管回历之十二宫与中国古代历法之十二次所选择的参照系不同，但人们既然有意识地用十二次对译十二宫，即表明人们早已从心理上接受了十二宫这种具有星占性质的文化形式，故当十二宫自古巴比伦传入中国之后②，其名称就比较频繁地出现在各种汉译佛教典籍中，而在这种宗教文化的背景之下，如河北宣化一座辽墓墓室的顶部及河北邢台开元寺于 1184 年所铸造的一口大铁钟上均出现了十二宫的图像，这说明当时十二宫已在社会上广为流传。况且，阿拉伯历法所采用的"宫分法"，带有一定的军国占星性质，所以，北宋庆历年间（1041—1048）编撰

---

① 宋仁宗：《武经总要序》。
② 江晓原：《中国天学史》，上海人民出版社 2005 年版，第 273 页。

的《武经总要》一书才选用黄道十二宫来取代中国古代天文学的"十二次",而这个事实亦可看做是中国古代把回历十二宫用于军事天文学的端始。

第二,"智虑周密,计谋百变"① 的物理学和化学思想。把构成自然界各种物质运动的元素如火、水、木等加以科学的改造,并利用其内在的结构特点和化学性质,把它转化成守城或攻城的手段和方法,是《武经总要》最显著的思想特征之一。古代战争有两种常见的攻城方法,那就是水攻与火攻,尤其是火攻,它大大加剧了战争的残酷程度。在火药发明之前,"火攻"的方法是在箭头上绑一些诸如油脂、松香、硫磺一类易燃性的物质,点燃后用弓射向敌方阵地,以达到引起敌军火灾,烧毁敌阵地上的兵器或以烟熏敌军的目的,史书上称它为"火箭"或"燃烧箭",不过,那时它的威力并不是太大。但随着科学技术的发展,至唐代,人们便初步认识到点燃硝石、硫磺、木炭三种物质的混合物,就会发生异常的燃烧爆炸现象,比如当时的《诸家神品丹法》、《铅汞甲庚至宝集成》等书中都记载着用"伏火法"来防止硝石、硫磺、木炭混合点燃后所发生的剧烈反应,从而防止爆炸的事实。五代时期,人们开始有意识地将硝石、硫磺、木炭混合燃烧爆炸的性能应用于军事,于是"火箭"这种新式的"火药武器"就被发明出来了。而北宋初年,兵部令史冯继升、士兵出身的神卫队长唐福等则都已能熟练地制造先进的火药武器了②,其中"冯继升进火箭法,命试验",而所谓"火箭法"就是在箭杆前端缚火药筒,点燃后利用火药燃烧向后喷出时气体本身所具有的反作用力把箭镞发射出去。同时,由于在密闭的容器内,火药燃烧时能产生大量的气体和热量,原来体积

---

① 曾公亮、丁度:《武经总要》前集卷12"守城",文渊阁四库全书本。
② 脱脱等:《宋史》卷197《兵十一》。

不大的固体火药，忽然受热膨胀，增加到几千倍，这样就会使容器发生爆炸。因此，不难看出，北宋初年所制造的火药武器正是利用了火药的燃烧爆炸性能原理。而把这个原理应用于兵器制造，则是北宋军事技术的一项重大发明。

尽管当时的火药武器如蒺藜火球、毒药烟球等爆炸威力还远远不够，但《武经总要》对这种军事科学发展的新动向不能不加以高度关注和重视。故曾公亮等在《武经总要》前集卷11和卷12中记载了当时流行的三个火药配方：

一是"毒药烟球"，其组方为"硫磺一十五两，草乌头五两，焰硝一斤十四两，巴豆五两，狼毒五两，桐油二两半，小油二两半，木炭末五两，沥青二两半，砒霜二两，黄蜡一两，竹茹一两一分，麻茹一两一分，捣合为球，贯之以麻绳一条，长一丈二尺，重半斤，为弦子。更以故纸一十二两半，麻皮十两，沥青二两半，黄蜡二两半，黄丹一两一分，炭末半斤，捣合涂傅于外。若其气熏人，则口鼻血出。"①

二是"火药法"，其组方为"晋州硫磺十四两，窝黄七两，焰硝二斤半，麻茹一两，干漆一两，砒黄一两，定粉一两，竹茹一两，黄丹一两，黄蜡半两，清油一分，桐油半两，松脂十四两，浓油一分"②。

三是"蒺藜火球"，其组方为"硫磺一斤四两，焰硝二斤半，粗炭末五两，沥青二两半，干漆二两半，捣为末；竹茹一两一分，麻茹一两一分，剪碎，用桐油、小油各二两半，蜡二两半，熔汁和之。外傅用纸十二两半，麻一十两，黄丹一两一分，炭末半斤，以沥青二两半，黄蜡二两半，熔汁和合，周涂之。"③

---

① 曾公亮、丁度：《武经总要》前集卷11之"火攻"，文渊阁四库全书本。
② 曾公亮、丁度：《武经总要》前集卷12之"守城"，文渊阁四库全书本。
③ 同上。

以上三种"火药武器"基本都是燃烧性的，而具有爆炸功能的武器被称作"霹雳火球"。其具体的制作方法是："用干竹两三节，径一寸半，无罅裂者，存节勿透，用薄瓷如铁钱三十斤，和火药三四斤，裹竹为球，两头留竹寸许，球外加傅药（火药外傅药，注具火球说）。若贼穿地道攻城，我则穴地迎之，用火锥烙球，开声如霹雳，然以竹扇簸其烟焰，以熏灼敌人。"[①]从性质上说，"霹雳火球"已不再是传统的燃烧性武器，而是原始的爆炸性武器了，从某种意义上讲，它也是最原始的地雷。因此，日本兵器史家马成甫先行在其所著《火炮的起源及其流传》一书说，从《武经总要》所提供的各种火药武器的资料中看出，中国应是世界上最早发明和使用火药的国家。

用先进的科学技术来武装全军将士的头脑，用尖端的火药武器来提高军队的战斗力，这既体现了时代发展的要求，同时又反映了《武经总要》的总体指导思想。

不仅硝石、硫磺、木炭的混合物能燃烧，而且石油也能燃烧。在北宋，人们根据它的燃烧性质分做民用和军用两种用途。其民用主要是制成固态石烛，用以照明；其军用，主要是制作"猛火油"，而把"油"称之为"猛"，说明其燃烧的威力非同一般。故《武经总要》载："凡敌来攻城，在大壕内及傅城上颇众，势不能过，则先用蒿秣为火牛缒城下，于踏空板内放猛火油，中人皆糜烂，水不能灭。"[②] 此外，在《武经总要》所给出的"毒药烟球"和"蒺藜火球"配方中，开始使用石油产品"沥青"，以控制火药的燃烧速度。这一项技术，在世界上也是最早的。

我国至迟到战国时期就发现了磁体的指极性，如《鬼谷子》

---

①　曾公亮、丁度：《武经总要》前集卷 12 之"守城"，文渊阁四库全书本。
②　同上。

卷 10《谋篇》云："郑人之取玉也，载司南之车，为其不惑也。"东汉时，人们把磁勺用于占卜，《论衡》卷 17《是应篇》载："司南之勺，投之于地，其柢指南。"后来随着航海事业的发展和军事斗争的客观需要，指向仪器逐步地从占卜转移至战争和航海的实践方面，终于导致了指南鱼（是从司南到指南针的一种过渡形式）的发明。《武经总要》前集卷 15《乡导篇》载有指南鱼的具体制作方法："用薄铁叶剪裁，长 2 寸，阔 5 分，首尾锐如鱼形，置炭中，火烧之，候通赤（以铁钤钤鱼首，出火，以尾正对子位，蘸水盆中，没尾数分，则上以密器收之。用时置水碗于无风处，平放鱼在水面，令浮其首），当南向午也。"其中"置炭中，火烧之，候通赤"是一种人工磁化法，它符合居里原理：因为当炭火超过居里点的温度（700 多度）时其磁畴会变成顺磁体，但当蘸水时鱼经冷却而复成磁畴，不过由于受地磁场的作用，磁畴排列则具有了一定的方向性，即鱼被磁化，故当它浮在水面时就能自动指南。不过，为防止指南鱼退磁，人们就将做成的指南鱼置放在铁制的封闭盒子里，以此使之形成封闭磁路，益于保存。所以，从实践效果来看，指南鱼确比司南更方便，因为指南鱼不再需要特制的铜盘而是只需要一碗水就行了，又由于水的摩擦力较固体为小，转动起来比较灵活，故指南鱼比司南更准确和更灵敏。因此，指南鱼对于北宋军队在紧急情况下行军打仗，无疑地具有着重要的向导价值和标识意义。

第三，以预防中毒为急务的军事医学思想。把"毒药烟球"应用于战争，就给军事医学提出了新的更高的要求，而在曾公亮等人看来，"军行近敌地，则大将先出号令，使军士防毒"①，可见其防毒意识是多么得强烈。如《武经总要》前集卷 11《水攻篇》说："凡水，因地而成势，谓源高于城，本高于末，则可以

---

① 曾公亮、丁度：《武经总要》前集卷 6《防毒法》，文渊阁四库全书本。

遏而止，可以决而流，或引而绝路，或堰以灌城，或注毒于上流，或决壅于半济。"可见，往饮水中投毒在战争条件下是经常发生的事情，因此，防毒和解毒便成为军医的一项重要任务。曾公亮等在《防毒法》中提出了5种防毒办法："一谓新得敌地，勿饮其井泉，恐先置毒。二谓流泉出于敌境，恐潜于上流入毒。三谓死水不流。四谓夏潦涨霪，自溪塘而出，其色黑，及带沐如沸，或赤而味咸，或浊而味涩。五谓土境旧有恶毒草、毒木、恶虫恶蛇，如有含沙、水弩、有蛾之类，皆须审告之，以谨防虑。"① 此外，他还特别提醒全军将士："凡敌人遗饮馔者，受之不得辄食。民间店卖酒肉脯盐麸豆之类，亦须审试即食。"② 而"毒药烟球"的出现则使防毒变得更加艰难，根据《武经总要》的记载，"毒药烟球"的有毒药物成分有草乌头、巴豆、狼毒、砒霜等，这些毒药一旦变成浓烟，则会导致中毒者"口鼻出血"的严重后果。从中毒的途径来说，饮食中毒是通过消化道吸收，然后再经过肝的转化才进入全身血液循环，其中毒过程较缓慢，而毒气中毒则直接通过呼吸道和肺循环而进入全身血液循环，加之毒气在空气中的浓度愈高其吸气中的分压力也愈大，从而中毒亦愈速、愈深。所以，毒气中毒对将士的危险性更大、更烈。而对于这些化学战剂，也许是因为保密的缘故，也许是因为它是北宋军事技术的一种特殊专利，反正《武经总要》没有给出具体的防范和解毒措施。于是，这也就成为北宋乃至以后军事医学发展所要亟待解决的重大科研课题。

（二）《武经总要》中的技术思想

在战争中，军事技术的目的性最强，无论攻城还是守城，充

---

① 曾公亮、丁度：《武经总要》前集卷6《防毒法》，文渊阁四库全书本。
② 同上。

分应用各种有效的工程技术手段，对于交战双方都具有极其关键的作用和意义。

因此，《武经总要》用了大量篇幅来描述攻城和守城的各种技术实践，包括机械、交通、工程作业等，从这个层面讲，它无疑是一部综合性很强的军事技术百科全书。

首先，曾公亮说："凡欲攻城，备攻具，然后行之。"[1] 那么，究竟具体需要准备哪些"攻具"呢？归结起来，大体可分成如下几类：

一是交通技术类，以"壕桥"为代表。据《六韬》卷31《虎韬》之《军用篇》载："渡沟堑飞桥，一间广一丈五尺，长二丈以上，著转关、辘轳、八具，以环利通索张之。"由此可见，为攻城而制造的机动性便桥，早在战国时期就出现了。不过，从《武经总要》所提供的 5 种壕桥的结构来分析，北宋时期的壕桥，其技术性能显然比战国时期的飞桥进步了很多。如壕桥的宽度根据城壕和护城河的实际宽度而定，其壕桥的桥座下不仅有两个大轮子，为军队攻坚减少时间成本，而且前端装有用来固定桥身的小轮，实践证明这种技术设计比用绳子固定的方法更加科学。当然，在特殊条件下，比如壕沟或护城河过宽时，则须改用折叠桥。折叠桥实际上是两座壕桥的组合，其结构有转关（销轴，用以连接两桥的桥面）与辘轳（绞车，用以控制延伸桥面的俯仰角度），故曾公亮说："壕桥，长短以壕为准。下施两巨轮，首贯两小轮。推进入壕，轮陷则桥平可渡。若壕阔，则用折叠桥，其制以两壕桥相接，中施转轴，用法亦如之。"[2]

二是攀登性机械技术类，以云梯为代表。在我国，一般认为云梯的发明者是鲁班，可惜由鲁班制造的云梯样式已无从查考。

---

① 曾公亮、丁度：《武经总要》前集卷 10《攻城法》，文渊阁四库全书本。
② 同上。

到战国时，云梯的基本结构可分成三个部分：底部装有可自由移动的车轮；梯身倚架于城墙上，能上下仰俯；梯顶端则装钩状物，既便于攀登者钩援城缘，又可防止守城者破坏云梯，一举两得。而为了进一步减少架设云梯的危险性和提高攻城的效率，唐代对战国以来的云梯作了大胆革新，其最突出的改进就是把梯身分为主梯与副梯两部分。改进后的主梯为固定式，而副梯顶端则装有一对辘轳，登城时可沿城墙壁上下滑动。在此基础上，北宋将主体改为折叠式，中间用转轴相连接，且把底部做成了四面环以牛皮的屏障，曾公亮说："云梯，以大木为床，下施大轮，上立二梯，各长 2 丈余，中施转轴。车四面以生牛皮为屏蔽，内以人推进及城，则起飞梯于云梯之上，以窥城中，故曰云梯。"①同时，副梯也出现了多样化的发展趋势，如"飞梯长二三丈，首贯双轮，欲蚁附，则以轮著城推进。竹飞梯，用独竿大竹，两旁施脚涩以登。蹑头飞梯，如飞梯之制，为两层，上层用独竿竹，中施转轴，以起梯。竿首贯双轮，取其附城易起。"② 因此，北宋时期所造之云梯，其机动性能更强。

　　三是侦察性的信息技术类，以望楼车为代表。知彼知己是赢得战争胜利的前提条件，《孙子兵法》云："能因敌变化而取胜者，谓之神。"③ 而为了准确掌握敌方的各种信息资料，春秋战国时期人们便发明了一种专供观察敌情用的瞭望车——巢车，《春秋左传》"成公十六年"载："楚子登巢车以望晋军"，这是中国古代关于巢车的最早记载。而当时的巢车是在一四轮车（北宋增为八轮）的底座上竖根杆子，然后再在杆上设一楼，蒙牛皮以为固，周设望孔作观敌之用。根据《武经总要》的记载，

---

① 曾公亮、丁度：《武经总要》前集卷 10《攻城法》，文渊阁四库全书本。
② 同上。
③ 孙武：《孙子兵法》卷中《虚实第六》。

北宋望楼车与传统巢车相比，有两点明显的变化：（1）"望杆"增高，视野更加开阔；（2）望楼本身下装转轴，能够进行旋转观察。曾公亮说：凡望楼"其制，以坚木为车坐，并辕长一丈五尺。下施四轮，轮高三尺五寸。上建望竿，长四十五尺，上径八寸，下径一尺二寸，上安望楼，竿下施转轴，两旁施叉手木。系麻绳三棚，上棚二条，各长七十尺；中棚二条，各长五十尺；下棚二条，各长四十尺。带环、铁橛十条，皆下锐。凡立竿，如舟上建樯法，钉橛系绳，六面维之，令固。"①

四是工程作业技术类，以头车为代表。在具体的攻城实践中，对于比较坚固的城池，有时需要组织工程兵进行战时挖地道、掘城墙等必要的攻城作业，而为了给其工程兵提供相对安全的作业环境，免遭敌人矢石、纵火、木檑等的伤害，北宋的工匠在传统头车的基础上，根据北宋科学技术发展的实际水平和客观需要，创造了一种组合式攻城作业车，遂成为一个多功能的攻城掩体。故曾公亮说："凡攻城者，使头车抵城，凿城为地道。"②其头车"身长九尺，阔七尺，前高七尺，后高八尺。以两巨木为地栿，前后梯桄各一，前桄尤要壮大。上植四柱，柱头设涎衣梁，上铺散子木为盖，中留方窍，广二尺，容人上下……凡攻城凿地道，以车蔽敌。先于百步内，以矢石击当面守城人，使不能立，乃自壕外进车。用大木二条，各长一丈八尺，谓之揭竿，首插前桄下，稍压后桄，出，以土囊压竿，稍令揭车首昂起。车每进，便设绪棚续车后。遇壕，则运土杂刍藁填之，运者皆自车中及绪棚下往来，矢石不能及。"③ 而为了保险起见，北宋的头车适"添入两旁十轮及前面屏风牌"④，这样就使战车、车辒及战

① 曾公亮、丁度：《武经总要》前集卷10《攻城法》，文渊阁四库全书本。
② 同上。
③ 同上。
④ 同上。

棚组合在一起，构成一个严密的工事体系，能攻能守，进退自如，实在是北宋劳动人民的一项伟大创举。

其次，守城时，曾公亮说，如果敌人来攻城，就在城下则抛飞钩，若填壕则为火药，若傅城欲上则下檑石以击之，等等。据统计，《武经总要》列举的主要守城器械达91种之多，其中具有代表性的器械有炮车、猛火油柜、风扇车、绞车、狼牙拍、夜叉檑等。

第一，砲车是利用杠杆原理向攻城之敌抛射石弹的大型人力远程兵器，它相传发明于春秋战国时期，如《范蠡兵法》载有"飞石重十二斤，为机发，行三百步"的话。东汉末，又出现了一种威力更大的炮车——霹雳车，司马光《资治通鉴》云：曹操与袁绍在官渡决战时，绍为高橹，曹操则"为霹雳车，发石以击绍，楼皆破"[①]。隋唐以后，炮车逐渐成为守城的重要武器。特别是由于北宋在军事战略上以防御为主，故作为攻守城的重型武器，炮车的需求量很大，因此，它的生产制造也相应地达到了一个历史高度。所以，曾公亮说："凡炮，军中利器也。攻守师行皆用之，守宜轻，故旋风、单梢、虎蹲，师行即用之，守则皆可设也。"[②]

关于北宋炮车的种类，明正德版《武经总要》载有18种，其中用于攻城的有2种，用于守城的18种，而有详细记载的却只有8种。若按梢的数目计，北宋的炮车可分成单梢炮与多梢炮两大种类；若按发炮的重量分，则可分为轻型炮（石重2斤）、中型炮（石重12—25斤）和重型炮（石重70—100斤）三类。曾公亮说：凡炮车"大木为床，下施四轮，上建独竿，竿首施

----

① 司马光：《资治通鉴》卷63《汉纪五十五》，上海古籍出版社1988年版，第427页。

② 曾公亮、丁度：《武经总要》前集卷12《守城法》。

罗匡木，上置炮梢，高下约城为准，推徙往来，以逐便利"①。不过，从《武经总要》所描述的炮型和结构看，"梢"是炮车的主体，所以如何充分地利用梢与皮窝及炮石三者之间的关系，是解决炮车射程的关键，而不论是单梢炮还是多梢炮，其皮窝与梢都是用两组绳子相连接，其中一组固定，另一组则用铁环活套于梢端，以便将炮石抛掷出去。有人通过模拟试验证实，北宋炮车的射程在500米以上，远远超过了《武经总要》所记载之"80步"（宋代每步6尺，约合今1.4米，故80步约为112米）的最大距离。

第二，猛火油柜是中国乃至世界上的最早火焰喷射器，因其体型笨重，故它多置于城上，是北宋守城的重要武器之一。其形制："以熟铜为柜（类似风箱，引者注，下同），下施四足，上列四卷筒（即铜管），卷筒上横施一巨筒（即唧筒），皆与柜中相通。横筒首尾大，细尾开小窍，大如黍粒，首为圆口，径寸半。柜傍开一窍，卷筒为口，口有盖，为注油处。横筒内有拶丝杖，杖首缠散麻，厚寸半，前后贯二铜束约定。尾有横拐，拐前贯圆□。入则用闲筒口，放时以挹自沙罗中挹油注柜窍中，及三斤许，筒首施火楼注火药于中，使然（发火用烙锥，因为当时还没有发明导火线，引者注）；入拶丝，放于横筒，令人自后抽杖，以力蹙之，油自火楼中出，皆成烈焰。其挹注有碗，有挹；储油有沙罗；发火有锥；储火有罐。有钩锥、通锥，以开通筒之壅；有铃以夹火；有烙铁以补漏。"② 可见，北宋的猛火油柜实际上是一个以液压油缸为主结构的火焰泵，它的工作原理是，铜管上所横置的唧筒与油柜相通，每次注油1.5千克左右。唧筒前部装有"火楼"，内盛引火药。发射时，用烧红的烙锥点燃"火

---

① 曾公亮、丁度：《武经总要》前集卷12《守城法》。
② 同上。

楼"中的引火药，使火楼体内形成一个高温高热区，然后通过热传导进一步预热其喷油管道，紧接着再用力抽拉唧筒，向油柜中压缩空气，使猛火洞经过"火楼"喷出时，遇热点燃成烈焰，现经中国军事博物馆所造北宋"猛火油柜"模型的试验证实，它的焰喷距离约为5—6米。可见，猛火油柜是一种典型的近距离攻守火器。

第三，绞车是专用于反飞梯、木驴等攻城武器的一种守城兵械，它的起源目前尚有争议。一般认为，战国是绞车已经出现的确切时代，如湖北大冶铜绿山古矿中曾出土了一架战国时期的绞车，这跟战国已有绞车的记载相符合。如《六韬》之《虎韬》卷31《军用篇》载："绞车连弩自副，以鹿车轮，陷坚阵，败强敌。"魏晋以后，绞车的使用范围愈来愈广，不仅民用，而且军用价值也愈来愈高。据《晋书》卷107《石季龙下》载："邯郸城西石子冈上有赵简子墓，至是季龙令发之，初得炭深丈余，次得木板厚一尺，积板厚八尺，乃及泉，其水清冷非常，作绞车以牛皮囊汲之，月余而水不尽，不可发而止。"这是绞车在社会生活中具体应用之一例。在军用方面，唐代的贡献是在传统"绞车弩"的基础上，更加强了"绞车弩"的张力和强度，使之攻守城的威力更强，故《通典》卷149《兵二》载："今有绞车弩，中七百步，攻城拔垒用之"，而李筌在《神机制敌太白阴经》卷4中也说以绞车张弦开弓"所中城垒无不摧毁"。到北宋时，由于各种破坏性的攻城武器质量越来越高，所以如何完整地俘获这些器械，为我所用，就成了当时军械工匠迫切需要解决的技术课题。从现有的资料分析，传统的绞车在北宋出现了两种发展趋势，第一种是在唐代"绞车弩"的基础上改进为"床子弩"；第二种是把绞车功能化为俘获敌方大型攻城器械的专业武器。《武经总要》云："绞车，合大木为床，前建二义手，柱上为绞车，下施四卑轮，皆极壮大，力可挽二千斤。凡飞梯、木幔逼城，使善用搭索者，遥抛钩索，挂及梯幰，并力挽，令近前，即以长竿举大索钩及而绞之入城。"①

最后，除攻城与守城的技术成果外，北宋前期尚有许多其他的综合性军事技术创新，这些军事技术在《武经总要》中同样占据着十分重要的位置，是曾公亮等"士卒犹工也，兵械犹器也，器利而工善，兵精而事强"② 军事技术思想的生动体现。有人说，北宋的科学技术那么强大，却无法挽回被金兵灭亡的命运，这难道不是技术的悲哀吗？然而，后来南宋面对强大的蒙古兵，依靠其先进的军事技术和民心、士心，宁是与之对峙了40多年，而当时在整个世界历史上唯有南宋能够做到这一点。仅此而言，北宋固然有很多不良的社会问题，但它的技术创新能力确实在当时世界上是第一流的，就这一点来说，北宋是我们值得骄傲的一个伟大的时代。

1. 无论是商船还是战船，北宋所造之船都具有吃水深、抗风浪强的特点，其隔舱防水的设计更是北宋造船技术的原创，它的出现对于北宋水师建设具有重大的现实意义。据史料记载，北宋初创时宋太祖即确定了"先南后北"的统一战略，而从中国古代军事地理的客观情形看，如欲统一南方就必须在后周水师的基础上组建一支更加精良的水师部队，故宋太祖于乾德元年（963）诏令"出内府钱募诸军子弟数千人凿池于午明门外，引蔡水注之，造楼船百艘，选卒号水虎捷，习战池中，右神武统军陈承昭董其役。"③ 因此，在北宋，楼船是其水师的主要装备，也是当时规模最大的巨型战船之一。《武经总要》记载着楼船的大体结构："船上建楼三重，列女墙战格，树幡帜，开弩窗、矛

---

① 曾公亮、丁度：《武经总要》前集卷12《守城法》。
② 曾公亮、丁度：《武经总要》前集卷13《器图》。
③ 李焘：《续资治通鉴长编》卷2"太祖乾德元年四月戊寅"。

穴，外施毡革御火；置炮车、檑石、铁汁，状如小垒。其长者步可以奔车驰马。若遇暴风，则人力不能制，不甚便于用。然施之水军，不可以不设，足张形式也。"① 在北宋的所有战船中，只有楼船装备有"炮车"，足见它在北宋水师中的核心地位，具有"旗舰"的性质和特点。从历史上看，楼船始终是中国古代水师的代称，如汉武帝于元狩三年（前120）在长安城西南修昆明池，治楼船，"是时，越欲与汉用船战逐，乃大修昆明池，列观环之，造楼船，高十余丈，旗帜加其上，甚壮"②。故唐朝诗人干脆就用"楼船"来指代魏晋时期发生的各种水战，如李白诗云："二龙争战决雌雄，赤壁楼船扫地空"③；刘禹锡更说"西晋（一作王濬）楼船下益州，金陵王气黯然收"④ 等。楼船之外，北宋的战船大致可分三类：巨型舰、中型舰和小型船。其巨型舰"每舰作五层，楼高百尺，置六拍竿，并高五十尺，战士八百人，旗帜加于上。每迎战，敌船若逼，则发拍竿，当者船舫皆碎"⑤；中型舰则斗舰、走舸、海鹘等，它们的共同特点是攻击性能强，竖牙旗、置金鼓，立女墙，有14至18位桨手，精锐其上，是北宋最主要的后卫战船群；小型船有蒙冲和游艇，因其船体较小，划行速度快，故一般用作先锋，承担突击任务。

2. 为了使作战情报不被敌方所掌握，北宋前期即已出现了比较先进的编制密码与破译密码的技术。在战争条件下，应用编制密码以保守军事机密的科学，是谓编码学，而应用于破译密码以获取军事情报的科学，则谓破译学。北宋时期，虽然还没有现代意义上的编码学和破译学，但已经显露了编码学和破译学的雏

---

① 曾公亮、丁度：《武经总要》前集卷11《水攻》。
② 司马迁：《史记》卷30《平准书第八》，中华书局1982年版。
③ 李白：《李白诗全集》卷7《赤壁歌送别》。
④ 彭定求等：《全唐诗》卷359《西塞山怀古》。
⑤ 曾公亮、丁度：《武经总要》前集卷11《水攻》。

形却是可以肯定的。针对中国唐末五代之前军事情报学中存在的缺点，曾公亮在《武经总要》前集卷15"行军约束"里设计了一种被称作"字验"的保密技术。书中说："旧法：军中咨事，若以文牒往来，须防泄露；以腹心报覆，不惟劳烦，亦防人情有时离叛"，为此，曾公亮特别编制了一套通讯密码表，"约军中之事，略有四十余条，以一字为暗号"，其具体内容是：

（1）请弓、（2）轻箭、（3）请刀、（4）请甲、（5）请强旗、（6）请锅幕、（7）请马、（8）请衣赐、（9）请粮料、（10）请草料、（11）请车牛、（12）请船、（13）请攻城守具、（14）请添兵、（15）请移营、（16）请进军、（17）请退军、（18）请固守、（19）未见贼、（20）见贼讫、（21）贼多、（22）贼少、（23）贼相敌、（24）贼添兵、（25）贼移营、（26）贼进兵、（27）贼退兵、（28）贼固守、（29）围得贼城、（30）解围城、（31）被围城、（32）贼围解、（33）战不胜、（34）战大胜、（35）战大捷、（36）将士投降、（37）将士叛、（38）士卒病、（39）都将病、（40）战小胜。

那么，如何破译这套军事密码呢？方法是：

凡偏裨将校受命攻围，临发时，以旧诗四十字，不得令字重，每字依次配一条，与大将各收一本。如有报覆事，据字于寻常书状或文牒中书之，加印记所请。得所报知，即书本字，或亦加印记。如不允，即空印之，使众人不能晓也。

这就是说，把上面的40个军事术语，全部编为数字代码，然后任意选择一首没有重复字出现的五言律诗（五言八句，恰

96

好 40 个字）作为解码的密钥。而当军队出阵前，就授给主帅一个记有 40 个军事代码的密码本，同时再发给他一首没有重复字出现的五言律诗，如"归来卧青山，常梦游清都。漆园有傲吏，惠我在招呼。书幌神仙箓，画屏山海图。酌霞复对此，宛似入蓬壶"①。毫无疑问，这首诗就成了特定的解码密钥，由统兵主帅随身携带，比如，在实战中，如果统兵主帅发现敌军围城，他就可以从密码本上找到"被围城"的代码是"31"，据此，统兵主帅立刻在"五言律诗"中寻找第"31"位上的"酌"字。尔后，他可马上签发一条含有"酌"字公文，并在其上加盖印章。等公文送达后，收到公文的将领很快按照印章下面那个字的提示，与密码本上的代码一对照，即刻明白公文的内容，然后采取相应的措施。从数学的角度讲，40 个军事术语的全排列结果为 8 159 152 847，这在当时已经是个天文数字了，加之"五言律诗"多不胜数，所以在一般情况下，这种密码在外人手里几乎是不能破译的。

3. 在长期的火攻与反火攻的战争中，人们积累了不少的消防知识和经验，对此，《武经总要》认真地加以系统的总结和提炼，并提出了一整套较为成熟的灭火步骤与程序，因而成为我国古代经典的消防著作之一。如曾公亮说：若"贼以火攻城，则以城上应救火之具，有托叉、火钩、火镰、柳洒子、柳罐、铁猫手、唧筒，寻常之所预备者；若攻具猛至，则为水袋、水囊以投沃之，应相楼器械虽已涂覆，亦频举麻搭润护；若贼为火车烧城门，则下湿沙灭之，切勿以水，水加则油焰愈炽；贼若纵烟向城，则列瓮罂，以醋浆水各实五分，人覆面于上，其烟不能犯鼻目"②。尤其是在发生火情的时候，曾公亮等强调："凡城中失

---

① 孟浩然：《孟浩然集》卷 1《与王昌龄宴黄十一》，文渊阁四库全书本。
② 曾公亮、丁度：《武经总要》前集卷 12《守城法》。

火，及非常警动，主将命击鼓五通。城上下吏卒，闻鼓不得辄离职掌；民不得奔走街巷"，若"城内有火发，只令本防官吏领丁徒赴救"①。这项措施尽管有贻误灭火良机之弊端，但是从长远的观点看，由专业灭火人员承担城市灭火的任务，比没有秩序地乱灭一气，其结果可能更加理想。所以，在火器时代到来之后，如何加强消防知识的宣传和教育以及如何提高全体将士的防火意识和灭火技能，是摆在北宋统治者面前的一项新的历史课题。

第五节　李觏的科技思想

一　被称为"王安石先声"的李觏

李觏（1009—1059）字泰伯，北宋建昌军南城（今江西省南城县人）。据史载，李觏的先祖为南唐宗室，"至公（即李觏）六世祖，始挈家而籍盱城之长山"②。可能由于这层仕宦关系，他在科举不第的情况下便创建了"盱江书院"，以"教授自资"③。天圣九年（1031），李觏因"愤吊世故，警宪邦国"而作《潜书》，明道元年（1032）再撰《富国策》、《强兵策》、《安民策》，并提出了"强本节用"④、"本（仁义）末（诈力）相权"⑤和"以农政为急"⑥的治国主张，景祐二年（1035）更"'上酌民言，则下天上施。'故为《庆历民言》，凡三十篇"⑦。而李觏的科技思想基本上都集中地反映在这些著作之中，他名义

---

① 曾公亮、丁度：《武经总要》前集卷12《守城法》。
② 李来泰：《宋泰伯公文集原序》，《李觏集》附录三，中华书局1981年版，第525页。
③ 脱脱等：《宋史》卷432《李觏传》。
④ 《李觏集》卷16《富国策》十首。
⑤ 李觏：《李觏集》卷17《强兵策》十首。
⑥ 李觏：《李觏集》卷18《安民策》十首。
⑦ 李觏：《李觏集》卷21《庆历民言·序》。

上"援辅嗣之注以解义"实则是"急乎天下国家之用"①。所以,胡适先生称李觏"是王安石的先导,是两宋哲学的一个开山大师"②。

二 李觏的科技思想

(一)"物以阴阳二气之会而后有象"的自然观

对自然和社会秩序的探讨,是《易传》立"三才"之道的基础,故中国古代思想家大都以《易》为立论的前提。李觏说:

> 圣人作《易》,本以教人,而世之鄙儒,忽其常道,竞习异端……包牺氏画八卦而重之,文王、周公、孔子系之辞,辅嗣之贤,从而为之注。炳如秋阳,坦如大逵。君得之为君,臣得之为臣。万事之理,犹辐之于轮,靡不在其中矣。③

在这里,"辐"和"轮"可以理解为一种宇宙人生的规范、秩序和结构。那么,李觏希望的宇宙秩序和结构是什么呢?《删定易图序论》云:

> 厥初太极之分,天以阳高于上,地以阴卑于下。天地之气,各亢所处,则五行万物何从而生?故初一则天气降于正北,次二则地气出于西南,次三则天气降于正东,次四则地气出于东南,次五则天气降于中央,次六则地气出于西北,次七则天气降于正西,次八则地气出于东北,次九则天气降

---

① 李觏:《李觏集》卷 3《易论》。
② 胡适:《五十年来之世界哲学》,光明日报出版社 1988 年版,第 28 页。
③ 李觏:《李觏集》卷 3《易论第一》。

于正南。天气虽降，地气虽出，而犹各居一位，未之会合，亦未能生五行矣譬诸男未冠，女未笄，昏姻之礼未成，则何孕育之有哉？况中央八方，九位既足，而地十未出焉，天地之气诚不备也。由是一与六合于北而生水，二与七合于南而生火，三与八合于东而生木，四与九合于西而生金，加之地十以合五于中而生土，五行生而万物从之矣……夫物以阴阳二气之会而后有象，象而后有形。象者，胚胎是也；形者，耳目鼻口手足是也。①

　　因此，李觏把宇宙的生成分为三个层次：第一个层次是"八方之位"②，相当于"河图"阶段，这个阶段的特点是"二气未合，品物未生"③；第二个层次是"五行之象"④，相当于"洛书"阶段，这个阶段的特点是"五行成矣，万物作矣"⑤；第三个层次是"河图"与"洛书"相须而成的"八卦"阶段，这个阶段的特点是"以爻为人"⑥，"于是观阴、阳而设奇耦二画，观天、地、人而设上中下三位"⑦。如果用现代宇宙演化论言之，则"河图"阶段对应于物理和化学演化时期，而"洛书"阶段对应于生物演化时期，"八卦"阶段对应于人类社会时期。由于"河图"是宇宙演化的初始阶段，很多物质的演化过程已不可能再现，且人类又不能用物理或化学的手段去观察和实验，诸如白洞、黑洞之类，在此前提下，尤其是中国古人便应用数学推演的方法，将其演进的脉络象数化，因而构成中国传统文化的

---

① 李觏：《李觏集》卷 4《删定易图序论·论一》。
② 李觏：《李觏集》卷 4《删定易图序论·论二》。
③ 同上。
④ 同上。
⑤ 同上。
⑥ 同上。
⑦ 同上。

重要特征之一。而用象数来阐释宇宙演化的创意始于汉代的扬雄，他的《太玄》将《周易》之二分法改为"三分法"，并由此构筑了一个庞大的宇宙演化图式。而扬雄的宇宙演化图式就带有鲜明的象数色彩，不过，李觏对太玄的数学推演方法是深信不疑的，他说："吾观于《太玄》信矣。"[1] 但他反对刘牧"象由数出"[2] 的观点，也就是说李觏坚持"数"仅仅是"元气演化的次序，它依附于'气'"[3] 的思想。那么，李觏对《太玄》的"信"有没有道理呢？换言之，人们能不能用数学的方法来描述宇宙生成的初始状态？爱因斯坦、普利高津、霍金等都不仅承认有这种可能性，而且还曾积极地寻找过这种可能性。所以李觏的功绩不在于他本身对宇宙演化的初始条件给出了多少解，而在于他强化了这种可能性。普利高津说："科学是人与自然的一种对话，这种对话的结果不可预知。"[4] 同样，"河图"也是"人与自然的一种对话"，而这种对话的结果也不可预知。

进入"洛书"阶段，物质世界的"象"便开始呈现出一定的"形"来，而"形"是什么？在李觏看来，"形"就是"元亨利贞"，就是生命世界，就是五行生克。他说：

> 若夫元以始物，亨以通物，利以宜物，贞以干物，读《易》者能言之矣。然所以始之，通之，宜之，干之，必有其状。[5]

可见，"必有其状"是物质成"形"状态的基本特征，是物

---

① 李觏：《李觏集》卷4《删定易图序论·论五》。

② 刘牧：《易数钩隐图序》。

③ 葛荣晋：《中国实学思想史》上，首都师范大学出版社1994年版，第58页。

④ 普利高津：《确定性的终结》，上海教育出版社1999年版，第123页。

⑤ 李觏：《李觏集》卷4《删定易图序论·论五》。

质相互作用和相互贯通的条件。与王安石、苏轼、张载、邵雍等相比，这一点是李觏独有的。而为了使物质之"形"能够成为有生命的物体，李觏由"形"进一步引申出两个概念即"气"和"命"。他说：

> 窃尝论之曰：始者，其气也。通者，其形也。宜者，其命也。干者，其性也。走者得之以胎，飞者得之以卵，百谷草木得之以勾萌，此其始也。胎者不殰，卵者不殈，勾者以伸，萌者以出，此其通也。人有衣食，兽有山野，虫豸有陆，鳞介有水，此其宜也。坚者可破而不可软，炎者可灭而不可冷，流者不可使之止，植者不可使之行，此其干也。干而不元，则物无以始，故女不孕也。元而不亨，则物无以通，故孕不育也。亨而不利，则物失其宜，故当视而盲，当听而聋也。利而不贞，则物不能干，故不孝不忠，为逆为恶也。①

其中"胎者不殰，卵者不殈"最早见于《礼记·乐记》，李觏在此"藉之以为己用"的目的则无非是想说明作为事物的"形"本身有一个"通"的过程，而在这个"通"的过程中事物有不能成形的可能性，如"殰"（动物胎未出生而死）和"殈"（鸟卵未孵成而开裂）就是两个十分明显的例子。当然，事物要想成形还需两个环节，第一个环节是先于"胎"的"孕"，"孕"的过程来源于"元"，所以任继愈先生说："事物没有元气（元），就不能有开始。"② 故"走者得之以胎，飞者得之以卵，百谷草木得之以勾萌"，其三个"得之"的"之"都

---

① 李觏：《李觏集》卷 4《删定易图序论·论五》。
② 任继愈：《中国哲学史》第三册，人民出版社 1979 年版，第 163 页。

是指"气";第二个环节是后于"胎"的"走","走"本身已经表示它成为了活生生的生命体,这就是"命",而"命"因其具有个性特征,故又作"宜",也就是说,每一种生物都本质地具有着与其生活特点相对应的生存空间,而且这种空间是事物相互依存的基本条件,如果这个条件被破坏掉了,那么最终的结果会导致生命体的丢失,这是非常典型的生态平衡思想。

"八卦"为属人的阶段,而这个阶段是李觏自然观的核心。理由有三:

一是他明确地说出了"利而不贞,则物不能干,故不孝不忠,为逆为恶也"的话,而"忠"在李觏的早期作品中占据着很重要的地位。如他在《礼论第一》中说:"夫礼,人道之难,世教之主也。圣人之所以治天下国家,修身正心,无他,一于礼而已。"那么,"礼"的核心是什么呢?在李觏看来,"礼"的核心就是"君臣关系"。他说:"包牺氏画八卦而重之,文王、周公、孔子系之辞,辅嗣之贤,从而为之注。炳如秋阳,坦如大逵。君得之为君,臣得之为臣。万事之理,犹辐之于轮,靡不在其中矣。"而当有人问他"为臣之道"的问题时,他回答说:"夫执刚用直,进不为利,忠诚所志,鬼神享之"[①],这是第一层意思;"夫君唱臣和,理之常也"[②],这是第二层意思;"竭其忠信,志在立功,图国忘身"[③],这是第三层意思;"夫忠臣之分,虽处险难,义不忘君也"[④],这是第四层意思。

"忠君"思想在宋初恢复皇权的过程中具有极其重要的意义,因为五代时期没有了"礼制",也没有了"皇帝的权威",而北宋初建,宋太祖遇到的第一个问题也是第一个难题就是宋朝

---

① 李觏:《李觏集》卷 3《易论第三》。
② 同上。
③ 同上。
④ 同上。

立国的合法性问题。宋太宗曾语重心长地说过下面一段话：

> 国之兴衰，视其威柄可知矣。五代承唐季丧乱之后，权在方镇，征伐不由朝廷，怙势内侮，故王势微弱，享国不久。太祖光宅天下，深救斯弊。暨朕纂位，亦徐图其事，思与卿等谨守法制，务振纲纪，以致太平。[①]

所以，北宋时期的各种变法主张，其中心还是"以君为本"的。

二是李觏赋予"性"以新的意义。他说："性者，干也。"具体地说就是"去恶不复悔，令一出而不反，事一行而不改，此其贞也"[②]，因为"贞者，事之干也"[③]。而何谓"性"？李觏的说法是"命者天之所以使命为善也，性者人之所以明于善也"[④]。"性善"本是孟子的哲学命题，孟子认为"善"是人生来就具有的一种基本性质，既然如此，求善的过程不过"反求诸己而已"[⑤]，但李觏不这样看，他说：

> 法制之作，其本在太古之时，民无所识，饥寒乱患，罔有救止，天生圣人，而授之以仁、义、智、信之性。[⑥]

李觏把"性"本身看作是一个历史过程，一个由蒙昧到文明、由恶到善的进化历史，这是李觏超出前人的地方，也是他独

---

① 李焘：《续资治通鉴长编》卷29，端拱元年十二月。
② 李觏：《李觏集》卷4《删定易图序论·论五》。
③ 同上。
④ 李觏：《李觏集》卷4《删定易图序论·论六》。
⑤ 孟轲：《孟子·公孙丑上》。
⑥ 李觏：《李觏集》卷2《礼论第五》。

104

立思考的科学结论。既然"饥寒乱患"是野蛮或恶之源,那"善"的形成就首先得解决人的穿衣和吃饭问题,然后才可谈论教化的问题。他说:

> 生民之道,食为大,有国者未始不闻此论也。顾罕知其本焉。不知其本而求其末,虽尽智力弗可为已。是故,土地,本也;耕获,末也。无地而责之耕,犹徒手而使战也。法制不立,土田不均,富者日长,贫者日削,虽有耒耜,谷不可得而食也。食不足,心不常,虽有礼义,民不可得而教也。①

又说:

> 利可言乎?曰:人非利不生,曷为不可言?欲可言乎?曰:欲者人之情,曷为不可言?言而不以礼,是贪与淫,罪矣。不贪不淫而曰不可言,无乃贼人之生,世俗不喜儒以此。②

因此,李觏继承了墨子和司马迁"尚利"的思想,明确地主张人"焉有仁义而不利者乎"③。

三是"性不能自贤,必有习也"④ 的性成于教化思想。他说:

> 所谓安者,非徒饮之、食之、治之、令之而已也,必先

---

① 李觏:《李觏集》卷 19《平土书》。
② 李觏:《李觏集》卷 29《原文》。
③ 同上。
④ 李觏:《李觏集》卷 18《安民策第一》。

于教化也。①

文明社会之区别于野蛮社会除了物质基础的不同外，人的精神文化素质也是很重要的一个方面。"民有以生之而无以教之，未知为人子而责之以孝，未知为人弟而责之以友，未知廉之为贵而罪以贪，未知让之为美而罪以争，未知男女之别而罪以淫，未知上下之节而罪以骄"②，所以"人不教不善，不善则罪，罪则灾其亲、坠其祀，是身及家以不教坏也"③，所以"人之心不学则憒也，于是为之庠序讲习，以立师友"④，所以"本乎天谓之命，在乎人谓之性；非圣人则命不行，非教化则性不成。是以制民之法，足民之用，则命行矣；导民以学，节民以礼，而性成矣"⑤。

（二）"欲殴方术之滥，则莫若立医学以教生徒"的功用主义科学观

普利高津说："科学是人与自然的一种对话"，又说"演化是科学必不可少的条件，事实上它就是知识本身"⑥。如果普利高津的话不错，那么我们就可以大胆地去声张李觏宇宙演化论中的自然科学思想了。

李觏在《删定易图序论》中讨论了"河书"和"洛书"问题，确立了"洛书生八卦"的思想。按孔疏解四象八卦之"八方"与《洛书天地交午之数》所示之方位相一致，所以李觏认为："河图有八方之位，洛书有五行之象，二者相须而卦成

① 李觏：《李觏集》卷18《安民策第一》。
② 同上。
③ 李觏：《李觏集》卷22《复教》。
④ 李觏：《李觏集》卷2《礼论第一》。
⑤ 李觏：《李觏集》卷3《删定易图序论·论六》。
⑥ 普利高津：《确定性的终结》，上海科技教育出版社1999年版，第123页。

矣。"① 其《洛书天地交午之数》对八卦的定位是：坎居北方，兑居西方，离居南方，震居东方，艮居东北，乾居西北，坤居西南，巽居东南。从科学史的角度讲，这是一种区域地理思想，由此而派生出"区域生态"、"区域气候"、"区域资源"等一系列区域文化现象。李觏说：

> 纯阳为乾，取至健也；纯阴为坤，取至顺也。一阳处二阴之下，刚不能屈于柔，以动出而为震；一阴处二阳之下，柔不能犯于刚，以入伏而为巽；一阳处二阴之中，上下皆弱，罔克相济，以险难而为坎；一阴处二阳之中，上下皆强，足以自托，以丽著而为离；一阳处二阴之上，刚以驳下，则止故为艮；一阴处二阳之上，柔以抚下，则说故为兑也；西北盛阴用事，而阳气尽矣，非至健莫能与之争，故乾位焉。争胜则阳气起，故坎以一而位乎北。坎者，险也。一阳而犯众阴。诚不为易而为险也。艮者，止也。物芽地中将出而止也，待春之谓也。自此动出乎震，絜齐乎巽。离者，明也。万物皆盛长，得明而相见也。坤厚以养成之，成而说，故取诸兑也。②

此段大论，显然出于《说卦传》。《说卦传》云："万物出乎震，震东方也。齐乎巽，巽东南也。齐者也，言万物之絜齐也……坎者，水也，正北方之卦也，劳卦也，万物之所归也，故曰劳乎坎。"③ 坎为水，与之相连的巽为木，清代学者江慎修说："人知水能生木，不知木亦能生水，同气相求，母生子而子养

---

① 李觏：《李觏集》卷3《删定易图序论·论二》。
② 同上。
③ 孙国中：《河图洛书解析》，学苑出版社1990年版，第564—565页。

母，自然之理。"① 北方的生态问题是水木失调，由于北方气候寒冷，人们不断伐木以取暖，故林木资源遭到严重破坏，所以川流渐涸，土地沙化，故"坎者，险也"绝不是一句危言耸听的话。看来李觏对水利的重视实源于他对生态环境的深刻感悟。他说：

> 圣人之于水旱，不其有备哉！蒻掩规偃豬，君子以为礼。史起引漳水舄卤生稻，梁郑国凿泾水，关中为沃野。古之贤人未有不留意者也。水官不修、川泽沟渎无有举，掌机巧趋利之民，得行其私，日侵月削，往往障塞，雨则易以溢，谓之大水，岂天乎？霁则易以涸，谓之大旱，岂天乎？如是而望有年，未之思矣。②

于农业，李觏在农田的基本建设、农器制造、推广农业技术等方面，提出了许多可贵的思想。他说："民之大命，谷米也。国之所宝，租税也。天下久安矣，生人既庶矣，而谷米不益多，租税不益增者，何也？地力不尽，田不耕辟也……今者天下虽安矣，生人虽庶矣，而务本之法尚或宽弛，何者？贫民无立锥之地，而富者田连阡陌……今将救之，则莫若先行抑末之术，以殴游民，游民既归矣，然后限人占田，各有顷数，不得过制。游民既归而兼并不行，则土价必贱。土价贱，则田易可得。田易可得而无逐末之路、冗食之幸，则一心于农。一心于农，则地力可尽矣。"③ 同时，为强兵而兴"屯军之耕"，而对于"天下公田"，"莫若置屯官而领之，举力田之士，以为之吏。招浮寄之人，以

---

① 江慎修：《河洛精蕴》，学苑出版社1990年版，第424页。
② 李觏：《李觏集》卷6《周礼致太平论·国用第五》。
③ 李觏：《李觏集》卷16《富国策第二》。

为之卒。立其家室，艺以桑麻。三时治田，一时讲事。男耕而后食，女蚕而后衣。撮粒不取于仓，寸帛不取于府。而带甲之壮，执兵之锐，出盈野、入盈城矣。其所输粟又多于民，而亡养士之费，积之仓而已矣。此足食、足兵之良算也。"① 但"圣人之于农必制器以利其用也"②，又"稼器，耒耜镃基之属"③，说明农具的改进对农业生产率的提高具有关键性的作用。

李觏在"殴游民"的方略中，有许多废淫技而兴科技的正确主张。如他说：

> 欲殴方术之滥，则莫若立医学以教生徒，制其员数，责以精深，治人不愈，责以为罪，其余妖妄托言祸福，一切禁绝，重以遣募，论之如法。④

巫医之蛊惑人心，贱视生命的劣迹，实在可恶。李觏有诗云："昨日家人来，言汝苦寒热。想由卑湿地，颇失饮食节。脾官骄不治，气马痴如继。乃致四体烦，故当双日发。江南此疾多，理不忧颠越。顾汝仅毁齿，何力禁喘噎？寄书诘医师，有药且嚼啜。方经固灵应，病根终翦灭。但恐祟所为，尝闻里中说。兹地有罔两，乘时相胃结。嗟哉鬼无知，何于我为孽？我本重修饰，胸中拘冰雪。祸淫虽甚苛，无所可挑抉。疑是饕餮魂，私求盘碗设。尽室唯琴书，何路致荤血？无钱顾越巫，刀剑百斩决。徒恣彼昏邪，公然敢抄撮。吾闻上帝灵，纲目匪疏缺。行当悉追捕，汝苦旦夕歇。"⑤ 对于巫医要穷追猛打，这是李觏非常积极

① 李觏：《李觏集》卷 17《强兵策第三》。
② 李觏：《李觏集》卷 7《国用第六》。
③ 同上。
④ 李觏：《李觏集》卷 16《富国策第四》。
⑤ 李觏：《李觏集》卷 35《闻女子疟疾偶书二十四韵寄示》。

的一个医学思想，当然，也是保持中医科学化的一个关键举措。

（三）"度宜而行之"和"统而论之"的方法论

第一，"度宜而行之"的矛盾分析法。李觏非常重视感性认识的作用，这是他"功用主义"思想的理论基础。他说："夫心官于耳目，耳目狭而心广者，未之有也。"① 人的各种感觉器官是人之为人的物质前提，正因为如此，故人的欲望与感官之间就发生了这样的矛盾，一方面"天之生人，有耳焉，则声入之矣；有目焉，则色居之矣；有鼻焉，则臭昏之矣；有口焉，则味壅之矣"②；另一方面则"耳之好声亡穷，金石不足以听也；目之好色亡穷，黼黻不足以观也；鼻之好臭亡穷，鬱邑非佳气也；口之好味亡穷，太牢非盛馔也"③。那么，怎样来解决这个矛盾呢？李觏想到了"法制"，而"法制"就是"礼"，他说："有温厚、断决、疏达、固守之性，而加之以节，遂成法制焉。"④ 故"以法度教民，使知尊卑之节，则民之所用虽少，自知以为足也"⑤。这里，尽管李觏的解决方案中包含着部分"愚民"的成分，但他解题的思路是对的，其应用矛盾分析法于解决实际问题的做法也是值得肯定的。

而李觏的矛盾分析法也可以概括为"祸福之机""度宜而行之"九个字。他说："兹祸福之机也。事有不可不然，亦不可必然，在度宜而行之耳。"⑥ 其"事有不可不然，亦不可必然"既是李觏对中国传统辩证法的高度总结，同时又是李觏科技思想的

---

① 李觏：《李觏集》卷 21《庆历民言·广意》。
② 李觏：《李觏集》卷 18《安民策第四》。
③ 同上。
④ 李觏：《李觏集》卷 2《礼论第五》。
⑤ 李觏：《李觏集》卷 18《安民策第四》。
⑥ 李觏：《李觏集》卷 3《易论第三》。

一个重要特点。他用五行的生克关系，生动地阐释了此方法的深刻内涵。他说：

> 相生未必吉，相克未必凶，用之得其宜，则虽相克而吉；用之失其宜，则虽相生而凶。今夫水克于火，则燔烧可救；火克于金，则器械可铸；金克于木，则宫室可匠；木克于土，则萌芽可出；土克于水，则漂溢可防，是用之得其宜，虽相克而吉也。以水浸木则腐，以木入火则焚，以火加土则焦，以土埋金则铁，以金投水则沉，是用之失其宜，虽相生而凶也。是以《太玄》之《赞》，决在昼夜，当昼则相克亦吉，当夜则相生亦凶。《玄告》曰：五生不相殄，五克不相逆，不相殄乃能相继也，不相逆乃能相治也。相继则父子之道也，相治则君臣之宝也。今夫父之于子，能食之弗能救之，则恩害于义也。君之于臣，能赏之，又能刑之，则威克厥爱也。恩害义则家法乱，威克爱则国事修。吾故曰"相生未必吉，相克未必凶"也。①

那么，李觏倡导矛盾分析法的本质是什么？他说：

> 常者，道之纪也。道不以权，弗能济矣。是故权者，反常者也。事变矣，势异矣，而一本于常，犹胶柱而鼓瑟也……若夫排患解纷，量时制宜，事出一切，愈不可常也。②

与其说这是一段深邃的科技思想见解，倒不如说是一段十分

---

① 李觏：《李觏集》卷4《删定易图序论·论六》。
② 李觏：《李觏集》卷3《易论第八》。

精彩的政治宣言。据朱伯崑考，李觏在庆历七年（1047）即他39岁时著成《删定刘牧易图序论》，而此前他已完成《易论》十三篇①。李觏在《易图序》中有"急乎天下国家之用"的话，那么，我们要问，何谓"急乎天下国家之用"？联系李觏于庆历三年（1043）所写《庆历民言》的初衷即"极当时之病"②，"论时政之得失"③。故李觏是范仲淹"庆历新政"的坚定支持者，即使当"新政"推行不下去的时候，他也没有气馁，也没有退缩，他劝范仲淹"妄身后之刺讥"④ 的同时更借《南塘观鱼》而勉励自己："鳞鬣摧残几许年？水平风静得潜渊。喜无美味登君俎，且学骊龙尽日眠。"⑤ 又据《直讲李先生年谱》云：庆历四年"上富公、范公书，作《麻姑山真君殿记》、《李子高墓表》、《陈伯英墓表》、《寄祖秘丞书》、《除夜感怀诗》、《南塘观鱼诗》"。其实"且学骊龙尽日眠"不过是句自我调侃之辞，而"浮世因循过，流年次第新"⑥ 才是他的真心话，他相信社会改革是大势所趋，因为"夫救弊之术，莫大乎通变"⑦。所以"通变"就是"权"的实质和内容。而李觏"通变"的措施和原则为后来的王安石所继承和发展，如李觏"平准法"云："令远方各以其物如异时商贾所转贩者为赋，置平准于京师，都受天下委输。大农诸官，尽笼天下之货物。如此，富商大贾亡所牟大利，则反本，而万物不得腾跃。"⑧ 即成为王安石"均输法"和"市易法"的直接来源，因此，王安石变法应是"流年次第新"

---

① 朱伯崑：《易学哲学史》第 2 卷，华夏出版社 1995 年版，第 55 页。
② 李觏：《李觏集》外集卷 2《祖学士五书》。
③ 李觏：《李觏集》外集卷 4《乞修李觏墓状》。
④ 李觏：《李觏集》卷 27《寄上范参政书》。
⑤ 李觏：《李觏集》卷 36《次韵答陈殿丞南塘观鱼见寄》。
⑥ 李觏：《李觏集》卷 36《次韵陈殿丞除夜感怀》。
⑦ 李觏：《李觏集》卷 3《易论第一》。
⑧ 李觏：《李觏集》卷 7《国用第九》。

的生动体现。

第二，"统而论之"的科学抽象法。抽象是思维对事物本质的一种反映，是人类认识的深化。列宁指出："物质的抽象，自然规律的抽象，价值的抽象等等，一句话，那一切科学的（正确的、郑重的、不是荒唐的）抽象，都更深刻、更正确、更完全地反映着自然。"① 李觏则依据中国古代文化的思维特点和逻辑文本，把科学抽象的思维方法概括为"统而论之"四个字，他说：

> 时虽异也，事虽殊矣，然事以时变者，其迹也。统而论之者，其心也。迹或万殊，而心或一揆也。若夫汤汤洪水，禹以是时而浚川；黎民阻饥，稷以是时而播种；百姓不亲，契以是时而敷五教；蛮夷猾夏，皋陶以是时而明五刑。其迹殊，其所以为心一也。统而论之，谓之有功可也。亦有因时立事，事不局于一时，可为白代常行之法者，如仁、义、忠、信之例是也。故夫子于上、下《系》所称者，十有九爻未有言其时者，盖事不局于一时也。是故时有大小。有以一世为一时者，此其大也；有以一事为一时者，此其小也。以一世为一时者，《否》、《泰》之类是也，天下之人共得之也；以一事为一时者，《讼》、《师》之类是也，常事之人独得之也。②

这段话至少包含着三层意思：第一层意思是区分了感性认识和理性认识的不同，其原话为"事以时变者，其迹也。统而论之者，其心也"，对此，漆侠先生给予了高度评价："'统而论之'就是抽象思维的概括。李觏的思想方法已经进入抽象思维

---

① 列宁：《哲学笔记》，人民出版社 1974 年版，第 181 页。
② 李觏：《李觏集》卷 3《易论第十一》。

领域中了。"① 第二层意思是把"有功"（即实践）看做是检验"心一"（真理）的客观标准，因为事物的变化是多种多样的，其变化轨迹也纷繁复杂，在这种情况下，如果我们不注意把握事物的发展规律，就会被事物的杂乱现象所迷惑，即"苟不求其心之所归，而专视其迹，则散漫简策，百纽千结，岂中材之所了邪"，就会出现"多则惑"② 的后果，故李觏同意孔子"一致而百虑"③ 的正确主张，但这"一致而百虑"能否取得功效，最终还要接受社会实践的检验，正像禹、稷、契、皋陶所做的一样。第三层意思是划分了"感性的具体"与"思维中的具体"，所谓"感性的具体"即人们认识事物的起点，用李觏的话说就是"一事为一时"，而所谓"思维中的具体"即从具体事物中抽象出来的概念、原理和原则，用李觏的话说就是"一世为一时"，这是对事物一般规律的把握，是具体和抽象的统一。马克思非常重视从抽象到具体的科学思维方法，他说："具体之为具体，因为它是许多规定的综合，因而是多样性的统一。因此它在思维中表现为综合的过程，表现为结果，而不是表现为起点，虽然它是现实中的起点，因而也是直观和表象的起点。"④ 而在李觏看来，诸如仁、义、忠、信这些道德概念就是科学抽象的结果，就是"思维中的具体"，所以这些概念不是距离现实世界越来越远了，而是越来越近了，世界著名物理学家普朗克说得好："物理世界观之愈益远离感性世界无非就是与现实世界愈益接近。"⑤

---

① 漆侠：《宋学的发展与演变》，河北人民出版社 2002 年版，第 268 页。
② 李觏：《李觏集》卷 3《易论第十一》。
③ 同上。
④ 《马克思恩格斯选集》第 2 卷，人民出版社 1972 年版，第 103 页。
⑤ 普朗克：《从现代物理学来看宇宙》，商务印书馆 1959 年版，第 21 页。

第 三 章

北宋科技思想发展的高峰

第一节 荆公学派及其王安石的科技思想

一 王安石的生平简介

王安石（1021—1086）字介甫，江西临川人。因其父"都官员外郎"①，故他也算官僚家庭。王安石文章写得好，他不仅关注人民的苦难，"心哀此黔首"②，而且"欲与稷、契遐相希"③，大有为民请命之志。所以，当庆历七年（1047）王安石调知鄞县后，便积极兴修水利，贷谷与民，深受人民的拥护和爱戴。熙宁三年（1070）王安石由参知政事升为一朝之宰相，他在宋神宗支持下，制定并推行农田水利、青苗、均输、保甲、免役、市易、保马等新法，促进了北宋物质文明的发展，使其综合国力有所增强。之后，熙宁八年（1075）王安石再次拜相，特进《三经新义》，并立于学官，使北宋的思想界为之一新。因此，《宋史》本传称"安石训释《诗》、《书》、《周礼》，既成，

---

① 脱脱等：《宋史》卷 327《王安石传》，中华书局 1985 年版。
② 王安石：《临川文集》卷 12《感事》，文渊阁四库全书本。
③ 同上。

颁之学官，天下号曰'新义'。"至于他在我国古代思想史上的地位，蔡卞云："宋兴，文物盛矣，然不知道德性命之理。安石奋乎百世之下，追尧舜三代，通乎昼夜阴阳所不能测而入于神。初著《杂说》数万言，世谓其言与孟轲相上下。于是，天下之士，始原道德之意，窥性命之端云。"① 当然，王安石除了开创宋代"道德性命之理"外，在科技思想方面也有贡献，如他的"气动说"、科技发展动力论、农田水利思想等，就很有特色，也自成体系。

二 王安石科技思想的特点及其对熙宁变法的影响

王安石的科技思想和科技实践至少具有以下几个方面的特点：

1. 他坚持"气动说"的自然生成观，并为人类的宇宙演化模式注入了新的思想内容。作为人类理性成熟的标志之一，人们在与自然的对立中开始思考自然界的生成问题。而我国古代最早提出"气"者应为伯阳父，《国语·周语》引他的话说："夫天地之气，不失其序"，后来《老子》又提出"冲气"一词，他说："万物负阴而抱阳，冲气以为和"，到汉代，人们更提出"元气"的概念，如王充《论衡·言毒篇》云："万物自生，皆禀元气"。可见，王安石首先是继承了我国古代"气"的学说，然后根据北宋社会发展的客观实际，加以新的诠释。从我国古代哲学发展的历史上看，王安石第一个将"元气"与"冲气"作了科学的划分。他在《道德经注》中说："道有体有用：体者，元气之不动；用者，冲气运行于天地之间"，并认为"盖冲气为元气之所生"。其中对"元气之不动"一句话的理解，在学界颇有分歧，有人以为它会"导致'动从静生'的结论，有形而上

---

① 赵希弁：《郡斋读书志后志》卷2《王氏杂说》。

学的局限性"①；席泽宗先生则从科学角度认为元气跟现代物理学中的"场"有点相似，甚至何祚庥院士还将他对元气的研究成果写成《元气与场》一书②。虽然王安石没有直接提出"场"的概念，但他说"冲气为元气之所生"，这就是说"场"（元气）以能量、动量和质量（冲气）为其表现形式（用），而能量、动量和质量（冲气）则以"场"（元气）为其变化的载体（体）。现在的问题是由"气"如何产生出万物呢？为了说明这个问题，王安石引入了阴阳和五行这两个范畴。他在《道德经注》中说："一阴一阳之谓道，而阴阳之中有冲气，冲气生于道"③，看来"冲气"的运动变化完全由其内部固有的矛盾性来决定，矛盾有阴与阳两个方面，按王安石的话说就叫做"耦"，他在《洪范传》中说："道（在王安石的论述中，道与气具有相同的含义）立于两（阴阳），成于三，变于五，而天地之数具其为十也，耦之而已"，在这里"五"也可以解释为"五行"，他说："太极者，五行之所由生"，而"五行，天所以命万物者也"④，但万物的生成变化实际上并没有到此结束，王安石看到了这一点，所以他紧接着又说："耦之中又有耦焉，而万物之变遂至于无穷"，这是王安石的过人之处，也是他自然观中最闪光和思辨性最强的地方，由此我们便看到了一幅绚丽多姿的宇宙演化图景。

2. 积极寻找和探索科技发展的动力因，提出了"因民之所利而利之"的命题。他说："治道之兴，邪人不利，一兴异论，群聋和之，意不在于法也。孟子所言利者，为利吾国，如曲防遏

① 肖萐父、李锦全：《中国哲学史》上编，人民出版社 1984 年版，第 37 页。
② 席泽宗：《中国传统科学思想的回顾——〈中国科学技术史·科学思想卷〉导言》，《自然辩证法通讯》2000 年第 1 期。
③ 彭耜：《道德经集注》引王安石《道德经注天下有始章第五二》，道藏本。
④ 王安石：《临川文集》卷 65《洪范传》。

籴，利吾身耳。至狗彘食人食则检之，野有饿莩则发之，是所谓政事。政事所以理财，理财乃所谓义也。一部《周礼》，理财居其半，周公岂为利哉？奸人者因名实之近，而欲乱之，眩惑上下，其如民心之愿何？始以为不请，而请者不可遏；终以为不纳，而纳者不可却。盖因民之所利而利之，不得不然也。"①

在这里，"利"可作物质利益解。虽然王安石所指为变法事宜，但是变法本身所创造的各种物质成果却跟科技发展存在着一定的内在联系。在北宋中期，义利关系是当时士大夫阶层所关注的重大问题之一，当然也是科技伦理的基本问题之一。对此，王安石充分肯定了"利"对于"义"的基础地位和决定性作用。他说："利者义之和，义固所为利也。"② 所以，利既是社会发展的驱动器，也是科学技术发展的原动力。以此为前提，王安石对中国传统的人文科学和自然科学（即道艺之学）作了认真阐释，在《上仁宗皇帝言事疏》一文中，王安石特别强调学校教育要兼顾"道艺之学"，但学要有专攻，他说："人之才成于专而毁于杂，故先王之处民才，处工于官府，处农于畎亩，处商贾于肆，而处士于庠序，使各专其业"，而不是不顾人才与社会经济发展的实际，惟以"课试之文章"是举，这样就违背了"因民之所利而利之"的原则。所以，王安石将帖经和墨义看做是应当废除的"无补之学"，因为上述两种选拔人才的考试制度只在测验记忆能力，而无视应试者的真才实学。据此，王安石在变法期间创立和恢复了专科学校，主要有武学、律学和医学三个专业，而算学一门则由于反变法派的阻扰，故直到崇宁三年（1104）朝廷才"将元丰算学条例修成敕令"，规定以元丰七年（1084）秘书省所刻印的九部算经为课本，《宋史》卷157《选

---

① 王安石：《临川文集》卷73《答曾公立书》。
② 李焘：《续资治通鉴长编》卷219，熙宁四年正月壬辰。

举志三》载："算学，崇宁三年始建学，生员以二百一十人为额。许命官及庶人为之，其业以《九章》、《周髀》及假设疑数为算问，仍兼《海岛》、《孙子》、《五曹》、《张丘建》、《夏侯》算法，并历算、三式、天文书为本科。"与唐代算学的 30 人额员和明算科的教科书比较，宋代的算学已经发生了翻天覆地的变化，不仅额员大大增加，而且在教学方面明显加大了天文历算的内容，以与其不断进行的历法变革实践相适应，据钱宝琮先生统计，北宋从开国到靖康二年，凡 168 年间，共颁行了 9 个历法，约 18 年就得修历一次①。其中熙宁变法之后，北宋历法的质量发生了很大变化，如沈括提举司天监对历算体制的改革，就取得了显著成果，应当说这是王安石变法在科学教育方面所取得的一个重大胜利。

3. "酌损"的思想与方法。在王安石所散失的著述中，有一部易学专著，名之为《易解》。《郡斋读书志》卷 1 云："介甫《三经义》皆颁学官，独《易解》自谓少作未善，不专以取士。故绍圣后复有龚原、耿南仲注《易》，三书偕行场屋。"虽说《易解》在当时没有作为科举的依据，但却是士人手中的重要参考书之一。程颐说："若欲治《易》，先寻绎令熟，只看王弼、胡先生、王介甫三家文字，令通贯。"② 因程颐本人"专治文义，不论象数"③，所以他对北宋易学研究的评价是有成见的，就总体而言，也是不全面的。但从程颐的话中，我们能感受到王安石《易解》对二程理学的深刻影响。不仅如此，随着学界对王安石易学思想研究的不断深入，人们还发现《易解》实际上应是王安石新学的理论核心，因为王安石的新学思想基本上都能在

① 钱宝琮：《钱宝琮科学史论文选集》，科学出版社 1983 年版，第 472 页。
② 程颢、程颐：《河南程氏文集》卷 9《与金堂谢君书》，《二程集》，中华书局 2004 年版，第 613 页。
③ 陈振孙：《直斋书录解题》卷 1 胡瑗《周易口义解题》。

《易解》中找到依据，尤其是《易解》一书真正贯通了《孟子》跟程朱理学之间的内在联系，故《易解》越来越引起学界的关注是必然的①。不过，由于本文的内容所限，笔者在此不谈《易解》中的性命之学，而是仅撷取王安石在《易解》里最为看中同时又为学界所忽视的"酌损"思想和方法，略加评论，以述管见。

王安石说：

> 损己益上，不以己事出位者也。在下而不中，故可损之，损之已过则亦失中，故当酌损。②

损与益是普遍存在于自然界和人类社会的一种客观物质现象，如《周易》云："损而益之，天之道也，人之理也。"③ 故《周易》有"损卦"与"益卦"，其"损卦"说："损下益上，其道上行，损而有孚，元吉无咎。"又"益卦"道："损上益下，民说无疆。"④《黄帝内经素问》卷2《阴阳应象大论篇第五》亦说："能知七损八益，二者可调；不知用此，早衰之节也。"可见，如何科学地处理"损"与"益"的辩证关系，是正确把握客观事物发展和变化规律的重要前提。王安石说："天道亏盈而益谦，唯其益谦，故损者乃所以为益；唯其亏盈，故益者乃所以为损。"⑤ 在自然界中，任何事物都有一个产生与消亡的过程，而

① 范立舟：《论荆公新学的思想特质、历史地位及其与理学思潮之关系》，《西北师范大学学报》2003年第3期；金生杨：《程、朱理学与王安石〈易解〉》，《孔子研究》2004年第3期；金生杨：《〈周易〉与荆公新学》，《哲学研究》2005年第4期。

② 李衡：《周易义海撮要》卷4，文渊阁四库全书本。

③ 《子夏易传》卷4《周易·下经咸传第四》，文渊阁四库全书本。

④ 《周易·损益》，《黄侃手批白文十三经》，上海古籍出版社1986年版。

⑤ 彭耜：《道德经集注》引王安石《道德经注道生章第四二》，道藏本。

这个过程实际上就是"损"的过程，所以，为了保持事物发展的平衡性，在人与自然界的互动关系中，人应当尊重客观事物自身的新陈代谢规律或称"损益原理"，不要"损之已过"，否则，人类必将会为自己的"过损"行为付出沉重代价，而人类目前所面临的生态灾难，就是一个典型的例子。因此，从这个角度看，如果我们把可持续发展理解为是一个损益过程，那么，"酌损"就是通向可持续发展的最佳路径。

"酌损"的目的是为了避免"不中"而"得中"，如王安石不止一次地强调说："刚上柔上，中正以相与，极有家之道"，"刚得中而上行，为物之所应而无所丽，则可大有为"①。又"凡不得阴阳之中而所偏者皆谓之疾"②。在中国古代思想史上，孔子是第一个明确谈论"损益"与"用中"思想的哲人，他承认历史的进步不可能没有"损益"，他说："殷因于夏礼，所损益可知也；周因于殷礼，所损益可知也。"③ 至于如何"损益"，孔子提出来的方案是"执两用中"，后来子思进一步说："中也者，天下之大本也。"④ 在这里，孔子将"用中"作为目的而把"自省"作为手段，但"率性"是前提，虽然王安石亦把"得中"看做是目的，但他却把"酌损"而不是"率性"或"自省"看做是手段。这是因为，在王安石看来，损益矛盾双方的地位是不平等的，其中"损"是矛盾的主要方面，因此，解决矛盾的着眼点应该是如何控制所"损"的问题，而不是所"益"的问题。也许当时王安石提出来的所"损"问题恰恰是北宋中期所有社会矛盾和问题的焦点，故其"酌损"思想有其特定的时代背景，不过，现在回过头去看，"酌损"思想不论对人类社会还是自然

---

① 李衡：《周易义海撮要》卷4，文渊阁四库全书本。
② 李衡：《周易义海撮要》卷5，文渊阁四库全书本。
③ 《论语》卷2《为政》。
④ 《中庸》一章。

界都具有普遍的理论意义。由此可见，王安石对孔子的思想采取了"扬弃"的态度，而并不是一味地附和，故两者之间的差异还是比较明显的。

4. 王安石的科学思想不仅表现在"新法"方面，而且还表现在与反对派的论争方面。由于"新法"触动了那些大官僚和大地主的经济利益，故他们纠集在一起往往借"天人感应"之说来恶意攻击"新法"。这样，就在变法派与反变法派之间展开了一场科学与反科学的尖锐斗争。如熙宁三年（1070）三月，翰林学士范镇上奏称："乃者天雨土，地生毛，天鸣，地震，皆民劳之象。伏惟陛下观天地之变，罢青苗之举。"① 又熙宁八年（1075）十月宋神宗因彗星现而诏群臣议，吕公著则乘机声张废除新法。面对反对派的一次次进攻，王安石采取有理有节的斗争策略，首先给反对派的进攻以有力回击，然后再针对神宗皇帝的实际情况进行启发和开导，用科学的力量去战胜他那"惧天畏命"心理。王安石云：

> 伏观晋武帝五年彗实出轸，十年轸又出孛，而其在位二十八年，与己巳占所期不合。盖天道远，先王虽有官占，而所信者人事而已。天文之变无穷，人事之变无已，上下傅会，或远或近，岂无偶合？此其所以不足信也。

其实，彗星同地球一样，都是围绕太阳运行的一种天体，只是由于彗星很特别，且人们用肉眼观察到的彗星又非常少，所以古人把彗星看成是灾星，认为它的出现是灾祸的征兆。而宋神宗"内惟浅昧，敢不惧焉"② 的根源也在这里。王安石从科学事实

---

① 杨士奇：《历代名臣奏议》卷266。
② 李焘：《续资治通鉴长编》卷269，熙宁八年十月戊戌。

出发，坚持认为天道"任理而无情"①，就是说自然界有其产生与发展的规律，它不以朝代的兴衰为转移，相反，人事也有自身的变化规律，同样它也不以自然现象的正常与否为根据。但这并不表明人们可以置自然现象的变化于不顾。早在熙宁五年闰七月，王安石就对宋神宗讲过下面的一段话：

> 陛下正当为天之所为。知天之所为，然后能为天之所为。为天之所为者，乐天也，乐天然后能保天下。不知天之所为，则不能为天之所为。不能为天之所为，则当畏天。畏天者不足以保天下，故战战兢兢，如临深渊，如履薄冰者，为诸侯之孝而已。

这就是说，人们只有认识和掌握了自然规律，才能获得真正的自由。反之，则只能做自然现象的奴隶，并由此产生对自然现象的畏惧心理，所以"畏天"实乃是一种无知的体现，是科盲的反映。在王安石看来，人只要"致精好学"就能认识和掌握自然规律，"是故星历之数，天地之法，人物之所，皆前世致精好学圣人之所建也"②。所以，王安石主张"当益修人事，以应天灾"③。

在中国古代学术史上，"天道"与"人道"的关系是儒学最重要的理论问题之一，围绕着这个问题，形成两派既对立又统一的观点：一派是"天人合一"的观点，另一派是"天人相分"的观点。如子思说："诚者，天之道也；诚之者，人之道也。"④这就是说，"诚"是"天人合一"思想的基础。由此，汉代董仲

---

① 李焘：《续资治通鉴长编》卷235，熙宁五年闰七月辛酉。
② 王安石：《临川文集》卷66《礼乐论》。
③ 李焘：《续资治通鉴长编》卷252，熙宁七年四月己巳。
④ 《中庸》二十章。

舒更提出"人副天数"的思想，并且还悲观地说道："观天人相与之际，甚可畏也！"① 二程延续了这条思想脉络，因而成为北宋"天人合一"思想的主要代表。与之相对，在春秋晚期，子产第一个提出天道与人道相分的思想。据《春秋左传》记载，子产在跟大叔争论如何避免火灾的问题时，讲到了天与人相分的问题。子产说：

> 天道远，人道迩，非所及也。②

子产的态度非常明确，在他看来，社会人事与天道之间没有必然的因果联系，因此，社会上所盛行的那种通过裨灶来消除火灾的习俗是不可取的。之后，战国时期的荀子不仅坚持了子产的思想，而且他进一步提出"制天命而用之"的科学哲学命题。后来经过唐代柳宗元和刘禹锡两位思想家的发展，到北宋时，与"天人合一"相伴行的"天人相分"则基本上形成了体系，尽管这个体系相对于"天人合一"体系来说，没有能够在政治思想领域取得主导地位，但它在历史上的绵延和发展本身即证明了"天人相分"之生命力的顽强与挺拔，证明了它实际上已经构成中国古代学术思想的一个不可或缺的有机组成部分。

王安石说："天道升降于四时。其降也，与人道交；其升也，与人道辨。"③ 在此，"交"即"相合"之意，故"与人道交"指的就是"天人合一"；"辨"即"相分"之意，故"与人道辨"指的就是"天人相分"。与传统儒学的主流思想有所不同，王安石认为："远而尊者，天道也；迩而亲者，人道也。"④

---

① 班固：《汉书》卷 56《董仲舒传》。

② 左丘明：《春秋左传》昭公十八年。

③ 王安石：《临川文集》卷 62《郊宗议》，文渊阁四库全书本。

④ 同上。

可见，"亲人道"应是王安石处理天人关系的根基，而这个根基的重心不是"天人合一"而是"天人相分"。所以，王安石在北宋科学思想发展史上第一个明确提出"天与人异道，天而以人事之"的思想命题，这个命题不仅推动了宋代科学技术的发展，而且特别地凸显了人类对于自然界的主体地位，并进而成为其推行变法和反对神学的思想武器。王安石说得好："所谓得天，得民而已矣。"① 在北宋振兴儒学的整个历史进程中，王安石这种"民即天"的观念不仅仅是"天人相分"思想的进一步升华和浓缩，同时也是王安石新学的根本特点。

第二节　横渠学派及其科技思想

张载（1020—1077）字子厚，陕西郿县横渠镇人，后讲学关中，故史学界把他所创立的学术思想称之为"关中学派"或称"横渠学派"。

一　横渠学派的思想风格

张载的科技思想与北宋的其他理学家相比，以"山国之地"为背景，而"崇尚实际，修身力行"② 是他的学术个性。正如明人冯从吾所说："我关中自古称理学之邦，文、武、周公不可尚已，有横渠先生崛起郿邑，倡明斯学，皋比勇彻，圣道中天。先生之言曰：'为天地立心，为生民立命，为往圣继绝学，为万世开太平。'可谓自道矣，当时执经满座多所兴起。"③ 这里，所谓"自道"即笃实力行之思想风格。

---

① 王安石：《临川文集》卷62《郊宗议》。

② 刘师培：《南北学派不同论》，《中国现代学术经典·黄侃、刘师培卷》，河北教育出版社1996年版，第737页。

③ 冯从吾：《少墟集》卷13《关学编·自序》。

所以张载说："《春秋》之为书，在古无有，乃圣人所自作，惟孟子为能知之，非理明义精殆未可学。先儒未及此而治之，故其说多穿凿，及《诗》、《书》、《礼》、《乐》之言，多不能平易其心，以意逆志"①，于是他"与学者绪正其说"②，而"求之《六经》"③，著《西铭》、《正蒙》、《易说》、《理窟》等书，遂成为北宋思想史上最闪亮的哲学家和科学家之一。

张载科技思想中既有"天人合一"的内容又有"天人相分"的因素。"天人合一"是中国传统文化的主导思想，如《子夏易传》卷1《周易·上经乾传第一》载："大人者，与天地合其德，与日月合其明。"《春秋繁露》卷12《阴阳义第四十九》亦说："以类合之，天人一也。"用葛兆光的话说，"天人合一"就是从中国古老年代所产生的那种认为"宇宙与社会、人类同源同构互感"的传统观念系统，"它是几乎所有思想学说及知识技术的一个总体背景与产生土壤"④。但把"天人合一"作为一个完整的哲学命题提出来却始自张载。张载说："儒者则因明致诚，因诚致明，故天人合一，致学而可以成圣，得天而未始遗人。"⑤按照冯友兰先生的解释，张载所说之"诚"即是一种"天人合一之境界"，而"明"则是"人在此境界中所有的知识"，且"此知非'闻见小知'乃真知也"⑥。如果冯先生的理解不误，那么，张载的"诚明"范畴就包含着一定的知识分类思想。即他用"天人合一"来指代形而上的道德学，而用"天

① 吕大临：《横渠先生行状》，载《张载集》附录，中华书局1978年版，第384页。
② 同上。
③ 脱脱等：《宋史》卷427《张载传》。
④ 葛兆光：《中国思想史》第1卷《七世纪前中国的知识、思想与信仰世界》，复旦大学出版社2003年版，第267页。
⑤ 张载：《张子全书》卷3《正蒙·王裈篇第十六》，文渊阁四库全书本。
⑥ 冯友兰：《中国哲学史》下册，中华书局1961年版，第865页。

人异知"来指代形而下的技艺学。他说:"天人异用,不足以尽诚。天人异知,不足以尽明。所谓诚明者,性与天道,不见乎大小之别也。"① 在张载看来,"天人异知"亦即"见闻之知",而"天人合一"即"德性所知"。他说:"大其心则能体天下之物,物有未体,则心为有外。世人之心,止于闻见之狭。圣人尽性,不以闻见梏其心。其视天下,无一物非我。孟子谓尽心则知性知天以此。天大无外,故有外之心,不足以合天心。见闻之知,乃物交而知,非德性所知。德性所知,不萌于见闻。"② 这段话虽不长,但却非常重要。因为它"似乎涉及到了'主客二分'式(即'天人相分',引者注)与'天人合一'式的关系"③,其中"见闻之知"与"天人相分"相联系,"德性所知"与"天人合一"相联系。至于"德性所知"与"见闻之知"的关系,牟宗三先生曾释,"德性之知"为"超越的所以然",它本身具有德性的意义,而"见闻之知"为"现象的所以然",它本身则具有知识的意义。在牟宗三先生看来,张载所追求的只是"超越的所以然",故他的思想不能成为科学④。在这里,牟先生对"德性所知"与"见闻之知"所做的区分是正确的,然而他藉此却否认了张载学术思想中包含着科学的成分则是不妥当的。因为张载始终没有把"德性所知"看做是可以脱离"见闻之知"而独存的客观实在,相反,在张载看来,"耳目虽为性累,然合内外之德,知其为启之之要也"⑤,这就是说,"见闻之知"是进入"德性所知"的重要门户,但"德性所知"不能归结为"见闻之

---

① 张载:《张子全书》卷2《正蒙·诚明篇第六》。
② 张载:《张子全书》卷2《正蒙·大心篇第七》。
③ 张世英:《天人之际——中西哲学的困惑与选择》,人民出版社2005年版,第10页。
④ 牟宗三:《宋明儒学的问题与发展》,华东师范大学出版社2004年版,第67页。
⑤ 张载:《张子全书》卷2《正蒙·大心篇第七》。

知"，更不能为其所"桎"和所"萌"（即被局限），故"圣人则不专以闻见为心"①。

与天人合一相对，中国传统文化中还有天人相分的思想因素。从学术史上看，最早见载"天人相分"思想的文献是荀子，而荀子作了比较系统的阐述，至唐代的刘禹锡则更扩展为"天与人交相胜"的思想。从表面上看，天人合一与天人相分好像是相互对立的两个方面，但实际上两者是一物之两体，具有内在的统一性。如张载说："气与志、天与人，有交胜之理。"② 在此，张载特别突出了人之能动性的一面，认为可以"为天地立心"，但"为天地立心"对于自然界则不是"去物"和"殉物"③，而是"人谋之所画，亦莫非天理"④。对于这一点，张载自己有个很形象的说法，后人将它概括为四个字"民胞物与"。张载说："乾称父，坤称母，予兹藐焉，乃混然中处，天地之塞吾其体，天地之帅吾其性，民吾同胞，物吾与也。"⑤ 这段话虽不长，但它集中体现了张载学术的中心思想，那就是万物与人类的本质属性归根到底是一致的和相互牵挂着的。因为只有这样，才能做到"视天下无一物非我"的道德境界。

二　张载"务为实践之学"的科技思想

（一）"客感客形与无感无形"辩证发展的自然观

张载为了论证"礼"在宋朝重建的可能性，他提出了"天序"和"天秩"两个概念。其中"生有先后"谓之"序"，而"小大、高下相并而相形"则谓之"秩"。用自然哲学的话说，

---

① 　张载：《张子全书》卷 2 《正蒙·乾称篇第十七》。
② 　张载：《张子全书》卷 2 《正蒙·太和篇第一》。
③ 　张载：《张子全书》卷 3 《正蒙·至当篇第九》。
④ 　张载：《横渠易说》卷 3 《系辞上》。
⑤ 　张载：《张子全书》卷 1 《西铭》，文渊阁四库全书本。

"序"指时间,"秩"指空间,因为"小大、高下"是物体存在的量度。不仅如此,张载还把时空理解为一个"连续统",并赋予它特别的名义,那就是"太虚"。同时,在张载看来,"太虚"和"气"是整个宇宙的逻辑"原点",是产生万事万物(即气)的本体。他说:

> 太虚无形,气之本体,其聚其散,变化之客形尔;至静无感,性之渊源,有识有知,物交之客感尔。客感客形与无感无形,惟尽性者一之。①

"客形"虽是一个词,但它却指代一个世界,即物理实体的宇宙。而对这个世界,张载的表述如下:

> 第一,"气之为物,散入无形,适得吾体;聚为有象,不失吾常。太虚不能无气,气不能不聚而为万物,万物不能不散而为太虚。"②
> 第二,"气之聚散于太虚,犹冰凝释于水,知太虚即气,则无无。"③
> 第三,"太虚为清,清则无碍,无碍故神;反清为浊,浊则碍,碍则形。"④
> 第四,"气本之虚则湛无形,感而生则聚而有象。有象斯有对,对必反其为;有反斯有仇,仇必和而解。"⑤
> 第五,"气坱然太虚,升降飞扬,未尝止息,《易》所

---

① 张载:《张子全书》卷2《正蒙·太和篇第一》。
② 同上。
③ 同上。
④ 同上。
⑤ 同上。

谓'絪缊'，庄生所谓'生物以息相吹'、'野马'者欤！此虚实、动静之机，阴阳、刚柔之始。浮而上者阳之清，降而下者阴之浊，其感聚，为风雨，为雪霜，万品之流形，山川之容结，糟粕煨烬，无非教也。"[1]

以上这些话，除了"太虚即气"、"有象斯有对"等已反复被人们引用外，笔者觉得还有些话似应作进一步分析。如"有形"和"无形"究竟是什么意思？现代科学界把物质世界划分成"实物"和"场"两种状态，从性质上看，张载的"有形"类于"实物"，而"无形"则类于"场"。至于"实物"与"场"的关系，我们可以简单地说，只要实物存在就必然存在实物之间相互作用的场，而任何场的存在又必然为某些实物的相互作用而提供了条件。用张载的话来说就是"气聚"与"气不聚"，而气"聚为有象"，"有象"即为"实物"；"气不聚"即"散入无形"，也即"万物不能不散而为太虚"，可见"气不聚"则为"太虚"，则为"场"。在一定条件下，"实物粒子"与"场量子"是能够相互转化的，同样，气则"方其聚也，安得不谓之客？方其散也，安得遽谓之无？"其"客"可理解为"实物"，而"无"则可理解为"场"。所以中国古代历史上的"有无（或实虚）"之辩实际上就是现代西方文本意义上的"实物"与"场"的关系之辩。在这个问题上，张载的观点非常鲜明，他说：

> 若谓虚能生气，则虚无穷，气有限，体用殊绝，入老氏
> "有生于无"自然之论，不识所谓有无混一之常；若谓万象
> 为太虚中所见之物，则物与虚不相资，形自形，性自性，形

---

① 张载：《张子全书》卷2《正蒙·太和篇第一》。

130

性、天人不相待而有，陷于浮屠以山河大地为见病之说。①

也就是说，"有"和"无"是一种"相资"（即相互依赖和相互作用）的关系，它们是宇宙初创时的原始状态。在张载的思想体系里，"有"与"无"具有同构的意义，是宇宙学的基本命题。就此而言，张载的命题是对周敦颐"无极而太极"本体论的否定。有人说："整个宇宙完全是从无中生出来的，其创生过程完全符合量子力学的定律"②，恰恰相反，量子力学所描述的宇宙物体运动完全证明了张载"虚气相资"命题的科学性和正确性，而并不是一般的说明"无中生有"的合理性和可能性。这便是"客形"的自然形态。

从"客形"发展到"尽性"，中间需要有一个"客感"的环节。而"客感"是"物交"的结果，是"有识有知"的过程，什么叫"知识"？邵雍说："目见之谓识，耳闻之谓知。奈何知与识，天下亦常稀。"③ 与邵雍相较，张载的知识视野更加宽阔，因为张载把知识的范围由"耳目之遇"进一步扩大到"物交之客感"了。张载说：

> 尽天之物，且未须道穷理，只是人寻常据所闻，有拘管局杀心，便以此为心，如此则耳目安能尽天下之物？尽耳目之才，如是而已。须知耳目外更有物，尽得物方去穷理，尽了性又大于心，方知得性便未说尽性，须有次序，便去知得性，性即天也。④

---

① 张载：《张子全书》卷2《正蒙·太和篇第一》。
② 陶同：《世界本原：非哲学命题》，《新华文摘》1998年第2期。
③ 邵雍：《击壤集》卷8《知识吟》。
④ 张载：《张子语录上》，《张载集》，中华书局1978年版。

又说：

> 心所以万殊者，感外物为不一也，天大无外，其为感者
> 絪缊二端而已。物之所以相感者，利用出入，莫知其乡，一
> 万物之妙者与！①

从生物进化的角度讲，"物之所以相感者，利用出入"经过
了极其漫长的演进历程，经过了三个重要的历史发展阶段："第
一，从无生命的物质反映特性到低级生物的刺激感应性；第二，
从刺激感应性到动物的感觉和心理；第三，从动物的心理到人类
意识的产生。"② 在张载的《正蒙》里，他用《参两》、《天道》
和《神化》三篇来叙述"从无生命的物质反映特性到低级生
物的刺激感应性"的演化历程，接着他又用《神化》和《动
物》两篇来说明"从刺激感应性到动物的感觉和心理"的发
展之路，最后他再用《诚明》、《大心》、《中正》和《至当》
四篇来阐释"从动物的心理到人类意识的产生"的历史必然
性。而在这个"客感"的演进序列中，起主导作用的是
"参"。张载说：

> 一物两体，气也；一故神，两故化，此天之所以
> 参也。③

如何"参"呢？程宜山先生根据张载《参两》篇的内容，
将气化万物的过程用图式表达如下页所示：

---

① 张载：《张子全书》卷2《正蒙·太和篇第一》。
② 肖明：《哲学》，经济科学出版社1995年版，第89页。
③ 张载：《张子全书》卷2《正蒙·参两篇第二》。

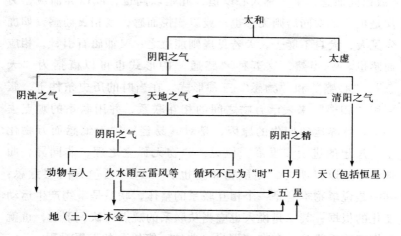

（引自程宜山：《张载哲学的系统分析》，学林出版社 1989 年版，第 24 页）

在张载的宇宙演进模式里，有几个特点是应当注意的：

首先，宇宙的演进是个有序的过程。张载说："由太虚，有天之名；由气化，有道之名；合虚与气，有性之名；合性与知觉，有心之名。"① 在这里，宇宙不仅是分层的，而且是有秩序的。正如张载所言："生有先后，所以为天序；小大、高下相并而相形焉，是谓天秩。天之生物也有序，物之既形也有秩。知虚然后经正，知秩然后礼行。"② 在张载看来，秩序贯穿宇宙演进的始终，从物质的形成到人类社会的出现，都需要秩序来维持天、地、人的和谐发展。

其次，宇宙演进的内在根据是"感通聚结"。张载依据从物质到人类形成各阶段的不同特点，区分了五种"感通"的形式。

_____

① 张载：《张子全书》卷2《正蒙·太和篇第一》。
② 张载：《张子全书》卷2《正蒙·动物篇第五》。

"或以同而感，圣人感人心以道，此是以同也；或以异而应，男女是也，二女同居则无感也；或以相悦而感，或相畏而感，如虎先见犬，犬自不能去，犬若见虎则能避之；又如磁石引针，相应而感也。"① 当然，这五种"感通"的形式也可以概括为"天感"、"心感"和"物感"三种形式。在当时的历史条件下，张载用"相感"来表示万物之间的相互联系，并用联系的观点去解释自然界运动变化的原因，是对《易经》"天地感而万物化生"思想的进一步发展。他说："物无孤立之理，非同异、曲伸、终始以发明之，则虽物非物也。"② 这句话包含两层意思：其一是说事物本身是一个相互联系的整体，联系是事物产生运动变化的根据；其二是说人也应当从联系的观点去认识事物，也就是把事物看成是一个有"同异、曲伸、终始"的发展过程。

再次，宇宙运动的法则是"理得之异"。"异"就是差异，张载说："人与动物之类已是大分不齐，于其类中又极有不齐，某尝谓天下之物无两个有相似者，虽则一件物亦有阴阳左右。"③正因为"天下之物无两个有相似者"，所以才有"感"。他说："有无一，内外合，此人心之所自来也。若圣人则不专以闻见为心，故能不专以闻见为用。无所不感者虚也，感即合也，咸也。以万物本一，故一能合异；以其能合异，故谓之感；若非有异则无合。天性，乾坤、阴阳也，二端故有感，本一故能合。天地生万物，所受虽不同，皆无须臾之不感，所谓性即天道也。"④

其中"一能合异"之"一"究竟是指物质本身的统一性还是人的本质属性，颇让人费解，因为"异"是万物之为万物的个性特征，而能把万物个性统一起来并能为我所用者，惟有人类

---

① 张载：《横渠易说·下经·咸》。
② 张载：《张子全书》卷2《正蒙·动物篇第五》。
③ 吕柟：《张子抄释》卷5《语录第一》，文渊阁四库全书本。
④ 张载：《张子全书》卷2《正蒙·乾称篇第十七》。

的创造力及其人类的创造物。故"有无虚实通为一物者，性也；不能为一，非尽性也"①，而"尽性"的本质，在张载看来就是"知化"，张载说得很清楚："至诚，天性也；不息，天命也。人能至诚则尽性而神可穷矣，不息则命行而化可知矣。学未至知化，非真得也。"② 从另一个角度看，"异"就是矛盾，就是宇宙运动的总法则，即"阴阳者，天之气也。刚柔缓速，人之气也。生成覆帱，天之道也；仁义礼智，人之道也；损益盈虚，天之理也；寿夭贵贱，人之理也。天授于人则为命，人受于天则为性；形得之备，气得之偏，道得之同，理得之异。此非学造至约不能区别，故互相发明，贵不碌碌也。"③ 在这里，"理得之异"就是说自然界的运动规律都是从"差异"中得出来的，这是一个非常深刻的辩证法思想，甚至已经接近德国古典哲学的思维水平了。

（二）"天地之道，无非以至虚为实"的科学观

关于宇宙的运动变化是张载科技思想的一个很重要的组成部分，而他的这部分思想大都集中在《正蒙·参两篇》中。他说：

> 地纯阴凝聚于中，天浮阳运旋于外，此天地之常体也。恒星不动，纯系乎天，与浮阳运旋而不穷者也；日月五星逆天而行，并包乎地者也。地在气中，虽顺天左旋，其所系辰象随之，稍迟则反移徙而右尔，间有缓速不齐者，七政之性殊也。月阴精，反乎阳者也，故其右行最速；日为阳精，然其质本阴，故其右行虽缓，亦不纯系乎天，如恒星不动。金水附日前后进退而行者，其理精深，存乎物感可知矣。镇星

---

① 张载：《张子全书》卷2《正蒙·乾称篇第十七》。
② 同上。
③ 吕柟：《张子抄释》卷5《语录第一》。

地类，然根本五行，虽其行最缓，亦不纯系乎地也。火者亦阴质，为阳萃焉，然其气比日而微，故其迟倍日。惟木乃岁一盛衰，故岁历一辰。辰者，日月一交之次，有岁之象也。[①]

这段话里包含着以下几个方面的天体物理思想：其一，以地球为中心，以恒星天为观察背景来描述五星的运动变化，而"地纯阴凝聚于中，天浮阳运旋于外"是对我国古代"宣夜说"天体模型的发展；其二，"恒星不动，纯系乎天"及"地在气中，虽顺天左旋，其所系辰象随之"，这里讲的"系"按程宜山先生理解应是"引力场"的意思[②]，而明代的邢云路在此基础上则肯定了太阳系存在着"引力场"，说："星月之往来，皆太阳一气之牵系也"[③]；其三，由于太阳引力场的作用，距离太阳最近的水星近日点运动"在100年内大约转45秒"[④]，而这一点只有爱因斯坦的广义相对论才能说明。张载在当时的历史条件下，虽猜测到了太阳引力场与水星近日点运动之间的关系，但不能给予科学地说明，故他不得不无奈地说，"金水附日前后进退而行者，其理精深，存乎物感可知矣"[⑤]；其四，张载凭藉生活经验而不是依靠天文观测，得出了日月五星及地球的"左旋"运动假说。在张载看来，日月五星及地球在"浮阳运旋"的引导下，都进行着"左旋"运动，但由于日月五星"左旋"的速度较地球为慢，故从视觉看上去，却出现了右行的运动，另一方面，因为恒星的运动与天的运行同步，所以从人的视觉看上去好像不

① 张载：《张子全书》卷2《正蒙·参两篇第二》。
② 程宜山：《张载哲学的系统分析》，学林出版社1989年版，第30页。
③ 邢云路：《古今律历考》卷72《历原六》。
④ 爱因斯坦：《爱因斯坦文集》第2卷，商务印书馆1979年版，第268页。
⑤ 张载：《张子全书》卷2《正蒙·参两篇第二》。

动，即"恒星不动，纯系乎天"，这种用"地心说"的观点来解释行星的运动规律，固然存在着很大的理论缺陷，但它在我国古代天文学的发展史上却具有原创的意义。故谭嗣同说："地圆之说，古有之矣。惟地球五星绕日而运，月绕地球而运，及寒暑昼夜潮汐之所以然，则自横渠张子发之。"[①]

在天文学方面，张载对昼夜及四季成因、潮汐、日月食和月之盈亏法则等都进行了一定的研究，并得出了一些科学结论。

先看第一则材料：

> 地有升降，日有修短。地虽凝聚不散之物，然二气升降其间，相从而不已也。阳日上，地日降而下者，虚也；阳日降，地日进而上者，盈也；此一岁寒暑之候也。至于一昼夜之盈虚、升降，则以海水潮汐验之为信；然间有小大之差，则系日月朔望，其精相感。[②]

对于寒暑的形成，张载解释为"阳日上，地日降而下者，虚也；阳日降，地日进而上者，盈也"，所谓"虚"即因为阳气上升，阴气下降，结果天地之间的距离增大，也即太阳与地球之间的距离增大，造成昼短而夜长且气候相对寒冷的天文现象；所谓"盈"即因为阳气下降，阴气上升，结果天地之间的距离缩短，也即太阳与地球之间的距离缩短，造成昼长而夜短且气候相对炎热的天文现象。在这里，张载虽然没有明确提出地球形似椭圆的主张，但他通过"虚"（即远日点）和"盈"（即近日点）的阐释已经内含着这方面的思想。而张载对潮汐形成的原因也作了合乎科学的说明，他把"海水潮汐"与"日月朔望"联系起

---

① 谭嗣同：《谭嗣同全集》，中华书局 1998 年版，第 125 页。
② 张载：《张子全书》卷 2《正蒙·参两篇第二》。

来，跟现代海洋潮汐理论相一致。现代海洋潮汐理论认为，潮汐是由于太阳和月亮引潮力的作用而使海洋水面发生周期性涨落的自然现象。不仅如此，张载还肯定了潮汐"有小大之差"，极有科学的前瞻性，因为现代海洋潮汐理论根据实测发现潮汐随着月球运行的不同以及各地纬度、海区地形、海区深度等的差异而有"半日潮"、"全日潮"和"混合潮"的不同。

复看第二则材料：

> 月亏法：月于人为近，日远在外，故月受日光常在于外，
> 人视其终初如钩之曲，及其中天也如半璧然。此亏盈之验也。①

在这段话里，至少有两点突破，其一是张载在宣夜说的基础上把恒星天与太阳系区别开来；其二是把天体有远有近的观点引入我国古代天文学，并用"月于人为近，日远在外"的思想解释了月亮盈亏的原因②。

所以，谭嗣同对张载的天文思想给予了极高的评价，他说："地圆之说，古有之矣。惟地球五星绕日而运，月绕地球而运，及寒暑昼夜潮汐之所以然，则自横渠张子发之……今以西法推之，乃克发千古之蔽。疑者讥其妄，信者又以驾于中国之上。不知西人之说，张子皆以先之，今观其论，一一与西法合。可见西人格致之学，日新日奇，至于不可思议，实皆中国所固有。中国不能有，彼固专之，然张子苦心极力之功深。亦于是征焉。注家不解所谓，妄援古昔天文家不精不密之法，强自绳律，俾昭著之。文晦涩难晓，其理不合，转疑张子之疏。不知张子，又乌知天？"③

---

① 张载：《张子全书》卷2《正蒙·参两篇第二》。

② 程宜山：《张载哲学的系统分析》，学林出版社1989年版，第32页。

③ 谭嗣同：《石菊影庐笔识·思篇三》，《谭嗣同全集》，中华书局1998年版，第123—124页。

虽然谭氏因受到近代国粹主义思潮的影响，对西方先进的科技思想有些鄙夷之气，但他对张载在天文学方面所取得的成就却上升到了爱国主义的高度来认识，其进步意义是不言而喻的。

在物理学和化学方面，张载说："聚亦吾体，散亦吾体，知死之不亡者，可与言性矣。"[1] 又"天地之道，无非以至虚为实，人须于虚中求出实。圣人虚之至，故择善自精。心之不能虚，由有物榛碍。金铁有时而腐，山岳有时而摧，凡有形之物即易坏，惟太虚无动摇，故为至实。"[2] 对于这两段话的科学内涵，周嘉华先生认为，"至实"一词已经表达了物质守恒的思想[3]。张载进一步说："气聚则离明得施而有形，气不聚则离明不得施而无形。方其聚也，安得不谓之客？方其散也，安得遽谓之无？"[4] 戴念祖先生说，从张载只承认物质形态的"有"而不承认物质形态的"无"看，气在太虚中聚散，不管"有形"与"无形"，都是不灭的，而且各物质形态之间的关系也是可以相互转化的[5]。后来，这个思想为王夫之所继承和发展，并对物质不灭思想作了肯定性的说明，"于太虚之中具有未成乎形，气自足也，聚散变化，而其本体不为之损益"[6]。

在生物学方面，张载从进化论的视角分析了动物与植物之间的不同。他说："动物本诸天，以呼吸为聚散之渐；植物本诸地，以阴阳升降为聚散之渐……有息者根于天，不息者根于地。

① 张载：《张子全书》卷2《正蒙·太和篇第一》。
② 吕柟：《张子抄释》卷5《语录第一》。
③ 周嘉华：《中华文化通志》第七典《科学技术·化学与化工志》，上海人民出版社1998年版，第17页。
④ 张载：《张子全书》卷2《正蒙·太和篇第一》。
⑤ 戴念祖：《中华文化通志》第七典《科学技术·物理与机械志》，上海人民出版社1998年版，第184页。
⑥ 王夫之：《张子正蒙注》卷1《太和》。

根于地者不滞于用，根于地者滞于方，此动植之分也。"① 根据古生物学的研究，地球上自从出现了自养生物和异养生物之后，合成与分解就构成生命运动的基本矛盾，本来原始的有鞭毛的单细胞生物具有自养和异养双重功能，可后来原始的有鞭毛的单细胞生物自身发生分化，其中自养功能加强而运动功能退化，渐变为目前的植物界，仅就运动的功能而言，确实是"根于地者滞于方"，即植物之所以不能动是因为它牢牢地根于地，但就自养的功能而言，则"以阴阳升降为聚散之渐"，这就是说植物在白天（阳）通过光合作用吸收（聚）氧气，而在夜晚（阴）呼出（散）二氧化碳；如果运动功能和异养功能加强，而自养功能退化，就演变为目前的动物界，仅就运动的功能而言，确实是"根于地者不滞于用"，即动物之所以游动，是因为他们必须依靠自然界现有的食物资源来维持生命的存在，这就是"根于天"的含义。而为了论证"民胞物与"②，张载提出"人但物中之一物"③ 的思想，而世界著名的物理学家普利高津从非平衡态的角度很欣赏达尔文曾经说过的一句话，那就是"我们人类仅是众多动物中的一种"④。两者相较，张载跟达尔文的说法如出一辙，但他们却相隔了约 800 年。

（三）"大而化之"的科学方法论

张载科技思想的发展水平，一方面要受宋代科学技术整体发展状况的制约，因而他不可避免地会被打上时代和区域文化传统的烙印，如他有时把具体的实验科学（属名实关系中之实）称

① 张载：《张子全书》卷 2《正蒙·动物篇第五》。
② 张载：《张子全书》卷 2《正蒙·乾称篇第十七》。
③ 张岱年：《中国哲学中"天人合一"思想的剖析》，载《张岱年全集》第 5 卷，河北人民出版社 1996 年版，第 621 页。
④ 普利高津：《确定性的终结——时间、混沌与新自然法则》，上海科技教育出版社 1999 年版，第 56 页。

之为"神之糟粕"①而加以鄙视，就跟先秦渭水流域所形成的名家那隔离名实关系的文化传统有关，这是从消极方面看；另一方面，从积极的方面看，张载的学术路子又非常自觉地凸显了名家的思维特色，故他的许多科研方法及其对科学问题的认识无形中就增加了理论的思辨性和历史的穿透力，有些研究性结论甚至到现在都没有过时。所以研究和总结张载的方法论，对于我们加深理解宋代科技思想的发展脉络具有十分重要的意义。

归纳起来，张载所采用的科研方法主要有以下几点：

第一，"一故神，两故化"的矛盾分析法。中国古代的辩证法思想是丰富多彩的，《易经》的本义即"日月为易，象阴阳也"②。西周末年，由于"百川沸腾，山冢崒崩"③，故史伯在《易经》和《诗经》关于矛盾转化的基础上明确提出"夫和实生物，同则不继"④的思想，接着史墨更指出："物生有两。有三、有五，有陪贰"⑤，而孟子进一步把"化"的概念引入辩证法，他说："可欲之谓善，有诸己之谓信，充实之谓美，充实而有光辉之谓大，大而化之谓圣。"⑥在张载看来，"大而化之"是中国古代辩证法思想的最高成就，所以他将孟子的这个思想加以发扬光大，并使之成为其思想体系的基本内核。王夫之在评价《正蒙·神化篇》的地位时说："此篇备言神化而归其存神，敦化之本于义，上达无穷而下学有实，张子之学所以别于异端，而为学者之所宜守，盖与孟子相发明焉。"⑦而《神化篇》的核心概念就是一个"化"字，具体考察起来，其"化"的含义主要有下

---

① 张载：《张子全书》卷2《正蒙·太和篇第一》。
② 许慎：《说文解字》卷9下引《秘书》。
③ 《诗经·小雅·十月之交》。
④ 左丘明：《国语》卷16《郑语》。
⑤ 左丘明：《左传》昭公三十二年。
⑥ 孟轲：《孟子》卷14《尽心章句下》。
⑦ 王夫之：《张子正蒙注》卷2《神化篇》。

面几种：（1）"敦化"，王夫之注："细缊不息为敦化"①，而敦化本身不仅指气之升降、曲伸的变化，而且也指人类行为的规范，即"敦化者，岂豫设一变化以纷吾思哉？存大体以精其义，而敦之不息尔，动静合一于仁，而义为之干，以此张子之学以义为本"②；（2）"神化"，张载说："神化者，天之良能，非人能；故大而位天德，然后能穷神知化"③，王夫之解释说："位犹至也，尽心以尽性，性尽而与时偕行合阴阳之化"④，这就是说，对立（即化）与统一（即一）是万物本身所固有的客观规律，人不能够通过自己的主观意志去改变它，因此《易经》云"穷神知化"，其目的就是鼓励人们充分发挥人的主观能动性去认识规律和利用规律，即"知者，洞见事物之所以然，未效于迹而不昧其实，神之所自发也，义者，因事则制宜刚柔有序，化之所自行也，以知知义，行知存于心而推行于物，神化之事也"⑤；（3）"尽化"，张载说："化而难知，故急辞不足以尽化"⑥，"化"既然是客观的自然规律，那么人类的认识就不能穷尽它，故王夫之云："化无定体，万有不穷，难指其所在，故四时百物万事皆所必察不可以要略，言之从容博引乃可体其功用之广，辞之缓急如其本然，所以尽神然后能鼓舞天下使众著于神化之象"⑦；（4）"化而裁之谓之变"，在张载看来，"化"就是指事物的渐变，而"变"则是指事物的突变，他说："变，言其著；化，言其渐"⑧，因而"'化而裁之谓之变'，以著显微

①　王夫之：《张子正蒙注》卷2《神化篇》。
②　同上。
③　张载：《张子全书》卷2《正蒙·神化篇第四》。
④　王夫之：《张子正蒙注》卷2《神化篇》。
⑤　同上。
⑥　张载：《张子全书》卷2《正蒙·神化篇第四》。
⑦　王夫之：《张子正蒙注》卷2《神化篇》。
⑧　张载：《横渠易说·上经·乾》。

也"①，程宜山先生认为："张载的这种学说，可视为质量互变规律的萌芽"②。

第二，"同异之变"③的逻辑类比推理法。在科学研究过程中，类比推理是非常重要的一种逻辑方法，康德曾说："每当理智缺乏可靠论证的思路时，类比这个方法往往能指引我们前进"④。从一般的意义上说，类比就是根据两个（或两类）对象之间在某些方面的相似或相同而推出它们在其他方面也可能相似或相同的科学认识方法。由于宋代还不能够用建立数学模型的方法来更精确研究事物发展的特征，故张载在《正蒙》一书中大量应用类比法来解释事物的存在状态和变化规律。如张载说："海水凝则冰，浮则沤，然冰之才，沤之性，其存其亡，海不得而与焉。推是足以究死生之说。"⑤ 又说："昼夜者，天之一息乎！寒暑者，天之昼夜乎！天道春秋分而气易，犹人一寤寐而魂交。魂交成梦，百感纷纭，对寤而言，一身之昼夜也；气交为春，万物糅错，对秋而言，天之昼夜也。"⑥ 而"声者，形气相轧而成。两气者，谷响雷声之类；两形者，桴鼓叩击之类；形轧气，羽扇敲矢之类；气轧形，人声笙簧之类。是皆物感之良能，人皆习之而不察者尔"⑦。这是张载应用类比法而阐释声音形成原理的一个十分典型的例子。

第三，"烛天理如向明"⑧的归谬法。该方法是由对方的论题推导或引申出荒谬的结论，从而证明论题不能成立。而张载在

---

① 张载：《张子全书》卷2《正蒙·神化篇第四》。
② 程宜山：《张载哲学的系统分析》，学林出版社1989年版，第39页。
③ 张载：《张子全书》卷2《正蒙·动物篇第五》。
④ 康德：《宇宙发展史概论》，上海人民出版社1972年版，第147页。
⑤ 张载：《张子全书》卷2《正蒙·动物篇第五》。
⑥ 张载：《张子全书》卷2《正蒙·太和篇第一》。
⑦ 张载：《张子全书》卷2《正蒙·动物篇第五》。
⑧ 张载：《张子全书》卷2《正蒙·大心篇第七》。

《正蒙》一书中主要应用归谬法来驳斥佛教"以小缘大，以末缘本"①的"幻妄"说。北宋初建，而盛于五代的佛教思想严重阻碍着科学知识的传播，而且在社会制度方面已成为扰乱封建秩序的一股"异端"势力。对此，范育在《正蒙序》中云：

> 自孔孟没，学绝道丧千有余年，处士横议，异端间作，若浮屠老子之书，天下共传，与《六经》并行。而其徒侈其说，以为大道精微之理，儒家之所不能谈，必取吾书为正。世自儒者亦自许曰："吾之《六经》未尝语也，孟孔未尝及也"，从而信其书，宗其道，天下靡然成风，无敢置疑于其间，况能奋一朝之辩，而与之较是非曲直乎哉！

"较是非曲直"正是张载归谬法的重要特征，如他批评佛教混淆事物之"幽明"与"有无"界线时说：

> 释氏语实际，乃知道者所谓诚也，天德也。其语到实际，则以人生为幻妄，以有为为疣赘，以世界为阴浊，遂厌而不有，遗而弗存。就使得之，乃诚而恶明者也。儒者则因明致诚，因诚致明，故天人合一，致学而可以成圣，得天而未始遗人，《易》所谓不遗、不流、不过者也。故语虽似是，观其发本要归，与吾儒二本殊归。道一而已，此是则彼非，彼是则我非，是故不当同日而语。②

因果关系是揭示发展规律的逻辑范畴，也是科学研究得以存在的前提条件。而佛教用虚幻的世界来代替真实的物质世界，结

---

① 张载：《张子全书》卷2《正蒙·大心篇第七》。
② 张载：《横渠易说》卷3《系辞上》。

果倒因为果，认为"天地日月为幻妄"①，以人的感觉来否定物质世界的存在。对此，张载说：

> 释氏妄意天性而不知范围天用，反以六根之微因缘天地。明不能尽，则诬天地日月为幻妄，蔽其用于一身之小，溺其志于虚空之大；所以语大语小，流遁失中。其过于大也，尘芥六合；其蔽于小也，梦幻人世，谓之穷理，可乎？不知穷理而谓尽性，可乎？谓之无不知，可乎？尘芥六合。谓天地为有穷也；梦幻人世，明不能究所从也。②

佛教主张"世界乾坤为幻化"③ 与张载所说的"太虚即气"之唯实论见解相冲突，在此情形之下，张载抓住佛教割裂气与太虚辩证关系的理论缺陷，指出其导致"物与虚不相资"④ 思维错误的认识论根源，从而为他的知识观的建立清除了路障。为了实现"尽心"和"尽性"的目的，张载把人类的知识分成两类，即"闻见之知"与"德性之知"。他说："大其心，则能体天下之物；物有未体，则心为有外。世人之心，止于闻见之狭；圣人尽性，不以见闻梏其心，其视天下，无一物非我。孟子谓尽心则知性知天以此。天大无外，故有外之心，不足以合天心。见闻之知，乃物交而知，非德性所知。德性所知，不萌于见闻。"⑤ 在这里，张载界定了两种知识的不同指向，其"见闻之知"的指向是经验世界或现象世界，这就是"知象者心，存象者心"⑥ 的

① 张载：《张子全书》卷2《正蒙·大心篇第七》。
② 同上。
③ 同上。
④ 张载：《张子全书》卷2《正蒙·太和篇第一》。
⑤ 张载：《张子全书》卷2《正蒙·大心篇第七》。
⑥ 同上。

意思；而"德性所知"指向的则是超验的世界，即"知合内外于耳目之外"①，可见"合内外"正与"无一物非我"的指针重合。从科技思想的角度看，张载的"合内外"思想颇有玻尔"测不准原理"的哲学韵味。

当然，由于历史的原因，张载思想中也有不少粗疏甚或错误的地方，如他主张的"地心说"是错的，而他的生物观又显得过于疏略，其宇宙学说亦欠实测数据，等等。所以张载把恢复"井田制"作为实现其"平均主义"政治理想的途径，故此他便只有用"仇必和而解"②的折中方案来向家族势力妥协了，于是"敬宗收族"③就成了张载思想的理论归宿。

第三节　蜀学及其苏轼的科技思想

从广义上说，蜀学是指宋代四川地区的学问，它包括的范围是：凡是四川人创造的或是别人创造而为四川人奉行的学问，甚至虽不是四川人但奉行蜀学或学于蜀地的④；从狭义上说，蜀学则是指由苏洵、苏轼、苏辙为首所创立并由苏门学士黄庭坚、秦观、张耒等发扬光大的独立学派⑤，它是北宋中期与荆公新学、洛学、关学等同时崛起且在历史上产生了积极影响的一个思想流派，本文采用狭义之"蜀学"概念⑥。侯外庐在《中国思想通史》一书中认为："三教合一是蜀学的主要宗旨。"可见，蜀学在北宋思想发展史上具有独特的文化境界，如陆游对《东坡易

---

① 张载：《张子全书》卷2《正蒙·大心篇第七》。
② 张载：《张子全书》卷2《正蒙·太和篇第一》。
③ 张载：《经学理窟·宗法》。
④ 夏君虞：《宋学概要》下编，上海书店1990年版，第93页。
⑤ 韩钟文：《中国儒学史·宋元卷》，广东教育出版社1998年版，第258—259页。
⑥ 粟品孝：《朱熹与宋代蜀学》，高等教育出版社1998年版。

传》的评价是："易道广大，非一人所能尽。坚守一家之说，未为得也，汉儒治易入神要路，宋儒则未免繁衍，或流于术数，或释老互发，议论荒唐，如人眩时，五色无主矣。推东坡汇百川支流，滴滴归源而滔滔汩汩以出之，万斛不能量也。易曰：神而明之，存乎其人。自汉以来，未见此奇特。"① 故钱穆把蜀学看做是宋儒中的"新儒"②。

一　蜀学在宋代科技思想史中的特殊地位

《宋元学案》中有两个学派是不受时人重视的，一是"荆公新学"，二是"苏氏蜀学"，而"苏氏蜀学"被黄宗羲置于诸学之后，也许人们觉得苏学的"文"更胜于"理"，故对其理学方面的思想重视不够。但从 20 世纪 80 年代以来，随着区域文化研究的勃兴，"苏氏蜀学"的理学价值重新引起学界的重视，而仅阐释蜀学思想的专著就有胡昭曦、刘复生和粟品孝合著的《宋代蜀学研究》，周伟民与唐玲玲著《苏轼思想研究》及姜声调著《苏轼的庄子学》等多部，尤其是漆侠先生著《宋学的发展和演变》，专辟一章论"苏蜀学派"，基本上算是恢复了它在宋代理学发展史中的历史地位，至此学界终于启封了苏学这坛千年老酒，并使其散发出醉人的醇香。而就其在科技思想方面的地位，我们可表述如下：

第一，苏洵通过对扬雄《太玄》历法的批判性阐释，提出了"不齐之积而至于齐"的历法思想。《太玄》总结了西汉时期历法与农学的研究成果，仿《周易》的体例而创立了一个以"玄"为核心的宇宙演化图式，成为汉代历数学研究的标志性著

①　苏轼：《东坡易传》毛晋引。
②　钱穆：《朱子新学案》代序。

作。司马光称："孔子既没，知圣人之道者，非杨子而谁?"①而苏洵则不然，在他看来，"盖雄者好奇而务深，故辞多夸大，而可观者鲜"②。因此，他对扬雄《太玄》历法用"尽"这个范畴来说明"章、会、统、元"的天象变化，表示怀疑。苏洵说：历法是人们对天象变化的认识，故历法要跟天象变化相符合，而不是天象按照人们限定的主观模式去运动变化，所以"不齐之积而至于齐，是以有尽也"③。"齐"是人们用于解释日月变化的理论模式，它的理想值就是要达到历法与日月变化的一致性，这叫"尽"。然而，"不齐"是绝对的和不以人们的意志为转移的，"夫尽生于不齐者也"④，那么，造成"不齐"的原因是什么呢?扬雄认为原因在于日与斗星的运动本身，而苏洵认为"不齐者，非出于斗与日，出于月也"⑤。由于中国古代的历法基础建立在"地心说"之上，所以把"不齐"的原因归于日或月，都没有抓住问题的实质，但"月因说"毕竟在当时较"日因说"要合理，因为从客观上说，日绕地运动是错的，而月绕地运动却是没有错的，不管苏洵是否意识到这一点，他的思想却是积极的和可取的。

无须隐瞒，苏洵批判《太玄》的目的在于恢复《易》之元典地位，故苏籀《栾城遗言》称苏洵晚年读《易》，玩其爻象，于是得其刚柔、远近、喜怒、逆顺之情。而这情实源自自然，因而有诚、有义。他说："观天地之象以为爻，通阴阳之变以为卦，考鬼神之情以为辞"⑥，即《易》是对自然规律的认识，用

① 《太玄》司马光序《读玄》。
② 苏洵：《嘉祐集》卷8《太玄总例引》。
③ 同上。
④ 同上。
⑤ 同上。
⑥ 苏洵：《嘉祐集》卷6《六经论》之《易论》。

苏洵的话说就是"天人参焉,道也,道有所施吾教矣"①,而"天人相参"是苏洵最重要的科技思想之一,它可以说是"天人合一"与"天人之分"说之间的一种过渡思想,是架设北宋"天人合一"与"天人之分"说之间的一座桥梁。"天人相参"从认识论的层面讲,无疑地体现着"天人合一"的生态理念,他说:"不耕而食鸟兽之肉,不蚕而衣鸟兽之皮,是鸟兽与人相食无已也",相反,"食吾之所耕,而衣吾之所蚕,则鸟兽与人不相食"②,这个思想不仅成为"蜀学"主要特色,而且对南宋吕本中的生态思想产生了积极影响。进一步,从伦理实践的层面看,"天人相参"又具有"天人之分"的思想特征,主要表现在苏洵对"义"的理解上,他说:"义者,所以宜天下,而亦所以拂天下之心"③,其依据是"《乾·文言》曰:'利者,义之和。'"这是典型的功利主义思想,是"天人之分"说的具体体现。由此"义"就具有了"两重性",既义有适合天下之心的一面,也有违反天下之心的一面,只有把义与利结合起来,才能得天下之心,这是十分深刻的科技思想。因此之故,他对科举制提出了批评:"夫人固有才智奇绝而不能为章句、名数、声律之学者,又有不幸而不为者。苟一之以进士、制策,是使奇才绝智有时而穷也。"④

第二,苏辙对物质与精神的关系问题作了朴素唯物主义的说明,这是北宋科学技术进入峰态期的一种主体性自觉,是对"天人之分"说的一种科学总结。苏辙说:

　　　　昔之君子惟其才之不同,故其成功不齐;然其能有立于

---

① 苏洵:《嘉祐集》卷6《六经论》之《易论》。
② 同上。
③ 苏辙:《栾城集》卷19《利者义之和论》。
④ 茅坤:《唐宋八大家文钞》卷115《广士》。

世，未始不先为其地也。古者伏羲、神农、黄帝既有天下，则建其父子，立其君臣，正其夫妇，联其兄弟，殖之五种，服牛乘马，作为宫室、衣服、器械，以利天下。天下之人生有以养，死有以葬，欢乐有以相爱，哀戚有以相吊，而后伏羲、神农、黄帝得行于其间。凡今世之所谓长幼之节，生养之道者，是上古为治之地也。至于尧舜三代之君，皆因其所阙而时补之，故尧命羲和历日月，以授民时；舜命禹平水土，以定民居；命益驱鸟兽，以安民生；命弃播百谷，以济民饥……所以利安其人者凡皆已定，而后施其圣人之德。①

"利安其人者凡皆已定，而后施其圣人之德"实际上就是说明物质与精神的关系问题的，在苏辙的文本里，"利安其人者"所指就是科学技术的物质成果，就是指已经转化为生产力或者目前尚处于潜在生产力阶段的科技力量，如五种、宫室、衣服、器械、历法、水利、生物等。就此而论，苏辙的思想已经朦朦胧胧地认识到社会存在（即"利安其人者"）先于社会意识（即德）的问题了。朱熹说：蜀学"皆自小处起议论"②，而由小见大正是蜀学的方法论特征。李泽厚曾这样解释唯物史观的基本思想，他说："由于人要吃饭，人才使用、制造工具（科技也才是第一生产力），生产力才是人类存在的基础，也才有社会组织社会结构，以及社会上层建筑和意识形态。"③ 在谈到西方近代工业文明的物质成果时，李泽厚又说："在西方近代，天人相分、天人相争即人对自然的控制、征服、对峙、斗争，是社会和文化的主题之一。它历史地反映着工业革命和现代文明：不是像农业社会

① 苏辙：《栾城集》卷19《新论上》。
② 朱熹：《朱子语类》卷139《论文上》。
③ 李泽厚：《世纪新梦》，安徽文艺出版社1998年版，第142页。

那样依从于自然，而是用科技工业变革自然，创造新物。"① 这样看来，不是中国古代缺少像西方近代那样的思想，而是封建统治者并不重视像"上古为治之地"之类的科技思想，更不想构建一个真正的经济型而不是伦理型的社会发展模式。所以，苏辙的上述思想尽管具有一定的科学价值，但局限于当时的社会条件，它却不能进一步成为主导宋代"近世社会"继续向前发展的精神动力。

第三，苏轼从佛、道、儒三教合一的立场出发，把科学研究看作是一种人道主义的体现，在宋代科技思想发展史上具有重要的理论意义。作为一个思想文本，苏轼分三步来论证它的合理性：第一步，人的一切权利中，生存权是基本权利，所以他认为"人欲"不是洪水猛兽，而是人之为人的根本特点，以此为前提，他说"虚一而静者世无有也"；第二步，在心物的关系方面，苏轼坚持物对道的先在性和决定性。在他看来，养性固然重要，但养性不能以牺牲人的口体为代价，所以他主张随心所欲，性成于自然，"一切物变，为己主宰"，这是与理学家的思想格格不入的，漆侠先生正确地指出：我们"无需乎向苏轼再奉献上所谓性理之学的桂冠。事实上，苏轼本人从来不讲究这类的学问，性理之学的桂冠，如果苏轼在地下有知，肯定也会双手奉还"②；第三步，提出"技与道相半"的科学命题，苏轼认为：人是"有思"的动物，"有思"产生技术，而技术是人类改造自然的强有力的工具，然而自然规律（即道）是人力不能任意改变的。因此，人与自然的关系就不能是主奴的关系，而是一种平等和谐的发展关系。甚至他以一种物我统一的生态视角来审察宇宙万物尤其是人类在自然界中的位置，提出"伏我诸根"的思

① 李泽厚：《己卯五说》，中国电影出版社 1999 年版，第 164—165 页。
② 漆侠：《宋学的发展与演变》，河北人民出版社 2002 年版，第 456 页。

想，即众生的存在是人类得以繁衍的根据，这是典型的科学人道主义思想。下面拟用专题来讨论苏轼科学人道主义思想的形成与发展过程。

二　苏轼的科学人道主义思想

苏轼（1036—1101）字子瞻，雅号东坡居士，也有人称其为苏子。

（一）"曲成万物"的自然观

苏轼的自然观主要形成于元丰三年（1080）被贬黄州之后，以《东坡易传》为标志，以佛学为情结，援佛入儒，不惑传注，遂成一派学宗。从这个角度讲，《宋史》本传称苏轼为"哲人"是恰当的。秦观亦云：

> 苏氏蜀人，其于组丽也，独得之于天，故其文章如锦绮焉。其说信美矣。然非所以称苏氏也。苏氏之道最深于性命自得之际，其次则器足以任重，识足以致远，至于议论文章，乃其与世周旋，至粗者也。[①]

虽然王安石把苏学看做是"纵横之学"，朱熹在《杂学辨》中则把苏学列于杂家，但他们都肯定其学术思想的精深。因此，宋徽宗于崇宁二年（1103）诏"焚毁苏轼《东坡集》并《后集》"[②]，可《东坡易传》并没有被焚毁，这说明苏轼晚年的"性命自得"之学还是为朝廷所承认的，而且宋孝宗认为，苏轼之文"能参天地之化，开盛衰之运"，"能立天下之大节"[③]。因

---

① 秦观：《淮海集》卷30《答傅彬老简》。
② 李焘：《续资治通鉴长编·拾补》卷21，崇宁二年四月丁巳。
③ 宋孝宗：《东坡全集》序，文渊阁四库全书本。

此，从这个角度看，牟宗三先生说"苏东坡是纯粹的浪漫文人"，说他"对中国历盛相承的文化生命缺乏责任感"①，就实在有点儿偏颇了，很难令人信服。

那么，苏轼"性命自得"些什么呢？依笔者所见，苏轼"性命自得"之旨正是他在自然观方面的"混沌说"，正是他之"造物本无物"②的宇宙生成论。

《东坡易传》卷7《系辞》释"曲成万物"条云：

> 廓然无一物，而不可谓之无有，此真道之似也。

苏轼所说的"无物"虽为"有"，但却不是本源上的"有"，在本源上，"造物本无物"，即什么也没有。所以，把上面的问题结合起来看，就是说宇宙的形成既不是由"无"产生而来，也不是从"有"演化而来，它则是"无与有"的混成，此"无有"既非"无"亦非"有"，现代科学已把它称为"混沌理论"，著名的日本粒子物理学家汤川秀树在《创造力和直觉》一书中根据《庄子·内篇》的一则神话把构成基本粒子的物质叫做"混沌"。这是现代科学从更高意义上向中国先秦思想的一种回归。而《庄子·内篇》的神话说：

> 南海之帝为倏，北海之帝为忽，中央之帝为混沌。倏与忽时相遇于混沌之地，混沌待之甚善，倏与忽谋报混沌之德，曰："人皆有七窍，以视听食息，此独无有，尝试凿之。"日凿一窍，七日而混沌死。③

---

① 牟宗三：《宋明儒学的问题与发展》，华东师范大学出版社2004年版，第42页。

② 苏轼：《东坡七集》第1册卷15《墨花》诗。

③ 庄周：《庄子·内篇·应帝王第七》。

153

按照庄子的逻辑，混沌死了，宇宙却因此而诞生，中间没有任何环节，颇类于现代的"灾变论"思想。因此，在北宋，对于曾经慨叹读《庄子》"得吾心矣"①的苏轼，就不能让宇宙万物如此突然地产生了。那么，苏轼又该如何去完成从"无有"到宇宙诞生之间的过渡呢？苏轼在提出"物何自生哉"②的问题之后，紧接着就作出了下面的回答：

> 是故指生物而谓之阴阳，与不见阴阳之仿佛而谓之无有者，皆惑也。圣人知道之难言也，故借阴阳以言之，曰一阴一阳之谓道。一阴一阳者，阴阳未交而物未生之谓也。③

所以，苏轼的宇宙发生模式可用下图表示之：

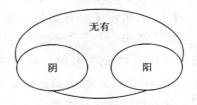

在这里，苏轼所说的"无有"，也即"混沌"，由于人们说不清楚"无有"到底是什么，故又称为"惑"。的确，对于苏轼提出的这个问题，切莫说北宋时期的科学无法回答，即使被称之为"大科学"的今天，恐怕也是一个非常棘手的宇宙学难题。随着高科技手段的不断更新，目前人类虽然在基本粒子以上的层次能够通过特定的科学手段将物质与反物质有效地分割开来，但

---

①　苏籀：《栾城遗言》，文渊阁四库全书本。
②　苏轼：《东坡易传》卷7《系辞传上》。
③　同上。

是人类对基本粒子以下的物质层次至今尚没有好办法把物质与反物质有效地加以分割。而 21 世纪人类科学所遇到的难题之一，就是如何解决宇宙的起源问题，用苏轼的话说，这个问题的焦点就是如何科学地阐明"阴阳未交"之时的宇宙状态以及宇宙生命还未分化时的"原始汤"状态。

科学实验证明，氢分子是目前已知的整个宇宙的基本细胞，从氢分子开始，宇宙经过百亿年的物理演化，从夸克子或称层子（因其尚无法用科学手段进行分割，故汤川秀树称之为"混沌"）一直到无机分子的出现，其具体的演进序列是：

层子或夸克子→基本粒子→原核子→原子→无机分子

其中，从无机分子到原始生命的诞生，属化学演化阶段，大约经过了几十亿年的时间。恩格斯说："生命的起源必然是通过化学的途径实现的"[1]，而化学演化的最主要成果就是形成了水，因为水是"原始海洋"形成的条件，而"原始海洋"又为原始生命的诞生提供了适宜舞台。苏轼虽然不能像现代科学一样如此清晰地揭示出宇宙演化的每一个阶段，但他已意识到了水对"原始生命"发生的重要性，而且他还看到了"无有"阶段的直接产物就是形成了水，这在当时无疑是最了不起的科技思想成果。苏轼说：

> 阴阳一交而生物，其始为水。水者，有无之际也。始离于无而入于有矣。[2]

---

[1] 恩格斯：《反杜林论》，人民出版社 1970 年版，第 70 页。
[2] 苏轼：《东坡易传》卷 7《系辞传上》。

苏轼在《续养生论》里又说：

> 阴阳之始交，天一为水，凡人之始造形，皆水也。故五行一曰水，得暖气而后生，故二曰火，生而后有骨，故三曰木，骨生而后坚，凡物之坚庄者，皆金气也，故四曰金，骨坚而后肉生焉，土为肉，故五曰土，人之在母也，母呼亦呼，母吸亦能吸，口鼻皆闭，而以脐达，故脐者生之根也，汞龙之出于火，流于脑，溢于玄膺，必归于根心，火不炎上，必从其妃，是火常在根也，故壬癸之英，得火而日坚，达于四肢，浃于肌肤而日壮，其究极，则金刚之体也，此铅虎之自水生者也。龙虎生而内丹成矣，故曰顺行则为人，逆行则为道，道则未也，亦可谓长生不死之术矣。①

当然，苏轼在阐释宇宙发生的过程中还用到了许多传统的思想范畴，如道与器、恒与变、动与静、柔与刚等。如果说"无有"和"水"是苏轼宇宙观的逻辑骨架的话，那么上面的诸思想范畴就构成了苏轼宇宙观的血和肉。

在苏轼的思想体系里，"无有"不完全等同于"道"，他说："凡可见者皆物也，非阴阳也"②，又说："圣人知'道'（引号为笔者所加）之难言也，故借阴阳以言之，曰一阴一阳之谓道。"③ 也就是说，从"无有"到"阴阳"的转化，是一个层次，是一个属于本质范畴的层次，而从阴阳到万物的产生，则是又一个层次，是一个属于现象范畴的层次。这两层意思，用苏轼的话说就是"阴阳交然后生物，物生然后有象，象立而阴阳隐

---

① 苏轼：《苏轼文集》第5册卷64《杂著·续养生论》。
② 苏轼：《东坡易传》卷7《系辞传上》。
③ 同上。

矣"①。其中"隐"字用得非常妙，非常准确，非常到位。而所谓"阴阳隐矣"是说阴阳已经转变为一种深刻的本质了，它无形、无色、无味，既看不见也摸不着，由于它自身的隐秘性，故人们"借阴阳以言之"，就称作"道"，而由阴阳交然后产生出来的万物，则是有形体的，是既能看也能摸的，故人们称它为"器"。所以，"道"与"器"的关系实际上就是"本质"与"现象"的关系。对此，苏轼说："阴阳相缊而物生，乾坤者，生生之祖也，是故为易之缊，乾坤之于易犹日之于岁也，除日而求岁，岂可得哉？乾坤毁则易不可见矣。易不可见则乾为独阳，坤为独阴，生生之功息矣。是故形而上者谓之道，形而下者谓之器，化而裁之谓之变，推而行之谓之通。道者器之上达者也；器者道之下见者也，其本一也。化之者道也，裁之者器也，推而行之者一之也。"② 接着，苏轼从两个层面论述了"恒"与"变"的关系。

首先，从事物现象的视角看，恒是相对的、暂时的，而变则是绝对的、永恒的。他说："天地之道，恒久而不已也，利有攸往，终则有始也。物未有穷而不变，故恒非能执一而不变，能及其未穷而变尔。穷日后变，则有变之形，及其未穷而变，则无变之名，此其所以为恒也。"③

其次，从事物的本质与现象的关系角度讲，作为规律的道具有相对持久性和稳定性，而作为现象的器则具有暂时性和易变性。故苏轼说："天一于覆，地一于载，日月一于照，圣人一于仁，非二事也。昼夜之代谢，寒暑之往来，风雨之作止，未尝一日不变也。变而不失其常，晦而不失其明，杀而不害其身，岂非

---

① 苏轼：《东坡易传》卷7《系辞传上》。
② 同上。
③ 苏轼：《东坡易传》卷4《恒卦》。

所谓一者常存而不变故耶！圣人亦然，以一为内（即事物发展的规律），以变为外（事物的表面现象）。或曰：'圣人固多变欤？'不知其一也，惟能一故能变。"① 而为了说明宇宙万物发展变化的动力问题，苏轼对《易经》里的"刚"与"柔"范畴，作了深刻的探讨。苏轼认为，"柔"属于内因，是事物发展变化的根本力量；而"刚"属于外因，是事物发展变化的外部力量。他说："天地不交而万物不通也，上下不交而天地无邦也。内阴而外阳，内柔而外刚。"② 漆侠先生认为苏轼在这里已经"觉察到了矛盾共同体中柔是主导的一面"③，显然，这是一种接受和改造了的道家思想，是北宋初期"黄老之术"在北宋中期的一种延续。当然，在苏轼看来，事物的刚柔性质不仅相互依赖，而且相互转变，如他说："刚不能刚胜也"④，"夫物，非刚者能刚，惟柔者能刚耳"⑤，又说："夫刚柔相推而变化生，变化生而吉凶之理无定，不知变化而一之，以为无定而两之，此二者皆过也。天下之理未常不一，而一不可执，知其未尝不一而莫之执，则几矣"⑥，所以"圣人既明吉凶悔吝之象，又明刚柔变化本出于一，而相摩相荡，至于无穷之理"⑦。苏轼虽然不能称作"理学家"，但他对"无穷之理"的探究是积极的和执着的，在苏轼看来，万事万物都有自身的发展规律，如他说："至于山石竹木、水波烟云，虽无常形，而有常理。"⑧ 可见，对"无常形"之"理"的重视与探求，亦是苏轼科技思想的最突出之处，尤其是苏轼从

---

① 苏轼：《苏轼文集》卷 6《终始惟一时乃日新》。
② 苏轼：《东坡易传》卷 2《否卦》。
③ 漆侠：《宋学的发展和演变》，河北人民出版社 2002 年版，第 443 页。
④ 苏轼：《东坡易传》卷 1《履卦》。
⑤ 苏轼：《东坡易传》卷 1《坤卦》。
⑥ 苏轼：《东坡易传》卷 7《系辞传上》。
⑦ 同上。
⑧ 苏轼：《东坡文集》第 1 册卷 11《净因院画记》，文渊阁四库全书本。

刚与柔的矛盾关系中来关注自然观和认识论统一，并对它做出了自己的解释，这一点很有特色，因为它体现了苏轼科技哲学思想的深刻性和个性。

（二）"穷达自适"的科学观

亚里士多德在《形而上学》一书中曾把"惊异"、"闲暇"和"自由"看做是哲学和科学诞生的三个基本条件。就此而言，古希腊与北宋两个时代有许多相似的地方。如邓广铭先生称北宋是任学者"各自自由发展而极少加以政治干预的"① 时代，而苏轼正是这样一个"各自自由发展"的时代的产物。因之，北宋的科学技术才有可能达到它空前的发展水平，所以姜锡东先生把它称为是个"求理"的时代②，李泽厚亦说："宋人重'理'，几乎是一大特色。"③ 毫无疑问，正是由于追求真理（即"求理"）的科学精神，才塑造了宋代士大夫那充满激情和创造力的主体人格，而苏轼就是其中最有代表性的一位。他以"同乎万物，而与造物者游"④ 的"穷达自适"⑤ 态度来对待自然和人生，故自然界的一草一木都能激发出他的创作热情，他于文诙谐幽默，于诗壮怀激烈，于科学则谨而不拙，思维开阔，敢于创举。如他的《秧马歌》云：

> 春雨濛濛雨凄凄，春秧欲老翠剡齐。嗟我妇子行水泥，朝分一垅暮千畦。腰如箜篌首啄鸡，筋烦骨殆声酸嘶。我有桐马手自提，头尻轩昂腹胁低。背如覆瓦去角圭，以我两足

① 邓广铭：《论宋学的博大精深——北宋篇》，《新宋学》，上海辞书出版社2003年版，第4—5页。
② 姜锡东：《宋代求理热潮与科技发展》，打印本。
③ 李泽厚：《宋明理学片论》，《中国社会科学》1982年第1期。
④ 苏轼：《苏轼文集》卷11《醉白堂记》。
⑤ 姜声调：《苏轼的庄子学》，文津出版有限公司1999年版，第150页。

为四蹄。耸踊滑汰如凫鹥，纤纤束藁亦可贯。何用繁缨与月题，却从畦东走畦西。山城欲闭闻鼓鼙，忽作的卢跃檀溪。归来挂壁从高棲，了无刍秣饥不啼。少壮骑汝逮老鬐，何曾蹴轶防颠隮。锦鞯公子朝金闺，笑我一生踏牛犁，不知自有木驸骎。①

后来经过人们的改进，其腹变"榆枣为栀木"，"则滑而轻矣"②，大大减轻了稻农的劳动强度，提高了板秧效率，且"日行千畦，较之伛偻而作者，劳佚相绝矣"③。

至于苏轼其他的科学实践活动就更多了，据载，他在杭州疏浚茅山河、盐桥河，疏浚西湖，在徐州修防筑堤，在海南儋州为民凿井引泉，在惠州则修建东西二桥等④。而正是在这长期的科学实践过程中，苏轼形成了他的科学观。

第一，"顺行则为人，逆行则为道"⑤ 的人体观。苏轼对人体的理解十分独特，他从中医五行理论的"生克"关系出发，认为"顺行则为人，逆行则为道"，所谓"顺行"指五行的相生关系，即水生木，木生火，火生土，土生金，金生水。按照苏轼的理解，人体的形成是五行相生的结果，因为人体成形的次序正像五行的相生关系一样，先有"水"，水即人体之造型；次为"气"，气即人体各机能活动的原生力，苏轼说："凡气之谓铅"，而"凡动者皆铅也"⑥；次为"木"，木相应于人体之骨骼；次为金，金相应于人体的各种组织和器官的成熟与完备；最后为

①　苏轼：《苏轼诗集》卷38《秧马歌》。
②　苏轼：《苏轼诗集》卷38《题秧马歌后四首》。
③　苏轼：《苏轼诗集》卷38《秧马歌》引。
④　周伟民、唐玲玲：《苏轼思想研究》，文史哲出版社1998年版，第404页。
⑤　苏轼：《苏轼文集》卷64《杂著·续养生论》。
⑥　同上。

160

"土"，土相应于人体的皮肤和肌肉。苏轼说：

> 阴阳之始交，天一为水，凡人之始造形，皆水也。故五行一曰水，得暖气而后生，故二曰火，生而后有骨，故三曰木，骨生而日坚，凡物之坚庄者，皆金气也，故四曰金，骨坚而后肉生焉，土为肉，故五曰土。①

用现代组胚形态学理论分析，苏轼的这种推断大体上跟人体的进化事实相一致。因为科学的人体进化次序是：

1. 外胚层→　2. 内胚层→　3. 中胚层

这也可看作是苏轼所说的人体顺行理论。

与顺行理论相对的还有逆行理论，即"逆行则为道"。道是万物之源，也是人体之本。但就人体而言，道是"内丹"，即修炼的方法。从苏轼所说的"逆行"理论看，"逆行"就是按照人体形成的次序，由中胚层反向性的回归到外胚层，最后返还至大脑，这个过程也叫"五行颠倒术"。苏轼云：

> 人之在母也，母呼亦呼，母吸亦吸，口鼻皆闭，而以脐达，故脐者生之根也，秉龙之出于火，流于脑，溢于玄膺，必归于跟心，火不炎上，必从其妃，是火常在根也，故壬癸之英，得火而日坚，达于四支，浃于肌肤而日壮，其究极，则金刚之体也。②

---

① 苏轼：《苏轼文集》卷64《杂著·续养生论》。
② 同上。

"金刚之体"即道家所说的"不死之体"，而修炼"内丹"则是获得"不死之体"的重要途径，道家非常强调这一点，而苏轼也极重视"内丹"的修炼功夫。因为"气"为人体之原生力，故修炼"内丹"的终极效应就是，通过养气而阻止人体器官的老化和变形，只要人体各种生理组织与器官强固了，那么骨骼就能获得充足的滋养而不腐朽，由骨骼之"日坚"必然会抑制肌肉的萎缩，而肌肉的健康又连锁式地为"气"的通达四肢及全身各组织和器官创造了条件，如此循环不已，从而使人生青春永驻。然而，人生之气来源于五谷之气，而五谷之气又源于自然之气，所以人生之气最终根源于自然之气。现代生物学有所谓"营养级"理论，这个理论为地球生态系统建立了一个塔式消费链，其主要内容是：第一级为绿色植物，第二级为食草动物，第三级是食肉动物，而人应当为第四级，即以草、肉相兼之动物。其中，每一级的消耗能量是不一样的，而动物（包括人类在内）则是大量消耗能量的生物群体，自然界的进化规律本来如此，植物是自养生物，而动物则是异养生物，正因为这个缘故，所有动物才不得不依靠植物来提供能量，而植物的能量却直接来源于太阳光、空气和水，那么人类能不能越过动物和植物而直接从自然界中去吸收能量呢？道家试图在这方面有所创新和突破，而"内丹"所追求的最高境界亦在于此。故苏轼曾有"辟谷之法"的实践，我猜想，苏轼所讲的"辟谷之法"很可能是个"假问题"，因为由荀况提出的"虚一而静"① 命题（作为养生论而不是认识论的"虚一而静"）在现实生活中根本行不通。但苏轼的本意则是强调食物的调理在养生中的作用，故他说："安则物之感，我者轻，和则我之应物者顺，外轻内顺，而生理备矣。"② 而实际

---

① 荀况：《荀子·解蔽》。
② 苏轼：《苏轼文集》卷 64《杂著·问养生》。

上，苏轼在这里是反证"人体顺行"之"死道"的。苏轼说：

> 方五行之顺行也，则龙出于水，虎出于火，皆死之道
> 也。心不官而肾为政，声色外诱，邪淫内发，壬癸之英，下
> 流为人，或为腐坏，是汞龙之出于水者也。喜怒哀乐，皆出
> 于心者也，喜则攫拏随之，怒则殴击随之，哀则擗踊随之，
> 乐则抃舞随之，心动于内，而气应于外，是铅虎之出于火者
> 也。汞龙之出于水，铅虎之出于火，有能出而复返者乎？故
> 曰：皆死之道也。①

　　这就是人类养生之"二难推理"。虽然人体各组织和器官的
生理阈值具有弹性功能，但如果让它们老处于一种超负荷状态，
那么人体就会不可逆地进入生理透支危机，这便是苏轼所说的
"死之道"。所以，"内丹"修炼法的目的是通过"虚一而静"
的方法来减轻人体各组织和器官的生理负荷，即"顺行则为人，
逆行则为道，道则未也，亦可谓长生不死之术矣"②。进一步论，
苏轼在此已经牵涉"天理"与"人欲"的矛盾冲突了。据现代生
物学家推算，一般地讲，动物的最高自然寿命是其发育期的 7 倍，
因而人类的最高自然寿命应为 150 岁左右，这就是宋人所说的
"天理"，然而，直到目前为止，人类还没有人能够真正以自然寿
命而终者，即人类的实际寿命与自然寿命之间仍存在着很大的距
离，尽管这个距离正在逐步缩小。仔细分析，影响人类自然寿命
的因素很多，如种族、国家和社会因素，环境因素，遗传因素，
饮食和营养因素，精神因素，生活方式，家庭因素，职业因素，
疾病损伤等，但世界卫生组织 1992 年宣布，在上述因素中 60% 的

---

① 苏轼：《苏轼文集》卷 64《杂著·续养生论》。
② 同上。

因素取决于每个人类个体，可见，"人欲"应是影响人类自然寿命的大敌。所以，洪绍光教授提出的养生理念是："合理膳食，适量运动，戒烟限酒，心理平衡。"[①] 在此，我们不妨把苏轼及洪绍光教授的养生方法总结为八个字——"好求天理，节制人欲"。

第二，"技与道相半"的生态思想，亦是苏轼科技思想的一个重要内容。人与自然的关系问题是科学的原问题，由此而衍生出许多的科学流派，但大抵不外三种：一是"人定胜天"派，二是"人副天数"派，三是平衡派。苏轼认为，人是"有思"的动物，"有思"产生"技术"，而技术是人类改造自然的工具。但是，自然界的发展变化是有一定规律的，规律即是道，而道是人力所不能改变的。因此，人类与自然的关系就不是主奴的关系，而是相互平等的关系。在自然界面前，宇宙中所有的生命都是平等的。苏轼在《众妙堂记》中借侍者之口而表达了他自己对"众妙"的理解，"众妙"本源于《老子》，然而却被苏轼赋予了新的涵义，他说，所谓"众"即是指宇宙中所有的生物体，"妙"则是指所有生物体之间的平等关系。因此，在苏轼看来，敬畏生命即是"众妙"的具体体现。正是在这个意义上，苏轼认为："人无害兽心，则兽亦不害人。"不仅如此，苏轼还在《书金光明经后》一文中论述了众生与人类相互流转的关系。他说："冤亲拒受内外障护，即卵生相；坏彼成此，损人益己，即胎生相；爱染流连，附记有无，即湿生相；一切勿变，为己主宰，即化生相，此四众生相者，与我流转，不觉不知，勤苦修行，幻力成就。"[②] 在苏轼看来，这四众生并没有绝然的高低贵贱之分，它们相互流转，生生不已。虽然此见解带着明显的循环

---

① 洪绍光：《生活方式与身心健康——国家心血管病科研领导小组组长洪绍光教授在中南海讲座》，未刊稿。

② 苏轼：《苏轼文集》卷66《题跋·书金光明经后》。

论色彩，但是苏轼能够以一种物我统一的生态视觉来审视宇宙万物尤其是人类在自然界中的位置，提出"伏我诸根"的思想，即众生的生存是人类得以生存的根据，这就表明人类离不开地球上各种生物的繁衍生息，人类和地球上的各种生物共处在一个相互依存和相互作用的网络之中，你中有我，我中有你，这显然是一种积极可贵的"生物链"思想，其基本方面应予以肯定。但是，由于苏轼过于保守这种状况，故他更多的是歌颂这种"和谐"，相反，那种通过各种政治手段，试图打破这种"和谐"局面的人和事，在他看来，都是不可取的，这便是他反对王安石变法的思想根源，殊不知苏轼自己所歌颂的物我统一状态正是自然界长期变异的结果，没有变异就没有和谐与平衡，由于他看不到这一点，所以最终成为一名在政治上的保守派人物。他反对"青苗法"云："贫富之不齐，自古已然，虽天工不能齐也。子欲齐之乎？民之有贫富，犹器之有厚薄也。子欲磨其厚，等其薄，厚者未动，而薄者先穴矣。"这种把贫富差别看成是永恒不变的观点是不符合社会发展实际的，因为贫富差别是社会发展到一定历史阶段的产物，是私有制产生的必然结果。

（三）苏轼的方法论

苏轼的创造思维非常活跃，因而他的科学创造方法也很灵活。由于他兼儒、释、道等多种思想于一体，且儒、释、道三家学说对苏轼思维方法的影响又颇为深刻，故仔细追究起来，苏轼的科学方法论牵涉内容多，甚至可作专题来讨论它。不过，鉴于篇幅所限，本文则着重取其两法论之。

第一法，"直感思维"或称"直觉思维"。关于"直感思维"或称"直觉思维"究竟该不该划归到科学的范畴之内，学界有两派截然不同的观点。一派以牟宗三先生为代表，认为直觉思维不是科学，但它却高于科学。牟宗三先生说："中国的一套术数之学，是针对'特殊的'而谈言微中。因限于运用直觉、洞悟，故都是一定的，但亦毕竟不能成科学。因为它不走科学的路数，它是高于科学一层的。"① 一派以钱学森先生为代表，认为直觉思维属于思维方法的一种，属于科学的范畴。在钱学森先生看来，直感思维不仅存在于文艺创作里，而且也存在于科学研究之中②。他说：直感思维的前提条件是"不仅我们对自己领域内的东西知道得确实很扎实、很深，而且还要有个广大的知识面"③。现在，钱学森先生的观点已为大多数学者所接受，当然，这也是笔者的态度，而作为科学范畴的直觉思维，正在对科学研究尤其是理论科学研究发挥着越来越重要的作用，也已经是不争的事实了。

苏轼既是文学家，也是书画家、经学家、药物学家，他"学通经史"④，多才多艺，悟性甚高，如王若虚说："东坡之解经，眼目尽高，往往过人远甚"⑤，而朱熹也说苏轼《书传》是当时《书》解中最好的⑥。由此，我们就可理解苏轼为什么在科技方面能取得那么多创造性成果。在烹饪方面，他创制的"东坡羹"，极富创意，隐寓禅思，有《东坡羹颂并引》为证："甘苦尝从极处回，咸酸未必是盐梅。问师此个无真味，根上来么尘上来？"⑦ 在矿冶方面，苏轼在《徐州上皇帝书》中载有徐州冶铁业发达之盛况，说"其民富乐，凡三十六冶，冶户皆大家，藏镪巨万"⑧，同时，为解决冶户燃煤之急，他还于元丰元年

① 牟宗三：《宋明儒学的问题与发展》，华东师范大学出版社 2004 年版，第 69 页。

② 钱学森：《人体科学与现代科技发展纵横观》，人民出版社 1996 年版，第 63 页。

③ 同上书，第 65 页。

④ 《栾城后集》卷 22《亡兄子瞻端明墓志铭》。

⑤ 王若虚：《滹南遗老集》卷 30《著述辨惑》。

⑥ 朱熹：《朱子语类》卷 130。

⑦ 苏轼：《苏轼文集》卷 20《东坡羹颂并引》。

⑧ 苏轼：《苏轼文集》卷 26《奏议》。

（1078）首次派人在徐州西南的白土镇采煤炼铁，为此他欣然作《石炭》歌①；在工程机械方面，苏轼记载了由蜀民王鸾所创造的四川筒井水鞴法，并借助形象思维而纠正了唐朝章怀太子李贤所记之错误②等。在中国古代，《易传》开创了用直感思维来阐释科学真理的先例，此后由于区域文化的差异，故《易传》在流转的过程中，遂出现了北方型的"抽象思维阐释法"与南方型的"直感思维阐释法"的《易传》文本。而宋代的邵雍和苏轼可作为北南两种阐释文本的典型代表。

如《东坡易传》（以下不注明出处者，均引自该书）在解释每一卦象时，几乎都在应用"直感思维阐释法"，其中：

乾卦，用"云行雨施，品物流行"的物理现象与"以言行化物故曰文明"对举，以验"元亨利贞"的本义；坤卦，举"夫物则好动，故至静所以为方也"的常识，以为"柔顺利贞"之证；屯卦释云："刚柔始交而难生，物之生未有不待雷雨者，然方其作也，克满溃乱使物不知其所从，若将害之雳而后见其功也。天之造物也，岂物物而造，盖草略茫昧而已"；蒙卦则通过疏浚河道的事例说明"蔽虽甚终不能没其正"的认识论原理，而现代人本主义大师海德格尔就把人类科学的功能看成是"去蔽"的过程；需卦告诉人们，人生像涉川，只要"见险而不废其进"，就一定会成功；讼卦用"使川为渊"的自然现象来说明在科学研究的过程中出现学术观点的对立和相互争论是难免的，但莫"使相激为深"；师卦说，人类的社会行为都必须有规范和约束，只有这样，社会才能进步，"犹以药石治病"；比卦则把人类社会当作禽与舍的关系，而舍即禽的生活中心，人们不希望家禽弃舍而去，不然就将它"射之"；小畜卦，以"密云不雨"

---

① 苏轼：《苏轼诗集》卷17《石炭井引》。
② 苏轼：《东坡志林》卷6《井河》。

现象提出了如何发挥科技人才创造能力的社会问题，苏轼认为，"既以为云矣，则是欲雨之道也"，这就是说，有哪一位人才不想为他的国家和民族效力呢？履卦明确地表达了苏轼对人与自然界关系的态度，他举例说："眇者之视，跛者之履，岂其自能哉？必将有待于人而后能"，在这里，"眇"与"跛"实际上是隐喻自然界的，当人类在没有认识自然现象和规律之前，自然现象和规律是盲目的起作用，而当人类认识和把握了自然现象和规律时，自然规律便会自觉地为人类的活动目的服务；否卦，与泰卦相对，苏轼认为，社会秩序的建立较破坏要艰难得多，因而"自泰（有序）为否（无序）也易，自否为泰也难"；同人卦，以类比卦，他提出了科学研究中的比较法原则，即"水之于地为比，火之于天为同人。同人与比相近而不同，不可不察也。比以无所不比为比，而同人以有所不同为同"；大有卦，苏轼用"大车虚而有容"的意象来说明"备生于不足"的科学内涵；谦卦，以山与地喻人生，即"地过乎卑，山过乎高，故地中有山，谦，君子之居是也"；豫卦，以"以晦观明，以静观动"来说明静止的认识论意义，即"据静以观物者见物之正"；随卦，说明人的科研付出与回报的问题，在正常情况下，科技的投入与产出成正比，即"有功之人其得也必多"；蛊卦，从治与乱的辩证关系，说明"势穷而后变"的道理，苏轼云："先乱而后治"、"治将生乱"是"自然之势"，也就是说是封建王朝更替的必然规律；临卦，是说人的知识素养与其行为的相互关系问题，而人的"行正"跟"知"就像"泽"与"水"的关系一样，"泽所以容水，而地又容泽，则无不容也"；观卦，实则议论自由与幸福的关系，"吾以吾可乐之生而观之人，人亦观吾生可乐，则天下之争心将自是而起"；噬嗑卦，用"雷电合而章"来说明"刚柔分动而明"的自然规律；贲卦，言自然和社会的变化有规律可循，故"观乎天文以察时变，观乎人文以化成天下"，而"天文"、

"人文"实指一种有序的存在状态；剥卦，用"载于下（指民）谓之舆，庇于上（指君主）谓之庐"的喻义来阐释"君子得舆，民所载也；小人剥庐，终不可用也"的道理；复卦，讲得与失的关系，在苏轼看来，"必尝去也而后有归，必尝亡也而后有得，无去则无归，无亡则无得"；无妄卦，讲获得社会财富的途径，苏轼反对"不耕而获者"，因为"不耕获未富也"，等等。

由此可见，《东坡易传》既是对《易传》辩证法思想的继承和发展，也是对宋代科学实践成果的一个理论总结，是苏轼科技思想具有创造性价值的生动体现。

第二法，"科学实验"。从历史上看，四川地区有科学实验的文化土壤，宋人柳开说："蜀多方士，得逞伎于道术"[1]，而道家在我国古代实验化学和医学方面都占有重要的历史地位，苏轼继承了道家科学实验的精神传统，尽管"一生凡九迁"[2]。但对科学实验的爱好几乎已成为他生命中最重要的组成部分。他自制"桂酒"、"真一酒"等，本师李华瑞先生说："苏东坡是一位酒文化的爱好者，不仅喜欢饮酒，还自酿和编著《酒经》，而且留下了许多饮酒佳话，为时人传为美谈。"[3] 据林语堂介绍：苏轼在谪居海南岛时曾自制文墨，甚至还险些把房子烧掉[4]，同时，他又养成了到乡野采药的习惯，而在乡野采药的具体实践过程中，苏轼发现了许多中草药的新功用，如荨麻治风湿痛，苍耳治瘿美肤，海漆止痢等。他在《海漆录》中说：

> 吾谪居海南，以五月出陆至藤州。自藤至儋，野花夹道，如芍药而小，红鲜可爱，朴樕丛生。土人云；"倒粘子

---

① 柳开：《河东先生集》卷9《与广南西路采访司谏刘昌言书》。
② 周伟民、唐玲玲：《苏轼思想研究》，文史哲出版社1998年版，第392页。
③ 李华瑞：《宋代酒的生产和征榷》，河北大学出版社2001年版，第56页。
④ 林语堂：《苏东坡传》，上海书店1989年版，第390页。

花也。"至儋则已。结子马乳，烂紫可食，殊甘美。中有细核，嚼之瑟瑟有声。亦颇苦涩，童儿食之，或大便难通。叶皆白，如白苇状。野人夏秋痢下，食叶辄已。海南无柿，人取其皮，剥浸揉捆之，得胶，以代柿，盖愈于柿也。吾久苦小便白胶，近又大腑滑，百药不差。取倒粘子嫩叶酒蒸之，焙燥为末，以柞酢糊丸，日吞百余，二腑皆平复，然后知其奇药也。因名之为海漆。①

当然，实验与观察在科学研究过程中是不能截然分开的，俄国著名生理学家巴甫洛夫曾说："观察是收集自然现象所提供的东西，而实验则是从自然现象中提取它所愿望的东西。"② 苏轼是个有心人，他一方面热爱自然，热爱生命，另一方面则更注意观察自然和体悟自然。如他观察"鳝鳝"的生活习性就相当细致，他说：

予尝见丞相荆公喜放生。每日就市买活鱼，纵之江中，莫不浮。然唯鳝鳝入江中辄死。乃知鳝鳝但可居止水，则流水与止水果不同，不可不信。又鲫鱼生流水中，则背鳞白，生止水中，则背鳞黑而味恶，此亦一验也。③

又《记竹雌雄》云：

竹有雌雄，雌者多笋，故种竹当种雌。自根而上至梢一节二发者为雌。物无逃于阴阳，可不信哉！④

---

① 苏轼：《苏轼文集》卷 73《杂记》。
② 巴甫洛夫：《巴甫洛夫选集》，科学出版社 1955 年版，第 115 页。
③ 苏轼：《苏轼文集》卷 73《杂记·止水活鱼说》。
④ 苏轼：《苏轼文集》卷 73《杂记》。

再者，《黍麦说》记：

> 晋醉客云："麦熟头昂，黍熟头低，黍麦皆熟，是以低昂。"此虽戏语，然古人造酒，理盖如此。黍稻之出穗也必直而仰，其熟也必曲而俯，麦则反是。此阴阳之物也。北方之稻不足于阴，南方之麦不足于阳，故南方无嘉酒者，以曲麦杂阴气也，又况如南海无麦而用米作曲耶？吾尝在京师，载麦百斛至钱塘以踏曲。是岁官酒比京酝。而北方造酒皆用南米，故当有善酒。吾昔在高密，用土米作酒，皆无味。今在海南，取舶上曲作曲，则酒亦绝佳。以此知其验也。①

当然，"科学实验"本身可分两个层次：一是理论科学实验；二是技术科学实验。理论科学实验是从个别上升为一般的实验，它的最终成果是知识形态的东西，如概念、原理、定律等；而技术科学实验则是从一般到个别的实验，它的最终成果是物质形态的东西，如工具、机械等。与古希腊的科学相比较，中国古代缺乏理论科学实验的传统，虽然北宋兴起求理之热潮，但那仅仅停留在思辨的水平，它还远远没有达到需要实验证明的主体自觉，而这种学术现象反过来又局限了北宋理论科学的发展。有人曾经统计过，在全世界古代的首创性技术发明中，中国人的发明占50%以上，对于这个事实我们不应只从一面去看，而是应做两面观，即一面是它展示了中国古代技术科学发展的辉煌成就；但另一面却反证了中国古代理论科学发展的欠缺与不足。因为占了古代发明一半以上的中国却没有出现"科学革命"，倒是在古代技术发明中没有地位的欧洲首先发生了"科学革命"，这个历

---

① 苏轼：《苏轼文集》卷73《杂记》。

史现象的确发人深思。究其原因，它恐怕跟古希腊重视理论科学实验的学术传统有关，如阿基米得创立了重心、支点、力臂等概念，提出了杠杆原理和浮力定律，而这些科学理论便构成牛顿力学的基础。与此相反，中国古代除了"阴阳五行"之外，始终没有形成一个具有专业解释功能的科学概念体系，于是，当北宋科学技术发展到旧的解释范畴所能企及的高峰时，实际上在科学思想方面亦已危机四伏了。但北宋的大多数学者却根本没有意识到这种危机的严峻性，故他们对科学事实和自然现象的解释仍停留在"阴阳五行"的水平，这不能不使之流于迂腐和荒谬，而苏轼就是其中的一个代表人物，如上述所引的许多事例，苏轼在解释的过程中几乎不能丢开"阴阳"这个极为抽象的哲学范畴，所以苏轼不可能对中国古代的理论科学有所突破。然而，他在酿酒、医药、生物等方面所做的很多技术观察和实验，不仅具有科学性，而且颇富挑战性。因为苏轼在当时是一位享有盛誉的士大夫，而在"伎术杂流玷辱士类"[①]的社会风气之下，苏轼能够积极投身于科学技术的发明和创造，即使无功无利也乐此不疲，仅凭这一点，他就可成为那有志于科技事业之后生晚辈们的人格表率。

三 关于《物类相感志》与《格物粗谈》的真伪问题

在北宋，苏轼应当是一位百科全书式的思想家，可是由于历史的偏见，士大夫常以"小道"为不齿，故苏轼的科技思想始终不能为封建王朝的官方学者所认可，因而至今阐扬未尽，可胜慨哉！据《三苏全书》第19册《别录》统计，旧题苏轼所著而不见载于《苏轼文集》的篇目共存8种：即《历代地理指掌图》、《苏沈良方》、《物类相感篇》、《调谑编》、《格物粗谈》、

---

① 徐松：《宋会要辑稿》职官36之115。

《杂纂二续》、《渔樵闲话录》及《问答录》，其中有 4 种可定性为科技书目，它们是《历代地理指掌图》、《苏沈良方》、《物类相感篇》和《格物粗谈》。对于这 4 种书，《四库全书》仅载《苏沈良方》一种，存目两种即《物类相感篇》和《格物粗谈》。其《提要》案：

> 《苏沈良方》八卷，宋沈括所集方书而后人又以苏轼之说附之者也。考《宋史·艺文志》有括《灵苑方》二十卷、《良方》十卷，而别出《苏沈良方》十五卷，注云：沈括、苏轼所著。陈振孙《书录解题》有《苏沈良方》十卷，而无沈存中良方，尤袤初堂书目亦同，晁公武读书志则二书并列，而沈存中方下云：或以苏子瞻论医药杂说附之。

《提要》又案：

> 轼补著时言医理，于是事亦颇究心，盖方药之事，术家能习其技而不能知其所以然，儒者能明其理而又往往未经试验，此书以经效之方而集于博通物理之手，固宜非他方所及矣。

《四库全书总目》卷 129《子部·杂家类存目七》载：

> 《物类相感志》一卷。旧本题东坡先生撰，然苏轼不闻有此书。又题僧赞宁编次。按：晁公武《读书志》及郑樵《通志·艺文略》皆载《物类相感志》十卷，僧赞宁撰。是书十八卷。既不相符，又赞宁为宋初人，轼为熙宁、元祐间人，岂有轼著此书而赞宁编次之理。其为不通坊贾伪撰，

售欺审矣。且书以物类相感为名，自应载琥珀拾芥、磁石引针之属，而分天地人鬼鸟兽草木竹虫鱼宝器十二门，隶事全似类书，名实乖舛，尤征其妄也。

《格物粗谈》二卷。旧本题苏轼撰，分天时地理等二十门，与世所传轼《物类相感志》大略相似，后有元范梈识断为后人假托。他书亦罕见著录，惟曹溶收入学海类编中。盖《物类相感志》已出伪作，此更伪书之重台也。

不知判其为伪书者，是否做过文字学方面的鉴定？不过，除了书的编撰形式外，其内容似亦应有所鉴别，因为世上所流传的《东坡志林》即是通过内容而不是形式来判定其为苏轼所作的一个例子。如《四库全书总目》卷120《东坡志林》提要云："陈振孙《书录解题》载《东坡手泽》三卷，注曰：'今《俗本大全集》中所谓《志林》者也。'今观新载诸条，多自署年月者；又有署读某书书此者；又有泛称昨日、今日，不知何时者。盖轼随手所记，本非著作；亦非书名。其后人哀而寻之，命曰手泽。而刊轼集者不欲以父书目之，故题曰'志林'耳。"由这个"提要"知，苏轼"随手所记"的东西一定很多，既然人们能"哀而寻之"而编成《手泽》或《志林》，那为什么人们就不能"哀而寻之"而为《物类相感志》或为《格物粗谈》呢？即使《物类相感志》和《格物粗谈》不是苏轼所著，我们也不能否认它们所反映的应是北宋中后期的科技成就。诚然，《志林》一书在宋代已有刻本流传，故陈振孙《书录解题》载有《志林》一书，但宋人书录中不载的著作并不等于事实上的不存在。如苏籀曾举出过这样一个例子，他说："东坡遗文流传海内，《中庸论》上、中、下三篇，墓碑云：公少年读《庄子》，太息曰：'吾昔有见于中国不能言，今见《庄子》得吾心矣。'乃出《中庸论》，其言微妙，皆古人所未喻，今后集不载此三论，诚为阙典。"① 虽然后来《中庸论》已收入到苏轼的文集之中了，但这件事情本身却说明了宋代士大夫对待苏轼作品的一种态度。苏轼主要生活在熙宁、元祐年间，他在此间撰写了大量的作品，但究竟有多少？恐怕后人已无法统计出一个准确数字了。况且苏轼生前所刊文集屡遭毁版之厄运，甚至悲惨到"片言只字，并令焚毁勿存，违者以大不恭论"② 的程度。这场文化浩劫从苏轼去世的第三年即崇宁二年（1103）开始一直延续到宣和年间，而在此高压政治之下，社会上甚至出现了为防叵测而窜改或阴晦私人文集中所见苏轼名字的现象③。所以，《物类相感志》冠以"赞宁"之名是否跟此有关，笔者因史料所限，目前还难以作出回答。但有一点可以肯定，那就是南宋初年所见到的《苏轼集》并《后集》，绝不是苏轼著作的全部。尤其是与被宋人视为"异端末习"④ 的"技艺"相关之随笔和杂记，散佚民间的一定不少。宋人高斯得说："臣观汉儒言灾异谓有某事则有某应皆为必然之理，故人或不之信然，本朝大儒程颐、苏轼、朱熹为感应之理甚精，其说不可尽废。"⑤ 这说明至少在南宋时，苏轼有关"感应"之类的杂记或诗篇已废者不在少数，否则，高氏就没有必要为之鸣不平。如严羽说："夫诗有别裁，偶涉禅趣固无不可，若宋之苏轼……每有吟咏托禅意者十之七八已失。"⑥ 今传本《物类相感志》和《格物粗谈》是不是属于这已被官方或士大夫所废弃，后为民间"哀而寻之"并辑为专书，这样的事情亦未必没有可能。所以，

---

① 苏籀：《栾城遗言》，文渊阁四库全书本。
② 秦缃业等：《续资治通鉴长编拾补》卷47，宣和五年七月己未条引《九朝编年备要》。
③ 文同：《丹渊集》附录。
④ 廖刚：《高峰文集》卷11《书赠冯生》，文渊阁四库全书本。
⑤ 高斯得：《耻堂存稿》卷1《直前奏事》。
⑥ 严羽：《沧浪集》。

元人范梈说："《物类相感志》相传东坡所作，前辈已有议其伪者，此属假托无疑。庶汇纷错，有相反亦有相成，造化之机妙；诚难测度，若必于此穷此理，其为格物亦太疏矣。存之以资宴谈可也。"① 则未必就是负责任的话。且不说《格物粗谈》及《物类相感志》是否苏轼所作，单是他竟将如此重要的科技文献当作"宴谈"佐料来对待，就未免有点儿淄渑混淆、玉石不分了。再说，民间为什么有那么多技艺者去冒苏轼之名而不是别的人名去刊刻他们的科技著作呢？这个事实本身恰好证明苏轼的科技素养和人格早已深入民心，而苏轼亦确实是一位雅俗共赏的博物学家和科普作家，他的《志林》、《良方》、《酒经》及《杂书琴事》即是明证。

考《物类相感志》共记录了 448 条物质之间相互作用的信息，这些信息究竟多少具有科学价值，尚待进一步实验证实。在文法上，政论文与科普杂记的写作方法是不一样的，人们对自然现象的表述，不需要过多的文采，但贵在客观。从这个角度说，苏轼的很多杂记就难免于流俗了。请比较下面几则杂记：

1. "软玉法：用地榆一两，先煮一滚，再入蒜三十碗，葱汁一碗，再煮二滚，即能入刀。"②

2. 筒井，"用圆刀凿山如碗大，深者数十丈，以巨竹去节，牝牡相衔为井，以隔横入淡水则咸水自上，又以竹之差小者出入井水，为桶无底而窍其上，县熟皮数寸，出入水中，气自呼吸而启闭之"③。

① 范梈：《格物粗谈跋》，《丛书集成初编》第 1344 册，商务印书馆 1937 年版。

② （旧题）苏轼：《格物粗谈》卷下，《丛书集成初编》第 1344 册，商务印书馆 1937 年版。

③ 苏轼：《东坡志林》卷 3。

3. "地中掘一窖或稻草或松茅，铺厚寸许，将剪刀就树上剪下橘子，不可伤其皮，即逐个排窖内，安二三层，别用竹作梁架定，又以竹蒗阁上，再安一二层，却以缸合定，或乌盆亦可，四围湿泥封固，留至明年不坏。"①

4. 治消渴方，"取麝香、当门子以酒濡之，作十许丸，取枳枸子为汤饮之"②。

5. 治海上受风，"取多年柁牙为柁工手汗所渍处，刮末，杂丹砂、茯神之流，饮之而愈"③。

如果不署名，那么，笔者绝对相信，对于上述几则杂记究竟是不是苏轼所写，常人恐怕是很难指认的。因为科技杂记既不需要文采，那它本身就不会带有明显的个性特征。苏轼是一位不怕屈尊于下民的儒者，他的许多科技思想就是通过跟下民的交流互动而迸发出来的。因此，他的很多不成文的"宴谈"必然会在民间流传，这大概就是人们能够"哀而寻之"的物质前提。当然，《物类相感志》和《格物粗谈》两书中有不少说法的确缺乏基本的科学依据，属虚妄之辞，但瑕不掩瑜，如《物类相感志》载："豆油煎豆腐"可能是我国食用豆油的最早记录，而"鱼瘦而生白点者名虱"④之"虱"则又是我国发现"小瓜虫"的最早文献记载⑤。可见，《物类相感志》和《格物粗谈》绝不是仅可"宴谈"的趣笑之料，而是具有一定科学价值的历史珍品，我们理应很好地发掘内含于其中的科学思想营养。

---

① （旧题）苏轼：《格物粗谈》卷上，《丛书集成初编》第 1344 册，商务印书馆 1937 年版。
② 沈括：《苏沈良方》卷 4《治消渴方》。
③ 《东坡志林》卷 3《技术》。
④ 《物类相感志》，《丛书集成初编》第 1344 册，商务印书馆 1937 年版。
⑤ 倪达书：《多子小瓜虫的形态、生活史及其防治方法和新种的描述》，《水生生物学集刊》1960 年第 2 期。

第四节 百源学派及其科技思想

邵雍的道学思想中包含有很多科学的成分，无论在自然观方面，还是在科学观和方法论方面，都有许多可取的地方。如朱伯崑先生说：邵雍的先天卦序图直接启发了莱布尼兹，而且他从卦气的角度来研究中国大陆节气的变化过程①，这些工作在当时都具有世界领先的意义。故有人说：邵雍的象数学体系"包括宇宙，始终今古"②，这样给邵雍的思想定位当然无可厚非，但这是从思想之一般处着眼，而不是从思想之个别处着眼。假如我们从"科技思想"这个个别处着眼，那么我们对邵雍思想的认识和体悟或许另有所思和所感。因此，从个别性的平台上去认真研究和梳理邵雍的科技思想不仅是可能的，而且是必要的。

一 邵雍的生平简介

邵雍（1011—1077），字尧夫，谥康节，祖籍范阳（今河北涿州市），少时随父迁居河南共城（今河南辉县），居苏门山下，"康节独筑室于百源之上"③。据载，邵雍在此"于书无所不读，始为学，即坚苦刻厉，寒不炉，暑不扇，夜不就席者数年"④。当然，读万卷书之"知"仅是邵雍做学问的一个方面，而他还有更重要的一个方面，那就是行万里路之"行"，《宋史》本传载其"逾河、汾，涉淮、汉，周流齐、鲁、宋、郑之墟"。所以，上述知与行两方面的结合，便构成了邵雍学术的基础。在共

---

① 朱伯崑：《易学与中国传统科技思维》，《自然辩证法研究》1996 年第 5 期。
② 黄宗羲：《宋元学案》卷 9《百源学案上》。
③ 邵伯温：《邵氏闻见录》卷 18，中华书局 1997 年版，第 194 页。
④ 脱脱等：《宋史》卷 427《邵雍传》。

城，县令李之才（注：《宋史》本传及《宋元学案》卷9《百源学案上》作"李之才"，而《邵氏闻见录》卷18及《河南程氏遗书》卷18《伊川先生语四》则作"李挺之"，如程颐说："邵尧夫数法出于李挺之"①。此处以《宋史》及《宋元学案》为依据）曾传授"《河图》、《洛书》、宓羲八卦六十四卦图像"于邵雍，于是，他"探颐索隐"而洞彻"物理性命之学"，并独创"百源学派"。诚如黄百家所说："顾先生（即邵雍）之教虽受于之才，其学实本于自得。"② 后因家中变故，邵雍转而隐居在洛阳，《邵氏闻见录》卷18记云：其"至皇祐元年（1049），自卫州共城奉大父伊川丈人迁居焉"。当时如富弼、司马光、吕公著等贵人争相与之结交，他却淡然处之，故"嘉祐诏求遗逸"③，邵雍竟辞官不就。就其整个的思想基础看，邵雍在政治上反对王安石变法，主张历史循环论，所以他的政治思想是保守的；然而，在经济上，他曾自足于"曾无二顷田"④ 的生活，因此，当司马光等在天津桥畔为其购买了一处"官地园宅"之后，邵雍似乎依然那么超俗，只是"岁时耕稼，仅给衣食"⑤ 而已，有鉴于此，邵雍干脆就把这处"官地园宅"名之为"安乐窝"⑥，其乐观之性自见。

邵雍不仅是一位思想家，而且还是一位教育家。他"讲学于家，未尝强以语人，而就问者日众"⑦，"一时洛中人才特盛，而忠厚之风闻天下"⑧。他"以观夫天地之运化，阴阳之消长，

---

① 程颢、程颐：《二程集》上，中华书局2004年版，第197页。
② 黄宗羲：《宋元学案》卷9《百源学案上》，中华书局1986年版，第367页。
③ 脱脱等：《宋史》卷427《邵雍传》。
④ 邵雍：《击壤集》卷1《闲吟四首》。
⑤ 脱脱等：《宋史》卷427《邵雍传》。
⑥ 同上。
⑦ 朱熹：《伊洛渊源录》卷5《程颢〈墓志铭〉》。
⑧ 脱脱等：《宋史》卷427《邵雍传》。

远而古今世变，微而走飞草木之性情"，"遂衍宓羲先天之旨，著书十余万言行于世"①，其主要著述有《皇极经世》和《伊川击壤集》等。其《皇极经世》由《观物篇》和《观物外篇》两部分构成，《观物篇》计五十二篇，一至十二篇称"以元经会"，十三至二十三篇称"以会经运"，二十四至三十四篇称"以运经世"，以上三部分阐释了"先天图"的基本原理及其实际应用，并在循环论的前提下，提出了一系列关于自然界和人类历史演化的主张；三十五至四十篇称音律，四十一至五十二篇及外篇统称杂论。在书中，邵雍始终贯穿着"以物观物"的认识方法，对此，任继愈先生说："其观物，已道为大宗，神为大用，以阴阳象数观察万类，反观自身，与道教内丹说颇多相类，其易理象数亦与内丹所用者多同出一源，故道教内丹家常引证其说，未必全为附会"②，其言甚确。故张岷这样评价邵雍的学术思想说："先生治《易》、《书》、《诗》、《春秋》之学，穷意言象数之蕴……观天地之消长，推日月之盈缩，考阴阳之度数，察刚柔之形体，故经之以元，纪之以会，始之以运，终之以世。又断自唐虞，迄于五代，本诸天道，质以人事，兴废治乱，靡所不载。其辞约，其义广；其书著，其旨隐。呜呼，美矣，至矣，天下之能事毕矣。"③ 话虽夸张，但亦未必没有道理。

二 邵雍的先天象数思想及对宋代科学发展的影响

（一）邵雍的自然观

宋代哲学和自然科学有其独特的范畴体系，而这个体系的核心便是"理"，故学术界经常以"宋明理学"来名之。邵雍虽然

---

① 脱脱等：《宋史》卷 427《邵雍传》。
② 任继愈：《道藏提要》，中国社会科学出版社 1991 年版，第 784 页。
③ 黄宗羲：《宋元学案》卷 10《百源学案下》，中华书局 1986 年版，第 467 页。

不是宋代理学的鼻祖，但却是把"理"这个范畴自觉应用到自然科学领域，并用于规范和描述自然现象的第一人。在邵雍的思想体系里，"理"本身具有三个方面的内涵：一是指宇宙总的运动规律，如《击壤集》卷13《皇极经世一元吟》道："天地如盖轸，覆载何高极，日月如磨蚁，往来无休息，上下之岁年，其数难窥测，且以一元言，其理尚可识"，又"天下之数出于理，违乎理则入于术。世人以数而入术，故失于理也"①，有时邵雍还把宇宙总的运动规律称为"天理"，他说："天意无他只自然，自然之外更无天"②，故"得天理者，不独润身亦能润心"③；二是标志着一般自然界运动变化的规律，如邵雍的儿子邵伯温说：其《皇极经世书》的宗旨就是"穷日、月、星、辰、飞、走、动、植之数以尽天地万物之理"④，邵雍说："《易》曰'穷理尽性以至于命'，所以谓之理者，物之理也；所以谓之性者，天之性也"⑤，又说："物理之学既有所不通，不可以强通，强通则有我，有我则天地而入于术矣"⑥；三是特指天文历法及数术等具体科学，如邵雍说："今之学历者，但知历法不知历理"⑦，而"《素问》密语之类，于术之理可谓至也"⑧。可见，关于宇宙总的运动规律的思想就是邵雍的自然观。

宇宙如何形成与发展？这是包括邵雍在内的一切科技思想家都必须要认真回答的问题。邵雍继承了老子的道生成说，并加以他自己的推演，从而建立了一个庞大的宇宙演化模式。他说：

---

① 黄宗羲：《宋元学案·百源学案上》卷9《观物外篇》。
② 邵雍：《击壤集》卷10《天意吟》。
③ 邵雍：《皇极经世书》卷14《观物外篇下》。
④ 陈振孙：《直斋书录解题》卷9《皇极经世书十二卷》。
⑤ 邵雍：《皇极经世书》卷11上《观物篇五十三》。
⑥ 邵雍：《皇极经世书》卷14《观物外篇下》。
⑦ 同上。
⑧ 同上。

混成一体，谓之太极。太极既判，初有仪形，谓之两仪。两仪又判而为阴、阳、刚、柔，谓之四象。四象又判而为太阳、少阳、太阴、少阴、太刚、少刚、太柔、少柔，而成八卦。太阳、少阳、太阴、少阴成象于天而为日月星辰，太刚、少刚、太柔、少柔成形于地而为水火土石，八者具备，然后天地之体备矣。天地之体备，而后变化生成万物也。所谓八者，亦本乎四而已。在天成象，日也；在地成形，火也。阳燧取于日而得火，火与日本乎一体也。在天成象，月也；在地成形，水也。方诸取于月而得水，水与月本乎一体也。在天成象，星也；在地成形，石也。星陨而为石，石与星本乎一体也。在天成象，辰也；在地成形，土也。自日月星之外高而苍苍者皆辰也，自水火石之外广而厚者皆土也，辰与土本乎一体也。天地之间，犹形影、声音之相应，象见乎上，体必应乎下，皆自然之理也。（《宋元学案》卷9《百源学案上·观物内篇》）

在这一大段引文中，我们应特别注意以下两个基本观点：

第一，结构引起变化的思想。世界万物都是由结构所组成，而结构形成的过程实际上就是世界万物变化的过程。邵雍说："用九见群龙，首能出庶物；用六利永贞，因乾以为利。四象以九成，遂为三十六；四象以六成，遂成二十四。如何九和六，能尽人间事。"[1] 由此说明，在邵雍的宇宙演化模式里，"四象"不仅是宇宙演化的结构性标志，而且还是引起宇宙万物发展变化的诱体。四象既可以日月星辰为实质，也可以水火土石为元素，其具体的变化过程是："以太阳、少阳、太刚、少刚之用数唱太

---

① 邵雍：《击壤集》卷13《乾坤吟》。

阴、少阴、太柔、少柔之用数，是谓日月星辰之变数；以太阴、少阴、太柔、少柔之用数和太阳、少阳、太刚、少刚之用数，是谓水火土石之化数；日月星辰之变数一万七千二十四，谓之动数；水火土石之化数一万七千二十四，谓之植数；再唱和日月星辰水火土石之变化通数二万八千九百八十一万六千五百七十六，谓之动植通数"①，故"大衍、《经世》，皆本于四，四者，四象之数也"②。试图用数量的变化来阐释宇宙万物形成的历史过程，正是邵雍科技思想的重要特色。而邵雍所说的"动植通数"则取决于"日月星辰之变数"与"水火土石之化数"，也许有人会怀疑这种变化的科学性，因为动植物的数量绝不是一个确定的数，他们的随机性很强，变异性也很大，但笔者认为邵雍的研究给我们提供了一个具有一定合理性的思维视角，即在科学上能否用数量的关系来说明客观事物的结构性变化，用邵雍的话说就是"太极不动，性也。发则神，神则数，数则象，象则器，器之变归于神也"③。简言之，即"一物必通四象"④，而究竟为什么"一物必通四象"呢？邵雍从结构的差异来解释人之为贵的原因，说"动物谓鸟兽，体皆横生，横者为纬，故动。植物谓草木，体皆纵生，纵者为经，故静。非惟鸟兽草木，上而列宿，下而山川，莫不皆然。至于人。亦动物，体宜横而反纵，此所以异于万物，为最贵也"⑤。但真正的原因恐怕跟宇宙本身存在的秩序有关。

第二，层次产生秩序的思想。层次在邵雍的自然观里占有十分重要的地位，而他就是在层次理念的指导下去建构其《方图》

① 邵雍：《皇极经世书》卷 12《观物篇五十七》。
② 黄宗羲：《宋元学案》卷 9《百源学案上》。
③ 邵雍：《皇极经世书》卷 14《观物外篇下》。
④ 黄宗羲：《宋元学案》卷 9《百源学案上》卷 9《观物外篇》。
⑤ 同上。

（四分四层面）的。黄百家说："《方图》不过以前《大横图》分为八节，自下而上叠成八层，第一层即《横图》自乾至泰八卦，第二层即《横图》自临至履八卦，以至第八层即《横图》自否至坤八卦也"[1]，在邵雍看来，《方图》不仅分层次，而且还有序列。其"《方图》中起震巽之一阴一阳，然后有坎离艮兑之二阴二阳，后成乾坤之三阳三阴，其序皆自内而外。内四卦四震四巽相配而近，有雷风相薄之象。震巽之外十二卦纵横，坎离有水火不相射之象。坎离之外二十卦纵横，艮兑有山泽通气之象。艮兑之外二十八卦纵横，乾坤有天地定位之象。四而十二，而二十，而二十八，皆有隔八相生之妙。以交股言，则乾、坤、否、泰也，兑、艮、咸、损也，坎、离、既、未济也，震、巽、恒、益也，为四层之四隅。"[2] 而胡庭芳在阐释邵雍所做《八卦方位之图》的意义时说："八卦之在《横图》，则首乾，次兑离震巽坎艮坤，是为生出之序。及八卦之在《圆图》，则首震一阳，次离兑二阳，次乾三阳，接巽一阴，次坎艮二阴，终坤三阴，是为运行之序。"[3] 以此为基础，邵雍提出了宇宙万物按元、会、运、世次序有规律运动的思想。邵伯温说："《皇极经世书》以元会运世之数推之，千岁之日可坐致也"[4]，这就是说邵雍的"元会运世之数"中包含着时间绝对性和相对性的相互关系问题。他说：

> 以日经日为元之元，其数一，日之数一故也。以日经月为元之会，其数十二，月之数十二故也。以日经星为元之

① 黄宗羲：《宋元学案》卷9《百源学案下》，中华书局1986年版，第395页。

② 黄宗羲原著、全祖望补修：《宋元学案》卷9《百源学案下》，中华书局1986年版，第395页。

③ 同上书，第389页。

④ 邵伯温：《邵氏闻见录》卷19，中华书局1997年版，第215页。

运，其数三百六十，星之数三百六十故也。以日经辰为元之世，其数四千三百二十，辰之数四千三百二十故也。则是日为元，月为会，星为运，辰为世，此《皇极经世》一元也。一元象一年，十二会象十二月，三百六十运象三百六十日，四千三百二十世象四千三百二十时也。盖一年有十二月，三百六十日，四千三百二十时故也。《经世》一元，十二会，三百六十运，四千三百二十世。一世三十年，是为一十二万九千六百年。是为《皇极经世》一年之数。一元在大化之间，犹一年也。自元之元更相变而至于辰之元，自元之辰更相变而至于辰之辰，而后数穷矣。穷则变，变则生，生而不穷也。①

在科技思想史上，时间物理学可能是最简单却又是最复杂的学科之一了。据考，我国先秦诸子学派早就自觉地把"时间"作为他们思索和探讨的客观对象，如《墨经》云："久，弥异时也"，这就是说"久"（即时间）是表示古往今来不同时刻的物理量，《墨经》又说："久，有穷无穷"，其中"有穷"是说具体事物的存在都是相对的和有限的，而整个物质世界的存在则是绝对的和无限的。与此同时，在古希腊，赫拉克利特认为"时间是第一个有形体的本质"②，而亚里士多德说时间是"在先和在后的运动的数目"③。当然，古希腊还有一种时间学说对人类社会的发展产生了很大影响，那就是毕达哥拉斯的"循环时间"理论。毕达哥拉斯说："凡是存在的事物，都要在某种循环里再

---

① 黄宗羲原著、全祖望补修：《宋元学案》卷9《百源学案上》，中华书局1986年版，第373页。

② 黑格尔：《哲学史讲演录》第1卷，商务印书馆1997年版，第304页。

③ 亚里士多德：《物理学》，商务印书馆1982年版，第127页。

生，没有什么东西是绝对新的"①，甚至古希腊罗马人还用"大年"来表示一个时间循环周期，约为一万八千年，后来斯多葛派更将其整合成为宇宙轮回说，而换成中国古代的说法即"圜道周行"②，正如荀子所言："始则终，终则始，若环之无端也。"③ 较之古希腊罗马的"大年"，邵雍把宇宙的时间周期确定为十二万九千六百年④，而这个数字的含义就是指一个"宇宙"从形成到消亡的历史过程。当然，这个历史过程可以复制，可以再生。现在的问题是作为实证的科学与作为非实证的哲学对这个历史过程的表述为何存在着那么大的分歧？在笔者看来，科学的研究对象是具体的客观实在，而这个具体的客观实在又是可以用数学来描述的，美国学者约翰·洛西认为："天文学、光学、声学和力学，它们的主题都是物理对象之间的数学关系"⑤；相反，哲学的研究对象则是抽象的客观实在，而这个抽象的客观实在是不能用数学来描述的，否则就导致神秘主义。因此，对于邵雍的时间循环论，我们应从两个层面去理解，第一个层面是科学的层面，如果宇宙是一个具体的客观实在，那么它就是可用数学来描述的，现代宇宙学中的振荡说认为，具体的"宇宙"是从数学奇点开始爆炸，然后经过膨胀及冷缩为黑洞，于是再爆发成为一个新的具体的"宇宙"，如此生生不息，往复无穷。从这个角度讲，邵雍的时间循环周期论也是一种宇宙学说；第二个层面是哲学的层面，如果宇宙是一个抽象的客观实在，那么它就是不能用数学来描述的，不然的话，宇宙的运动变化就只能依靠人的主体

---

① 罗素：《西方哲学史》上卷，商务印书馆 1965 年版，第 59 页。
② 吕不韦：《吕氏春秋·圜道》。
③ 荀况：《荀子·王制》。
④ 邵雍：《击壤集》卷 13《皇极经世一元吟》。
⑤ 约翰·洛西：《科学哲学历史导论》，华中工学院出版社 1982 年版，第 14 页。

意识去说明了。所以邵雍一方面说"太极不动，性也。发则神，神则数，数则象，象则器，器之变归于神也"①，另一方面却又说"天地亦万物也，何天地之有焉？万物亦天地也；何万物之有焉？万物亦我也；何万物之有焉？我亦万物也"②。而这种"万物亦我也"及"我亦万物也"的思想很明显给有神论留下了地盘，这样"那从本质世界排除掉的时间被移置到进行哲学思考的主体的自我意识之内去，而与世界本身毫不相涉了"③。

（二）邵雍的科学观

在古希腊，"宇宙"一词的本来意思为"秩序"，故"科技思想是从探讨宇宙的本原和秩序开始的"④。如前所述，邵雍的宇宙观以"层次和秩序"为理论基础，而这个理论基础的现实根据就是数学，所以邵雍科学观的第一个方面应是对数学的理解和阐释。

宋代数学受道学的影响颇深，我国数学史界的前辈钱宝琮先生对此已有较详尽的说明⑤，兹不赘述。不过，邵雍却有他自己的特色，即他把"贾宪三角"实际应用到对宇宙秩序的研究上，从而建立了宇宙秩序的数学模型。据载，宋代理论数学的发展跟河北籍数学家刘益的"造符"实践分不开。《续资治通鉴长编》卷93"天禧三年三月乙酉"条云："入内副都知周怀政日侍内廷，权任尤盛，附会者颇众，往往言事获从。同辈位望居右者，必排抑之。中外帑库，皆得专取，而多入其家。性识凡近，酷信

① 邵雍：《皇极经世书》卷14《观物外篇下》。

② 邵雍：《渔樵对问》，《说郛》卷92。

③ 马克思：《博士论文〈德谟克利特的自然哲学与伊壁鸠鲁的自然哲学的差别〉》，人民出版社1973年版，第83页。

④ 董光璧：《中国自然哲学大略》，载《自然哲学》第1辑，中国社会科学出版社1994年版，第268页。

⑤ 钱宝琮：《钱宝琮科学史论文选集》，科学出版社1983年版，第579—594页。

妖妄。有朱能者，本单州团练使田敏家厮养，性凶狡，遂赂其亲信得见，因与亲事卒姚斌等妄谈神怪事以诱之。怀政大惑，援引能至御药使，领阶州刺史，俄于终南山修道观，与殿直刘益辈造符命，托神灵，言国家休咎，或臧否大臣。"此殿直刘益即《议古根源》的作者。可惜《议古根源》原著已佚，我们仅能从杨辉《田亩比类乘除捷法》（1275）一书中知其对"方程论"有创见，而刘益的"正负开方术"后来为贾宪所继承并发展，成为"贾宪三角"的直接来源。贾宪与邵雍的生活时代相当，因为贾宪的老师楚衍为开封人，故我们不排除贾宪与邵雍有相互接触的可能性。而杨辉《详解九章算法纂类》中载有贾宪的"开方作法本源"图及该图的构造方法，由于杨辉已注明"贾宪用此术"，故人们称它为"贾宪三角"。单就图的形式而言，"贾宪三角"与"邵雍六十四卦次序之图"十分相似，两者所差只是在数学原理的应用方面，前者用的是"加一法"，即由一分为二，二分为三一直到六分为七；后者则用的是"加一倍法"，即从一分为二，二分为四，四分为八一直到三十二分为六十四。至于"邵雍六十四卦次序之图"的数学意义，钱宝琮先生说："邵雍的'加一倍法'和沈括的'棋局都数'算法[1]都是重复排列的例题，在十一世纪中国数学史上增加一些新的内容。"[2] 同时，"邵雍六十四卦次序之图"还可以用二进位数来表示，而莱布尼兹就曾用二进位数来阐释"邵雍六十四卦次序之图"，因而成为计算机发明史上的一个趣谈。

在天文历法方面，邵雍站在道学的立场对汉代的历家有下面一段评说："今之学历者，但知历法不知历理。能布算者落

---

[1]　沈括：《梦溪笔谈》卷18。

[2]　钱宝琮：《钱宝琮科学史论文选集》，科学出版社1983年版，第587—588页。

下闳也，能推步者甘公石公也。落下闳但知历法，扬雄知历法也知历理。"① 这虽是针对汉之历家所言，实际上却是邵雍对中国古代历法的一种意见和态度。而他既能发此议论，就至少说明他已有这方面知识的储备。那么，在农业社会的现实条件下究竟建立什么样的历法更加实用呢？邵雍主张："日为暑，月为寒，星为昼，辰为夜，暑寒昼夜交而天之变尽矣。水为雨，火为风，土为露，石为雷，雨风露雷交而地之化尽之矣。"② 而为了说明日月星辰与寒暑昼夜之间的变化关系，邵雍把"气"引入到历法之中，从而确定了"以二十四节气定历的原理"③。如他在《霜露吟》一诗中说："天地有润泽，其降也瀼瀼。暖则为湛露，寒则为繁霜。为露万物悦，为霜万物伤。二物本一气，恩威何昭彰。"④ 邵雍在《皇极经世》里规定"一年有十二月，三百六十日"，即每个月为三十天，所以他才有"一春九十日，风雨占几半"⑤ 的诗句，而这实际上已经具有"二十四节气历"的特点了。北京大学的唐明邦先生曾把邵雍之"世界历史年谱"具体列表如下：

月	会	阴阳消长	律吕	星次	节令	卦植		物象
子	一	六阴已极 一阳初动	黄钟	星纪	冬至 小寒	复、 颐、 屯、益、震		天辰 渐分
丑	二	天开于上 地辟于下	大吕	元枵	大寒 立春	噬嗑、随、无妄、明夷、贲		出暗 向明

① 邵雍：《皇极经世书》卷14《观物外篇下》。
② 邵雍：《皇极经世书》卷11上《观物篇四十一》。
③ 肖萐父、李锦全：《中国哲学史》下卷，人民出版社1984年版，第23页。
④ 邵雍：《击壤集》卷14。
⑤ 邵雍：《击壤集》卷10《一春吟》。

月	会	阴阳消长	律吕	星次	节令	卦植	物象
寅	三	天地开辟 人物始生	太簇	娵訾	雨水 惊蛰	既济、家人、丰、革、同人	形气 化生
卯	四	三才既肇 气播时行	夹钟	降娄	春分 清明	临、损、节、中孚、归妹	物色 昭苏
辰	五	阳进于五 物际于盛	姑洗	大梁	谷雨 立夏	睽、兑、履、泰、大畜	景物 繁鲜
巳	六	水运既终 火德当王	中吕	实沉	小满 芒种	需、小畜、大壮、大有、夬	物益 繁盛
午	七	阳升已极 阴息伊始	蕤宾	鹑首	夏至 小暑	姤、大过、鼎、恒、巽	物萌 阴类
未	八	阴柔浸长 阳刚退消	林钟	鹑火	大暑 立秋	井、蛊、升、讼、困	物畏 过盛
申	九	阴柔内掩 阳刚外消	夷则	鹑尾	处暑 白露	未济、解、涣、蒙、师	物气 揪敛
酉	十	阴柔丽上 阳刚止下	南吕	寿星	秋分 寒露	遁、咸、旅、小过、渐	物候 凄清
戌	十一	阴柔大行 阳刚尽止	无射	大火	霜降 立冬	蹇、艮、谦、否、萃	物象 凋落
亥	十二	纯阴内积 微阳外消	应钟	析木	小雪 大雪	晋、豫、观、比、剥	物当 藏息

引自唐明邦《邵雍评传》，南京大学出版社 2001 年版，第 183 页。

在动植物学方面，邵雍不仅从理论上对地球生物物种作了推算，而且他还根据其"四分法"对地球生物物种作了分类。他说："暑、寒、昼、夜交而天之变尽之矣，雨、风、露、雷交而地之化尽之矣，日、月、星、辰，水、火、土、石天地之体也。暑变，物之性也；寒变，物之情；昼变，物之形；夜变，物之体，性、情、形、体交而动植之感尽之矣。雨化，物之走；风化，物之飞；露化，物之草；雷化，物之木，走、飞、草、木交而动植之应尽之矣。本一气也，生则为阳，成则为阴。有一此有二，有二此有四，有三此有六，有四此有八，八者四而已，六者三而已，二者一而已。始天分地而万物，而道不分也。"① 用"四分法"来阐释宇宙万物的生成变化，在中国古代科学思想史上仅此一见，可谓邵雍思想的独到之处。究竟"四分法"是否具有普遍性，学界还有疑问。不过，从邵雍"四分法"的推演过程中，他提出了一个很有趣的进化论问题，即低级进化与高级进化之间的关系问题。如果邵雍所说"有一此有二，有二此有四，有三此有六，有四此有八"是指自然界由低级向高级有序进化之路径的话，那么，"八者四而已，六者三而已，二者一而已"则是说明在进化的历程中，高级的进化形式必然包含着低级进化的形式于自身，故人们就可以看到在高级进化的形式里往往会重演该物种由低级形式向高级形式的进化历史，如人类女性怀胎十月实际上是动物进化史的一个缩影。而这也是"走飞草木交而动植之应尽之矣"② 的真正内涵。当然，生物环境与社会环境是互动的，而为了维护本然的生态环境，邵雍对那些达官贵人肆意侵吞农田、破坏自然环境的社会现象进行了大胆的揭露和抨击："自古别都多隙地，参天乔木乱昏鸦。荒垣坏堵人耕处，半是前朝卿相家。"③ 与此同时，他则热情地讴歌和赞美那种生态型的城市生活环境，如他对洛阳城的植被环境这样写道："洛城春色浩无涯，春色城东又复嘉，风力动摇千树柳，水光轻荡半川花。"④ 而永济桥周围的生态环境则是"一水一溪门，溪门云

---

① 邵雍：《皇极经世书》卷11《观物篇》。
② 邵雍：《皇极经世书》卷11上《观物篇四十三》。
③ 邵雍：《击壤集》卷4《天津感事》。
④ 邵雍：《击壤集》卷2《春游五首》。

复屯。珍禽转乔木，幽鹿走荒榛。雨脚拖平地，稻畦扶远村。"① 此外，邵雍在生活实践中特别注意观察和记录动植物的独特生长现象，如"牡丹一枝开奇绝，二十四枝娇娥围"②，"冶葛根非连灵芝"③，"高竹碧相倚，自能发余清，时时微风来，万叶同一声"④ 等，不仅如此，他还能根据洛阳牡丹的生长规律来推知其开花的日期，他说："洛人以见根拔而知花之高下者，知花之上也；见枝叶而知者，知花之次也；见蓓蕾而知者，知花之下也。"⑤ 邵雍承认"万物与万物，由天然后生"⑥，但"梅因何而酸？盐因何而咸？茶因何而苦？荠因何而甘？"⑦ 等等。这些生物学问题邵雍也许不能一一回答清楚，然而，这些问题却是长期萦绕在他头脑中的疑难问题，是他努力思索和求解的科学问题，因此，这些问题亦是邵雍科技思想的重要组成部分。

养生是道家追求的人生目标，在长期的生活实践中邵雍积累了不少科学的养生知识。如他说："将养精神便静坐，调停意思喜清吟"⑧，又"不向医方求效验，惟讲谈笑且消除"⑨，"心安身自安，身安室自宽"⑩，这说明人的情绪调节对身体的影响是何等重要；当然，人们要保持身心健康，节食节欲是必要的，邵雍在讲到嗜酒的危害时说："人不善饮酒，惟喜饮之多。人或善饮酒，惟喜饮之和。饮多成酩酊，酩酊身遂疴。饮和成醺酣，醺

---

① 邵雍：《击壤集》卷 3《过永济桥》。
② 邵雍：《击壤集》卷 10《东轩前添色牡丹一株开二十四枝成两绝呈诸公》。
③ 邵雍：《击壤集》卷 10《感事吟》。
④ 邵雍：《击壤集》卷 1《高竹八首》。
⑤ 吕本中：《童蒙训》卷上，文渊阁四库全书本。
⑥ 邵雍：《击壤集》卷 11《偶得吟》。
⑦ 邵雍：《击壤集》卷 12《因何吟》。
⑧ 邵雍：《击壤集》卷 11《旋风吟又二首》。
⑨ 邵雍：《击壤集》卷 11《臂痛吟》。
⑩ 邵雍：《击壤集》卷 11《心安吟》。

醄颜遂酡"①，而奢侈对人身的伤害更大："侈不可极，奢不可穷。极则有祸，穷则有凶"②。所以邵雍的养生之道就是："欢喜又欢喜，喜欢更喜欢"③，以至"其心之泰然，奈何人了此"④。

（三）邵雍的方法论

方法一词在古希腊是"沿着"和"道路"的意思，由于方法是科学研究的基本工具，所以历来受到科学家的重视。列宁说："方法也就是工具，是主观方面的某些手段和客体发生的关系"⑤，既然方法是"主观方面的某些手段"，那么方法的个体差异就是必然的。实际上，邵雍所采用的思维方法就带有鲜明的个性。

第一，"以物观物"法。《皇极经世》的精神实质可以概括为两个字，那就是"观物"。他说："以物观物，性也；以我观物，情也。性公而明，情偏而暗。"⑥何谓"以物观物"？在邵雍看来，所谓"以物观物"就是一种理性的直观，而不是感性的经验，在这里，邵雍的意思虽然说的不是太明确，但"以我观物"之"我"指代感性的认识，而"以物观物"之"物"指代理性的认识，则是可以肯定的。如他对"观物"本身有下面的解释："画工状物，经月经年，轩鉴照物，立写于前。鉴之为明，犹或未精。工出人手，平与不平。天下之平，莫若止水。止能照表，不能照里。表里洞照，其唯圣人。察言观行，罔或不真，尽物之性，去己之情。"⑦显而易见，从认识论的角度看，"轩鉴照物"是一种照相式的直观反映，是一种"止能照表"的

---

①　邵雍：《击壤集》卷 11《善饮酒吟》。

②　邵雍：《击壤集》卷 12《奢侈吟》。

③　邵雍：《击壤集》卷 10《欢喜吟》。

④　邵雍：《击壤集》卷 10《喜乐吟》。

⑤　列宁：《哲学笔记》，人民出版社 1974 年版，第 236 页。

⑥　邵雍：《皇极经世书》卷 2 下《观物外篇下》。

⑦　邵雍：《击壤集》卷 17《观物吟》。

感性认识。不过，人的认识过程不能仅仅停留在感性认识的阶段，因为感性认识不是"观物"的目的，"观物"的目的在于"表里洞照"，而只有"尽物之性，去己之情"才能认识和把握事物的本质。所以，我们从上下文的逻辑关系可以推知，"洞照"即是一种理性的直观（见下面的"以理观物"），邵雍有时也将其称为"反观"。他说："所以谓之反观者，不以我观物也。不以我观物者，以物观之谓也。既能以物观物，又安有我于其间哉？是知我亦人也，人亦我也，我与人皆物也。"① 此处的"人我"关系，实际上就是天人合一的境界，当然亦是一种认识方法。如果说这段话还显太抽象，不好懂，那么，邵雍在《击壤集》卷十四还专门写有一首"观物吟"，它或许能告诉我们点儿什么，他说："时有代谢，物有枯荣，人有盛衰，事有废兴"，从这个事例中我们能够体会出邵雍的"以物观物"法，并不是一种僵硬的和死板的直观，而是一种随着事物的变化而变化的动的直观，这实则就是一种"过程论"，即把事物看作是一个有始有终，有消有长的客观发展过程。

第二，"以理观物"法。这种方法可看作是"以物观物"法的另一种表现形式，但与"以物观物"相比，"以理观物"则更加强调认识的阶段性。邵伯温说："以目观物，见物之形；以心观物，见物之情；以理观物，见物之性，穷理尽性以至于命，是谓真知。"② 在这里，"目"与"心"都属于主观认识的范畴，实际上，在邵雍看来，"目"与"心"这两种"观物"的方法都不能抓住事物的本质，而只有"理"这种客观性的认识才能认识事物的本质，才能去伪存真。那么，如何去"理物"呢？跟西方的逻辑思维不同，邵雍所说的"理"绝不是一种逻辑的

---

① 邵雍：《渔樵对问》，《说郛》卷92。
② 王植：《皇极经世书解》卷8《观物内篇之十一》。

思维方法，因为就方法论而言，所谓"以理观物"实际上就是一种"直觉思维"，而"直觉"亦是"格物"的一种方式，它是科学创造的一种非逻辑形式。这种思维方法要求创造主体首先应进入"物我一体"的精神境界之中，邵雍说的"至理之学，非至诚则不至"① 就是指这个意思，然后在这样的精神境界中去体悟客观事物的本质，也就是"见物之性"。至于如何做到"理观"，邵雍给出的前提条件是"无思无为"②，这是一种"洗心退藏于密"的"顺理"过程③，因为"顺理则无为"④。

第三，"环中"法。从邵雍的思想体系看，由自然界过渡到人类社会，中间需要构建一座方法论的桥梁，而这座桥梁的名字就叫"环中"。邵雍说："先天图者，环中也"⑤，对于"环中"，黄畿释云："自乾、坤、垢、复，流行者而观之，无非天地之理。自临、师、遁、同人，对待者而观之，无非万物之理。得之心，发之言，盖大而元会运世，小而一日一时，盈虚消息，天地始终，皆此环中之意也。"⑥ 此"环中"有两层意思：一是在自然观方面生死有常，轮回往复，但最终却导致"宇宙死寂说"，在邵雍看来，"天开于子"而终于"十二会"（即亥会），然后从头再来；二是人类历史按照"皇、帝、王、霸"的顺序向后退化，因为邵雍认为"三皇五帝"是人类历史的最高形态，而王、霸则是人类历史的晚秋。他说："三皇春也，五帝夏也，三王秋也，五霸冬也。"⑦ 以后除汉唐"王而不足"外，三国、两晋、南北朝、隋、五代均未出"霸"之时段，特别是五代为

---

① 邵雍：《皇极经世书》卷2下《观物外篇下》。
② 邵雍：《皇极经世书》卷14《观物外篇下》。
③ 同上。
④ 邵雍：《皇极经世书》卷13《观物外篇上》。
⑤ 邵雍：《皇极经世书》卷2下《观物外篇下》。
⑥ 黄畿：《皇极经世全书解》卷10《观物外篇之二》。
⑦ 邵雍：《皇极经世书》卷12《观物篇六十》。

"日未出之星也"，也就是说五代正处在黎明前的黑暗期。因此，按照四季循环的观点看，宋代就应该是"好花万蓓蕾，美酒正轻醇"① 的时候了。

最后，我还想就邵雍之象数思想对宋代科学发展的影响说两句话。

中国象数缘起于《易·系辞上》中的"大衍之数"："揲之以四以象四时，归奇于扐以象闰，五岁再闰，故再扐而后挂。天数二十有五，地数三十，凡天地之数五十有五，此所以成变化而行鬼神也。"作为中国古代天文历法基础的"大衍之数"，其义奥深，所以由此而产生了一门独特的学问，即"大衍之数"阐释学。邵雍之象数在南宋产生了很大的影响，其中"三式"即占卜术数成为科举考试的内容之一。《宋史》卷157《选举制三》算学条载：南宋理宗淳祐十二年（1252）令："诸局官应试历算、天文、三式官……一年试历算一科，一年试天文、三式两科，每科取一人。"我国著名的科学史家钱宝琮先生说："北宋邵雍认为《周易》六十四卦的次序不很合理，它不能是伏羲画卦时原来的次序。他提出了一个有数学意义的六十四卦顺序，称它为'伏羲六十四卦序'……十八世纪初年德国的数学家来布尼茨就是用二进位数来解释'伏羲六十四卦序'。"② 实际上，邵雍象数学对宋代及其后世数学发展的影响远不至此，如秦九韶《数书九章》里有"大衍之数"，而邵雍象数学尤为元代数学家的推崇，李冶对朱熹有所批评然而对邵雍却大加赞赏，他说：《晋书·五行志》曾把树的变异说成是"草妖"是错误的，因为草木不同种，"故邵尧夫以飞走草木为四物"③，将草与木分为两

---

① 邵雍：《击壤集》卷15《乐春吟》。

② 钱宝琮：《钱宝琮科学史论文选集》，科学出版社1983年版，第587—588页。

③ 李冶：《敬斋古今黈》卷4。

类生物，其基本思想是对的；依《周易》，离为火、为日、为电，取其象征光明，但"《皇极经世》不取附著之说，当矣"①，这是因为邵雍主要讲数，而不取象征。元代另一位数学家刘秉忠则于"书无所不读，尤邃于《易》及邵氏《经世》书"②。由于受邵雍书斋化研究方法的影响，一方面，宋元数学的发展出现了严重脱离生产实际的倾向，并开始向虚无缥缈的太空盘升；另一方面，他则开创了用数学模型来解决社会实际问题的科学研究方法，所谓数学模型就是把某个研究对象中的各因素转变为数学概念，然后再将这些因素在客观现象或过程中的联系转变为数学概念之间的数学关系。从这种意义上说，邵雍的"伏羲六十四卦序"就是一个典型的数学模型。尤其是经郭彧先生研究发现，作为"夏商周断代工程"成果的《夏商周年表》与邵雍《皇极经世书》之推年几乎完全相同③，仅此一点，就足以证明邵雍所建数学模型对于历史研究的重要性。因为数学在中国古代一向被看作是"九九贱技"，而邵雍用数的推演来说明自然与社会的运动规律，为数学赢得了极其崇高的社会地位，他为金元之际中国数学高峰的到来奠定了坚实的思想基础。

第五节　洛学及其"穷理"思想

二程是宋明理学的真正创始人，冯友兰先生说："二人之学，开此后宋明道学中所谓程朱陆王之二派，亦可称为理学、心学之二派。程伊川为程朱，即理学一派的先驱，而程明道则陆王，即心学一派之先驱也。"④　吕思勉先生亦说："大抵明道说话

---

① 《敬斋古今黈》卷5。
② 宋濂等：《元史》卷157《刘秉忠传》。
③ 郭彧：《〈皇极经世〉与〈夏商周年表〉》，《国际易学研究》第7辑。
④ 冯友兰：《中国哲学史》，商务印书馆1947年版，第869页。

较浑融，伊川则于躬行之法较切实。朱子喜切实，故宗伊川。象山天资高，故近明道也。"① 程颐在皇祐二年（1050）《上仁宗皇帝书》中指出："固本之道，在于安民；安民之道，在于足食"②。程颐为胡瑗的大弟子，其思想中接受了胡瑗"敦尚行实"的思想内质和精神传统，较多地把北宋中期的科学技术成果吸收到他的理学体系中，因而成为具有一定科学素养的理学家。

一　宋代理学与科学的冲突

理学虽然在成为官学以后，对中国传统科学的发展起了阻碍作用，但是至少在北宋时期，理学对科学的发展还是起到了积极作用。当然，理学作为一种主要的思维范型，每个理学家对宋代科学家的实际影响也不相同。因此，为了说明问题，下面分三个层面进行讨论。

第一，理学五子对待科学问题存在着两种不同的观点，以二程最为典型。二程有兄弟之血缘关系，但《二程全书》中确实有些观点难分兄与弟，这种同中有异，异中有同的学术观点应是很正常的现象。不过，程颢跟程颐各有表明是自己的著作，这些著作就是我们分析两者思想所异之根据。从二程的思想特征来看，有早期思想与定型思想的不同。如程颐比较清楚地阐释了科学包含两大内容，即实验科学和理论科学的思想，他在解释《大学》中的"格物致知"概念时说：

> 问："格物是外物？是性分中物？"曰："不拘。凡眼前

---

① 吕思勉：《理学纲要》，商务印书馆 1934 年版，第 78 页。
② 程颢、程颐：《二程集》上之《河南程氏文集》卷 5《上仁宗皇帝书》，中华书局 2004 年版，第 511 页。

莫非是物，物物皆有理，如火之所以热，水之所以寒，至于君臣、父子之间皆有理。"又问："只穷一物，见此一物，还便见诸理否？"曰："须是遍求。虽颜子亦只能闻一知十；若到后来达理了，虽亿万亦可通。"①

这段话至少有两个意思：其一，"遍求"是指建立在经验基础上的科学归纳法；其二，"达理"则是指建立在理性基础上的科学演绎法。在程颐看来，科学归纳法和科学演绎法是揭示自然之理的工具和手段，他说："天下皆可以理照，有物必有则，一物须有一理"②，这是认识领域中的可知论，是程颐科学观的理论基石。

第二，宋代科学家在阐释自然现象的变化规律时，出现了理学范式与科学内容的矛盾和冲突，而他们为了达到消解矛盾的目的，不得不引用理学的思想范式来装点门面。如沈括《梦溪笔谈》就用"天理"或"理"来解释世界万物的运动和变化，他在分析了祠神的音乐后说："听其声，求其义，考其序，无毫发可移，此所谓天理也"③，而对于太阳运动速率的均匀性，他指出："无一日顿殊之理"④，其他还有"水之理"、"乘理"、"物理"、"至理"、"常理"、"造算之理"等等。把理作为一个先验的逻辑范畴，理学家从中演绎出许多非常可笑的结论，如"天左旋，日月五星亦左旋"就是典型一例。其根据是"阳疾阴速"、"七政当顺天不当逆天"，对此，清代天文学家王锡阐在

① 程颢、程颐：《河南程氏遗书》卷19《杨遵道录》，《二程集》上，中华书局2004年版，第247页。

② 程颢、程颐：《河南程氏遗书》卷18《刘元承手编伊川先生语四》，《二程集》上，中华书局2004年版，第193页。

③ 沈括：《梦溪笔谈》卷5。

④ 沈括：《梦溪笔谈》卷7。

《晓庵新法·自序》中说："至宋而历分两途，有儒家之历，有历家之历。儒者不知历数，而援虚理以立说；术士不知历理，而为定法以验天。"这段话可分作两个剖面看：一个剖面的内容是，宋代分化出以理学范畴推演万物运动变化的儒家天文学，包括"儒家之历"、"象数学"、"换易术"等，这些学科的特点是"援虚理以立说"，因为他们不是要范畴去适应自然界的发展变化，而是要自然界的发展变化来适合这些范畴的推演，这就是"虚理"产生的认识论根源；另一个剖面的内容则是与儒家的科学倾向相对，自然科学则按照自身的规律向前发展，因之，自然科学家必须尊重自然规律，援实理以立说。在这样的学术背景下，自然科学家本身就发生了思想范畴与客观对象之间的解释性冲突，即是按照客观对象本身的规律来改变人们的思想范畴，还是依僵硬的思想范畴去虚构客观对象的存在和演化。由于宋代"一道德"的政治环境对科技思想的发展影响较大，故宋代科学家在他们的著述中使用理学家的某些思想范畴来解说他们的科研成果是难以避免的。李申曾形象地说："科学是理学的蛹，理学是科学的蝴蝶。这只蝴蝶给蛹留下的，只是一具空壳。"①

第三，据不完全统计，北宋最优秀的科学家主要集中在宋仁宗和宋神宗两朝，恰巧与两次变法实践相重合。如"庆历中，有布衣毕昇，又为活板"②，燕肃于宋仁宗天圣五年（1027）造指南车，被沈括称为"一行之流"的卫朴造《奉天历》，苏颂在宋神宗时修撰《本草图经》，沈括则在熙宁年间"始置浑仪、景表、五壶浮漏，招卫朴造新历，募天下上太史占书，杂用士人，

---

① 李申：《中国古代哲学与自然科学》，中国社会科学出版社 1993 年版，第 86 页。
② 沈括：《梦溪笔谈》卷 18。

分方技科为五，后皆施用"① 等。随着北宋科技势力的不断增强，它必然跟轻贱科学知识的儒家思想发生碰撞与冲突，于是程颢起而攻击新法，进而又压抑科技思想的成长，他借"师道尊严"之威，"合内外之道"，让学生除了道之外，其"心中不宜容丝发事"②。后来，程颐觉得完全禁止学生远离科技实践活动是不现实的，他便通过对《大学》中"格物致知"一语的阐释，提出了"致知在格物，非由外铄我也，我固有之也"③ 的思想。这个思想的意义就在于它为科学知识设定了先验范畴，在他看来，只有在这些先验范畴之内所取得的知识才能称为圣人之学，他说："学也者，使人求于内也，不求于内而求于外，非圣人之学。"④ 蒙培元先生说："这里。'内学'是实现自我觉醒的根本学问，'外学'则是技术艺文之类。这里的内外，不是'内圣外王'之学，而是人学与技之学，自我认识与外部知识的关系。"⑤ 程颐的这个界定，对北宋后期及南宋与金朝的科学发展影响十分深远。其中最显著的影响是科学研究由外向转为内向，看来南宋不能造就出杰出的技术人才及金朝出现跟远离生产实际的"天元术"，是有其思想背景的。

二 二程的"穷理"思想及其天人观

（一）二程的生平简介

程颢（1032—1085）字伯淳，河南洛阳人，为北宋五子之

---

① 脱脱等：《宋史》卷331《沈括传》。

② 茅星来：《近思录集注》卷2《为学大要》，文渊阁四库全书本。

③ 程颢、程颐：《河南程氏遗书》卷25《畅潜道本》，《二程集》上，中华书局2004年版，第316页。

④ 同上书，第319页。

⑤ 蒙培元：《理学的范畴系统》，人民出版社1989年版，第374页。

一。他继承了其官宦家的传统，以仕途为志，这点颇跟他的弟弟程颐不同。他数岁诵诗书，十岁能诗赋，十二三岁如老成人，十五岁师周敦颐，二十六岁举进士第。神宗熙宁二年（1069），三十八岁的程颢被吕公著荐为太子中允，从这时开始到熙宁四年（1071），为程颢仕途之高峰期。当时，正值王安石推行新政之际，程颢不仅取得议政资格，而且还以八使臣的身份，到各地去考察新法实施后所带来的社会效果。而程颢评价新法的社会标准就是"视民如伤"四个字，他认为："夫民之情，不可暴而使也。"① 所以青苗法行，反对声不断，程颢认为青苗法"重敛于民"，故他"数月之间，章数十上"②，反对新法。熙宁五年（1072），程颢被贬返回洛阳，以"讲道劝义"为己任。

程颐（1033—1107）字正叔，他与其兄程颢一起创立了"洛学"，成为宋代理学的真正建立者。然与已步入仕途的程颢不同，程颐曾多次放弃做官的机会，他"幼有高识"③，"年十八，上书阙下，劝仁宗黜世俗之论，以王道为心，生灵为念，黜世俗之论，期非常之功"④。基于这样的认识，程颐特别地推崇颜子，认为颜子"学以至圣人之道"⑤。故他虽"未有意仕"，但并非远离社会，不关心政治，恰恰相反，他以光大"圣人之道"为己任，多次上书皇帝，以"三本"为立国之根基，即"为政之道，以顺民心为本，以厚民生为本，以安而不扰

---

① 程颢、程颐：《河南程氏文集》卷2《南庙试策五道》之《第五道》，《二程集》上，中华书局2004年版，第471页。

② 程颢、程颐：《河南程氏文集》卷11《明道先生行状》，《二程集》上，中华书局2004年版，第634页。

③ 朱熹：《伊川先生年谱》。

④ 朱熹：《伊洛渊源录》卷4《伊川先生年谱》。

⑤ 程颢、程颐：《河南程氏文集》卷8《杂著·颜子所好何学论》，《二程集》上，中华书局2004年版，第577页。

为本"①。如治平三年（1066）有《为家君应诏上英宗皇帝书》，熙宁四年（1071）有《代吕公著应诏上神宗皇帝书》等。而他在熙宁元年（1068）所写《为家君作试汉州学策问三首》中明确提出"生民之道，以教为本"②的思想。而这个思想就是"洛学"为什么能够独立于世，后来居上的内在原因，也是程颐"学冠濂溪"的根基。

（二）"天者，理也"的自然观

程颢说："天者，理也；神者，妙万物而为言者也；帝者，以主宰事而名。"③ 然而，什么是"理"？二程的"理"跟华严宗的"理"有何不同？"理"作为自然观的最高范畴，对宋代科技思想的发展有何意义？这些问题应当是正确把握二程理学思想的前提，也是有效辨析程颐与程颢思想异同的理论基点。

在二程的思想文本里。"理"可具体化为下述三个层面：

第一，理是宇宙万物产生的根源。程颐说："天地之化，自然生生不穷……往来曲伸，只是理也。"④ 又说："凡眼前无非是物，物物皆有理。"⑤ 可见，将理看成是物质本原，是产生万物的根据。从理论上讲，二程之言"理"，受佛教教理的启发很大，如程颐在回答《华严宗》之"真空绝相观"、"事理无碍观"和"事事无碍观"问题时说："一言以蔽之，不过万理归于

① 程颢、程颐：《河南程氏文集》卷5《代吕公著应诏上神宗皇帝书》，《二程集》上，中华书局2004年版，第531页。

② 程颢、程颐：《河南程氏文集》卷9《为家君请宇文中允典汉州学书》，《二程集》上，中华书局2004年版，第593页。

③ 程颢、程颐：《河南程氏遗书》卷11《师训·明道先生语一》，《二程集》上，中华书局2004年版，第132页。

④ 程颢、程颐：《河南程氏遗书》卷15《入关语录·伊川先生语一》，《二程集》上，中华书局2004年版，第148页。

⑤ 程颢、程颐：《河南程氏遗书》卷19《杨遵道录·伊川先生语五》，《二程集》上，中华书局2004年版，第247页。

一理。"① 另，他在阐释佛教之"理碍之说"时又云："天下只有一个理，既明此理，夫复何碍？若以理为障，则是己与理为二。"② 在程颐看来，由于"理障"的存在，作为主体的人（己）与作为客体的物（理）被分裂为"二"，而"二"在此指代着一种相互对立的存在状态，用张世英先生的话说，就是"主客二分"的状态③。所以，所谓"理障"应当是指尚未被人类认识和掌握的自然界，亦即未知的自然界。而在这个阶段，"天人所为，各自有分"④，这里显然包含着"天人相分"的思想倾向。不过，与张载、王安石的"天人相分"思想不同，程颐的"天人相分"是指一种未知的自然状态，进而由未知世界到已知世界，或称人化世界，则"天人相分"便转化为"天人合一"了。可见，在程颐的思维世界里，"天人合一"本身是一种人化的世界，或者说是一种道德化与科学化的世界。当然，道德化则是其天人合一思想的核心。故程颐说："'寂然不动，感而遂通'，此已言人分上事，若论道，则万理皆具，更不说感与未感。"⑤ "未感"即"未知的世界"，而"感"即"已知的世界"，不过，"感"与"未感"不是"道分"的事，而是"人分"之事。"人分"实则就是人类的社会实践活动，就是心与性的功能化，其心的功能就是"知"，即"才有生知，便有性"⑥。

---

① 程颢、程颐：《河南程氏遗书》卷18《刘元承手编·伊川先生语四》，《二程集》上，中华书局2004年版，第195页。

② 同上书，第195—196页。

③ 张世英：《天人之际——中西哲学的困惑与选择》，人民出版社2005年版，第8页。

④ 程颢、程颐：《河南程氏遗书》卷15《入关语录·伊川先生语一》，《二程集》上，中华书局2004年版，第158页。

⑤ 同上书，第160页。

⑥ 程颢、程颐：《河南程氏遗书》卷18《刘元承手编·伊川先生语四》，《二程集》上，中华书局2004年版，第204页。

因此，程颐说"己与理一"①及"理与心一"②，又"性即是理"③且"穷理尽性至命，只是一事"④。在这里，程颐所说的"心"，就其功能而言其实就是人类的思维，而人类思维既有有限性（非至上性）即"己"的一面，又有无限性（至上性）即"心"的一面，程颐说："自是人有限量。以有限之形，有限之气，苟不通之以道，安得无限量？孟子曰：'尽其心，知其性。'心即性也。在天为命，在人为性，论其所主为心，其实一个道。苟能通之以道，又岂有限量？天下更无性外之物。若云有限量，除是性外有物始得。"⑤这段话有两点需要注意：第一点，以人类个体言，心性是有限量的；第二点，以人类思维的本性言，心性则是无限量的。而如何将"有限量的人类个体"跟"无限量的思维本质"结合起来呢？程颐的答案是："通之以道"。"道"即科学知识，即是"理"，所谓"通之以道"就是人类通过认识和掌握自然规律，不断地从不知到知，由被动地适应自然界到主动地改造自然界，从而把未知世界变成人化世界，最终达到"天人合一"的理想境界。所以，理既是产生世界万物的本源，又是人类创造知识财富的动力。从这个意义上说，"理只是人理"⑥。

第二，理是由一定要素组合而成的理论模型而不是无结构的单一和空虚（注：关于此问题，笔者将在《程朱理学与理范畴》

---

① 程颢、程颐：《河南程氏遗书》卷15《入关语录·伊川先生语一》，《二程集》上，中华书局2004年版，第143页。

② 程颢、程颐：《河南程氏遗书》卷5《二先生语五》，《二程集》上，中华书局2004年版，第76页。

③ 程颢、程颐：《河南程氏遗书》卷18《刘元承手编·伊川先生语四》，《二程集》上，中华书局2004年版，第204页。

④ 同上书，第193页。

⑤ 同上书，第204页。

⑥ 同上书，第205页。

一书中详加论述）。把"理"作为一种思维模型来看待，实际上早在唐代的刘禹锡那里就已见端倪，因为刘氏讲"理"，"已经不用阴阳、五行等笼统概念来叙述，而是用数、势和运动特点来描述，这就为宋代理学家们'即物穷理'开了先河"[1]。程颐说："所以阴阳者道，既曰气，则便是二。言开阖，已是感，既二则便有感。所以开阖者道，开阖便是阴阳。老氏言虚而生气，非也。阴阳开阖，本无先后，不可道今日有阴，明日有阳。如人有形影，盖形影一时，不可言今日有形，明日有影，有便齐有。"[2]道即理，是理之内，其"阴阳之气"是理自身的结构要素，这些结构要素可称之为"齐有"。"齐有"外化为宇宙万物，即是"理"，所谓"理只是发而见于外者"[3] 是也，即理为道之外。故程颐特别强调说，如果要明辨"物我一理"，就必须"合内外之道"[4]。而为了化理之抽象为具体，程颐常常把理当作一种模型来看待。如他说："三十辐共一毂，则为车。若无毂辐，何以见车之用？"[5] 即理与气的关系就像毂辐与车的关系一样。又说："读《易》须先识卦体。如乾有元亨利贞四德。"[6] 在这里，"元亨利贞四德"是乾的内结构（即道），而卦爻则是乾的外结构（即理），亦是作为理之乾的一种模型。在程颐看来，通过特定的模型去认识和把握事物的本质或者说内结构，是人类认识的基

---

① 席泽宗：《科学史十论》，复旦大学出版社 2003 年版，第 11 页。

② 程颢、程颐：《河南程氏遗书》卷 15《入关语录·伊川先生语一》，《二程集》上，中华书局 2004 年版，第 160 页。

③ 程颢、程颐：《河南程氏遗书》卷 18《刘元承手编·伊川先生语四》，《二程集》上，中华书局 2004 年版，第 206 页。

④ 同上书，第 193 页。

⑤ 程颢、程颐：《河南程氏遗书》卷 15《入关语录·伊川先生语一》，《二程集》上，中华书局 2004 年版，第 144 页。

⑥ 程颢、程颐：《河南程氏遗书》卷 19《杨遵道录·伊川先生语五》，《二程集》上，中华书局 2004 年版，第 248 页。

本路径，故"大抵卦爻始立，义既具"①。当然，"义具"并不是"定数"，它随着卦爻结构的变化而变化。程颐说："卦之序（即卦的结构，引者注）皆有义理，有相反者，有相生者，爻变则义变也。"② 以此为前提，我们自然会提出这样一个问题：宇宙万物存在不存在相同的化学结构呢？现代科学已经证实，有机界和无机界有着共同的物质起源，因此，它们的基本化学元素具有统一性，程颐将这种统一性称作"中"。他说："'喜怒哀乐未发谓之中'，只是言一个中体。既是喜怒哀乐未发，那里有个甚么？只可谓之中。如乾体便是健，及分在诸处，不可皆名健，然在其中矣。天下事事皆有中。"③ 且"识得则事事物物上皆天然有个中在那上，不待人安排也"④。所以，从这个角度讲，"天、地、人只一道也"⑤，甚至"道与性一也"⑥，绝不是没有科学根据。问题是：这个"一"是纯粹的"一"还是"复合"的"一"？程颐说："离了阴阳更无道，所以阴阳者是道也。"⑦ "盖天地间无一物无阴阳。"⑧ 由此可见，道是由阴与阳相互结构而成的一个"复合性"的物质实体，因而，"'配义与道'，即是体

① 程颢、程颐：《河南程氏遗书》卷17《伊川先生语三》，《二程集》上，中华书局2004年版，第174页。

② 程颢、程颐：《河南程氏遗书》卷18《刘元承手编·伊川先生语四》，《二程集》上，中华书局2004年版，第223页。

③ 程颢、程颐：《河南程氏遗书》卷17《伊川先生语三》，《二程集》上，中华书局2004年版，第180页。

④ 同上书，第181页。

⑤ 程颢、程颐：《河南程氏遗书》卷18《刘元承手编·伊川先生语四》，《二程集》上，中华书局2004年版，第183页。

⑥ 程颢、程颐：《河南程氏遗书》卷25《畅潜道录·伊川先生语十一》，《二程集》上，中华书局2004年版，第316页。

⑦ 程颢、程颐：《河南程氏遗书》卷15《入关语录·伊川先生语一》，《二程集》上，中华书局2004年版，第162页。

⑧ 程颢、程颐：《河南程氏遗书》卷18《刘元承手编·伊川先生语四》，《二程集》上，中华书局2004年版，第237页。

用。道是体，义是用，配者合也。气尽是有形体，故言合。气者是积义所生者，却言配义，如以金为器，既成则目为金器可也。"① 在此，把道与气、义的关系比做一个"金器"，未必恰当，但它旨在说明"道"是合气与义于自身之内的，它本身是一个"复合性"的物质实体，而这个物质实体不断地产生出万事万物，用程颐的话说就是"有阴便有阳，有阳便有阴。有一便有二，才有一二，便有一二之间，便是三，已往更无穷。"② 换言之，"道则自然生生不息"③。

在程颐看来，"理"又是一个多元的集合，他说："近取诸身，百理皆具。"④ "万物一理。"⑤ 而格物穷理"所以能穷者，只为万物皆是一理，至如一物一事，虽小，皆有是理"⑥。"一物须有一理"⑦，这里，"一理"就是一个多元的集合，所以程颐才有"众理"的说法。如程颐在解释屯卦之象时说："夫卦者，事也；爻者，事之时也。分三而又两之，足以包括众理，引而伸之，触类而长之，天下之能事毕矣。"⑧ 而"若只格一物便通众理，虽颜子亦不敢如此道"⑨。那么，"众理"之"理"本身所

① 程颢、程颐：《河南程氏遗书》卷15《入关语录·伊川先生语一》，《二程集》上，中华书局2004年版，第161页。

② 程颢、程颐：《河南程氏遗书》卷18《刘元承手编·伊川先生语四》，《二程集》上，中华书局2004年版，第225页。

③ 程颢、程颐：《河南程氏遗书》卷15《入关语录·伊川先生语一》，《二程集》上，中华书局2004年版，第149页。

④ 同上书，第167页。

⑤ 程颢、程颐：《二程粹言》卷上，文渊阁四库全书本。

⑥ 程颢、程颐：《河南程氏遗书》卷15《入关语录·伊川先生语一》，《二程集》上，中华书局2004年版，第157页。

⑦ 程颢、程颐：《河南程氏遗书》卷18《刘元承手编·伊川先生语四》，《二程集》上，中华书局2004年版，第193页。

⑧ 程颐：《伊川易传》卷1《周易上经》，文渊阁四库全书本。

⑨ 程颢、程颐：《河南程氏遗书》卷18《刘元承手编·伊川先生语四》，《二程集》上，中华书局2004年版，第188页。

指者何？程颐一再强调说："穷物理者，穷其所以然也。"① 故"凡物有本末，不可分本末为两段事。洒扫应对是其然，必有所以然"②。不言而喻，此"所以然"就是"理"。而从北宋整个思想发展史上看，程颐对"所以然"的关注，是其学术思想的显著特征。在西方，"所以然"之所指为"本质"。因而在"所以然"的范围里，"理"与"本质"就应当具有同样的内涵。牟宗三先生曾经说过："亚里士多德的本质（essence）、柏拉图的理型（idea），皆是多而非一，当是'形构之理'。"③ 笔者认为，此言甚是。若以此推论则程颐所说的"理"亦"是多而非一"，亦是"形构之理"。

第三，人类知识实际上是由如何处理两个关系即人与自然的关系和人与人的关系所形成的认识成果，在人类的具体实践过程中，往往会形成两种不同的知识体系：一种是古希腊的自然哲学体系（重点考察人与自然的关系），另一种是中国古代的道德哲学体系（重点考察人与人的关系）。而二程试图建立一种综合自然哲学和道德哲学的理学体系，故在他们的思想文本中，理既是自然界的最高范畴也是人类社会的最高主宰。二程说："上天之载，无声无臭之可闻。其体，则谓之易；其理，则谓之道；其命在人，则谓之性；其用无穷，则谓之神。一而已矣。"④ 又说："天、地、人，只一道也。"⑤ 在这里，二程对作为知识性的理的理解有分歧。其中程

---

① 程颢、程颐：《二程粹言》卷下，文渊阁四库全书本。

② 程颢、程颐：《河南程氏遗书》卷15《入关语录·伊川先生语一》，《二程集》上，中华书局2004年版，第184页。

③ 牟宗三：《宋明儒学的问题与发展》，华东师范大学出版社2004年版，第77—78页。

④ 杨时：《二程粹言》卷上《论道篇》。

⑤ 程颢、程颐：《河南程氏遗书》卷18《刘元承手编·伊川先生语四》，《二程集》上，中华书局2004年版，第183页。

颢认为凡是跟孔孟之道相背离的知识行为都应当禁止，他用道德知识取代了科学知识（引文见前），而程颐认为应当把道德知识跟科学知识区分开来，给科学知识以一定的社会地位和生存空间。程颐说："见闻之知，乃物交而知，非德性所知；德行所加，不待于见闻"①，因为他有一条信念是"学者须先识仁……识得此理，以诚敬存之而已"②，而程颐除"诚敬"而外，尚有"致知"这个知识主题，他说："涵养须用敬，进学在致知。"在笔者看来，"用敬"即是指道德知识，而"致知"则是指一般的社会知识和自然知识。虽然如此，但这两种知识的地位是不平等的，程颐说："君子所蕴畜者，大则道德经纶之业，小则文章才艺。"③孔子说："吾不试，故艺"④，二程对这句话的理解有所不同，程颢在他的思想中没给"艺"留下余地，而程颐则多少为"艺学"争取到了一点地位，尽管这点地位还是十分有限的。

二程在承认理是宇宙本原的前提下，也承认"气化"在宇宙万物形成中的作用。二程说："万物之始，皆气化；既形，然后以形相禅，有形化；形化长，则气化渐消。"⑤

这是二程自然观的总纲，它包含两层意思：一是说"气化"的矛盾运动赋予物质以一定的空间形式，因此有了山石、草木、动物和人类。程颐说："陨石无种，种于气。麟亦无种，亦气化。厥初生民亦如是。至如海滨露出沙滩，便有百虫禽兽草木无

---

① 杨时：《二程粹言》卷下《天地篇》。
② 程颢、程颐：《河南程氏遗书》卷2上《明道语录》，《二程集》上，中华书局2004年版，第16页。
③ 程颐：《伊川易传》卷1《小畜》卦《象》。
④ 《论语》卷9《子罕》。
⑤ 程颢、程颐：《河南程氏遗书》卷5《二先生语五》，《二程集》上，中华书局2004年版，第79页。

种而生，此犹是人所见"①；二是说物质的空间形式千变万化，构成了现象世界，而隐藏在现象世界背后的"本质"便转化成了"道"。所以道是与现象世界相关联的一个范畴，它不能超越于具体的客观事物之外，故程颐说："有形总是气，无形只是道。"② 而用本质与现象的范畴去说明道跟理的关系，进而去揭示宇宙发展演化的规律，是二程自然观的主要特征。二程说："凡眼前无非是物，物皆有理，如火之所以热，水之所以寒，至于君臣父子间，皆是理。"③

（三）"穷尽物理"的科学观

程颢说："天之所以为天，天未名时，本亦无名，只是苍苍然也。何以便有此名？盖出自然之理。"④ 这个思想来源于"宣夜说"，如三国时提倡"宣夜说"的杨泉说："夫地有形而天无体。"⑤ 由此可见，程颢依据中国古代的"宣夜说"，否定了"天"是人格神的说法，还"天"以自然而然的本质，这一点是实事求是的，也是科学的。基于这样的认识，二程特别是程颐还在天文学方面提出了许多合理的观点。

第一，历法家必须通"理"。"理"在宋代已经逐渐成为一个非常重要的认识论范畴，它具体体现在天文历法方面，就形成了历法与历理的争论。宋初，人们已经懂得天体的运行不仅是自然而然的，而且是有规律可循的，这就是"理"。郑昭宴说：

① 程颢、程颐：《河南程氏遗书》卷15《入关语录·伊川先生语一》，《二程集》上，中华书局2004年版，第161页。

② 程颢、程颐：《河南程氏遗书》卷6，《二程集》上，中华书局2004年版，第83页。

③ 程颢、程颐：《河南程氏遗书》卷9《杨遵道录》，《二程集》上，中华书局2004年版，第247页。

④ 程颢、程颐：《河南程氏遗书》卷1《端伯传师说·二先生语一》，《二程集》上，中华书局2004年版，第9页。

⑤ 孙谷：《古微书》卷1《尚书纬》。

"日食朔，月食望，自为常理"①，后来周琮更提出了用"得其理"作为衡量历法优劣的标准，他说："较古而得数多，又近于今，兼立法、立数，得其理而痛于本者为最也"②，故邵雍批评当时的历法家"但只历法，不知历理"③，而二程则从正面来说明历法家通理的必要性，他们说："阴阳之度，日月寒暑昼夜之变，莫不有常"④，又说："阴阳盈缩不齐，不能无差，故历家有岁差法。"⑤ 因此，程颐总结说："历象之法，大抵主于日，日一事正，则其他皆可推。洛下闳作历，言数百年后当差一日，其差理必然。何承天以其差，遂立岁差法。其法，以所差分数，摊在所历之年，看一岁差著几分，其差后亦不定。独邵尧夫立差法，冠绝古今，却于日月交感之际，以阴阳亏盈求之，遂不差。大抵阴常亏，阳常盈，故只于这里差了。历上若是通理，所通为多。"⑥ 这里，程颐虽然不清楚造成"岁差"的原因是由于日月星辰共同对地球赤道突出部分的摄引所致，且这种摄引是客观的和不以人的意志为转移的，故"不差"是不可能的，但他毕竟看到了"阴常亏，阳常盈，故只于这里差了"，也就是说，太阳和月亮是造成岁差的主要原因，这即是程颐所说的"历理"。所以，在邵雍和二程"历象之法"的影响下，历理问题便成为后世许多天文学家议论的话题，而元代《授时历议》之"历议"

① 脱脱等：《宋史》卷 70《律历志三》。
② 脱脱等：《宋史》卷 75《律历志八》。
③ 张行成：《皇极经世观物外篇衍义》卷 8《观物外篇下之中》，文渊阁四库全书本。
④ 程颢、程颐：《河南程氏遗书》卷 15《入关语录·伊川先生语一》，《二程集》上，中华书局 2004 年版，第 149 页。
⑤ 程颢、程颐：《河南程氏遗书》卷 11《师训·明道先生语一》，《二程集》上，中华书局 2004 年版，第 122 页。
⑥ 程颢、程颐：《河南程氏遗书》卷 15《入关语录·伊川先生语一》，《二程集》上，中华书局 2004 年版，第 150 页。

中的每一个条目几乎都渗透着"历理"的天文观念。

第二，太阳是一颗自燃的星球，它靠自身的燃烧而发光和发热。现代天体物理学认为，太阳是一颗第二代恒星，它本身由氢核聚变成氦核的热核反应而产生巨大的能量，并以辐射的方式从内部转移至表面，然后发射到宇宙空间。由于北宋受科学技术发展水平的局限，不可能具有现代天体物理学的思想，但二程根据当时科学实际，大胆地猜测到了太阳具有自燃的性质，程颢说："日固阳精也……气行满天地之中，然气须有精处，故其见如轮、如饼。譬之铺一溜柴薪，从头爇著，火到处，其光皆一般，非是有一块物推著行将去，气行到寅，则寅上有光，行到卯则卯上有光"①，其中"非是有一块物推著行将去"就是说太阳是自燃的星球，而不是外力所致，同时程颢把太阳燃烧的物质理解为一种能够自燃的"精气"，具有一定的合理性。

第三，对人体的各种生理现象作了积极探索。

探索性结论之一：人的健康状况由人体之气血、心理和生活环境三因素所决定，已接近现代医学的发展模式。程颐说："人气壮，则不为疾。气羸弱，则必有疾"②，这是内因，即人自身的身体素质跟健康具有内在的联系；又说："汝之多瘿，以地气壅滞。尝有人以器杂贮州中诸处水，例皆重浊，至有水脚如胶者，食之安得无瘿？治之之术，于中开凿数道沟渠，泄地之气，然后少可也"③，这是外因，即环境与人的健康也有因果关系。中医非常重视环境与人类健康的关系，故中医有"五淫"之说。

---

① 程颢、程颐：《河南程氏遗书》卷2上《元丰己未吕与叔东见二先生语·二先生语二上》，《二程集》上，中华书局2004年版，第36页。

② 程颢、程颐：《河南程氏外书》卷5《冯氏本拾遗》，《二程集》上，中华书局2004年版，第374页。

③ 程颢、程颐：《二程外书》卷10《大全集拾遗》，《二程集》上，中华书局2004年版，第406页。

"昔聂觉倡不信鬼神之说，故身杀湫鱼。其同行者，有不食鱼而病死者，有食鱼亦不病不死者，只是其心打得过。或食而病，或不食而病。要之，山中阴森之气，心怀忧思，以致动其气血也"[①]，精神或心理因素与健康的关系已经成为现代医学的重要话题，程颐在北宋即已看到主观的心理状态会影响人体健康，这一点是程颐"求理"的具体表现之一。

探索性结论之二：程颐对梦做了唯物的解释。梦，在古代被看作是一种神秘现象，甚至人们把梦与人的特定行为相联系，所以占梦也成为一门很重要的术数。《周礼·春官》载："占梦，掌其岁时，观天地之会，辨阴阳之气，以日、月、星辰占六梦（包括正梦、噩梦、思梦、寤梦、喜梦和惧梦，引者注）之吉凶。"睡虎地秦简出土的《日书》中有不少占梦的内容，《甘德长柳占梦》也载有占梦之官每年冬季都为侯王迎祈吉梦和禳除凶梦的活动，这说明秦汉时占梦已经成为非常重要的社会现象了，故《汉书》卷30《艺文志》说："众占非一，而梦为大，故周有其官，而《诗》载熊罴、虺蛇、众鱼、旟旐之梦，著名大人之占，盖参卜筮。"既然占梦同卜筮一样，那它就是一种纯粹的伪科学，从世界范围内来看，把梦当作科学对象而不是神秘之象来研究的，应是奥地利的精神分析学家弗洛伊德，他于1900年出版的《释梦》一书被称为人类梦心理研究史上的一个里程碑。后来，人们借助于脑电图来研究人类的睡眠现象，发现梦实际上是"快速眼球运动睡眠期"（REM）的一种生理表现，它主要由蓝斑（NA神经元通路停止活动）所致，其驱动因子存在于脑干网状结构的相关核团之中。程颐当然不懂得弗洛伊德和蓝斑，但他们对梦却都作出了比较合理的解释，在程颐看来，日

---

① 程颢、程颐：《二程外书》卷10《大全集拾遗》，《二程集》上，中华书局2004年版，第407页。

214

有所思，夜有所梦，故做梦"只是心不定"① 所产生的一种正常生理现象，没有什么可神秘的。他说："今人所梦见事，岂特一日之间所有之事，亦有数十年前之事。蒙见之者，只为心中旧有此事，平日忽有事与此事相感，或气相感，然后发出来。"② 又，程颐解释"高宗得傅说于梦"的生理现象说："盖高宗至诚，思得贤相，寤寐不忘，故朕兆先见于梦。如常人梦寐闲事有先见于梦者多矣，亦不足怪。"③

探索性结论之三：初步看到了气体交换是维持人类个体存在的基本物质条件。程颐说："真元之气，气之所由生，不与外气相杂，但以外气涵养而已。若鱼在水，鱼之性命非是水为之，但必以水涵养，鱼乃得生尔。人居天地气中，与鱼在水无异。至于饮食之养，皆是外气涵养之道。出入之息者，阖辟之机而已。所出之息，非所入之气，但真元自能生气，所入之气，止当辟时，随之而入，非假此气以助真元也。"④ 何谓"真元"？用现代生物学的术语讲，"真元"近于"氧气"之意。其"所出之息，非所入之气"，因为就单纯的呼吸过程来说，"出入之息"是两个不同的新陈代谢过程，其中"出"是将体内的二氧化碳排出来，而"入"则是将外环境中的氧气摄入体内。诚然，对程颐而言，上述说法尽管不是从实证中得出来的结论，它顶多是一种天才的猜测，但程颐的思想大体上与人体的实际生理运动规律相符合，其主要的方面是正确的。

① 《宋元学案》卷 15《伊川学案上》。

② 程颢、程颐：《河南程氏遗书》卷 18《刘元承手编·伊川先生语四》，《二程集》上，中华书局 2004 年版，第 202 页。

③ 同上书，第 227 页。

④ 程颢、程颐：《河南程氏遗书》卷 15《入关语录·伊川先生语一》，《二程集》上，中华书局 2004 年版，第 165—166 页。

（四）"一切涵容覆载，但处之有道尔"的方法论

宇宙万物之造化广大，形形色色，但又杂乱无章，漫然浑廓，这是物的性质。相对物的性质，人类的思维则具有为物"理照"的本性，程颐说："天地之化，虽廓然无穷，而阴阳之度，日月寒暑昼夜之变，莫不有常，此道之所以为中庸"①，所以"中庸"是人类认识宇宙万物的一种原则，而这个原则可以理解为是"一切涵容覆载，但处之有道尔"②的总纲。

"处之有道"不仅是道德学成立的条件，而且也是科学产生的前提。那么，如何"处之有道"呢？二程从以下几个方面给我们作了提示：

首先，"格物致知"的"穷理法"。知识是怎么产生的？这是科技思想史中的一个大问题。回顾人类思想发展的历史，古今中外的思想家对这个问题的看法不外有三种情况：一是先天派，古希腊的柏拉图和中国战国时期的孟子就是这一派的代表，如孟子说："人之所不学而能者，其良能也；所不虑而知者，其良知也"③，而"致良知"的途径则是"求其放心而已矣"④，具体地讲就是两个字"思诚"；二是后天之经验派，古希腊的亚里士多德和中国战国时期的荀子就是这一派的代表，如荀子说："所以知之在人者，谓之知（认识能力）；知有所合（接触）谓之智（知识）。所以能之在人者，谓之能（掌握才能的能力），能有所合谓之能（才能）"⑤；三是折中派，中国春秋时期的墨子是这一派的代表，如他说："知，接也（感官经验，为后天所得，是知

---

① 程颢、程颐：《河南程氏遗书》卷 15《入关语录·伊川先生语一》，《二程集》上，中华书局 2004 年版，第 149 页。

② 程颢、程颐：《河南程氏遗书》卷 2 上《元丰己未吕兴叔东见二先生语》，《二程集》上，中华书局 2004 年版，第 17 页。

③ 孟轲：《孟子》13《尽心章句上》。

④ 同上。

⑤ 荀况：《荀子》卷 22《正名》。

识的来源之一）；智，明也（先验范畴，为人脑所固有，不假外求，也是知识的来源之一）"①。二程自称为孟子的传人，所以其"穷理"之中必然有先验论的因子，尤以程颢为典型，程颢说："良知良能，皆无所由，乃出于天，不系于人"②，其方法为"敬"。程颐则一方面承认"知者，吾之所固有"③，另一方面又说"致知在格物"④，在这里，"格物"相当于墨子所说的"接"和荀子所说的"合"，即与客观事物相接触才能获得知识，这是经验论的显著特征。他说："格犹穷也……物犹理也，犹曰穷其理而已矣。穷其理然后足以致之，不穷则不能致也"⑤，又说："格至也，'祖考来格'之格。凡一物上有一理，须是穷，致其理"⑥，很清楚，程颐把"格物"看成是扩充知识的根本方法，而他的方法偏重于经验论。正是由于程颐的这个思想已接近于"实验主义"，故胡适说："朱子承二位程子的嫡传。他的学说有两个方面，就是程子说的'涵养须用敬，进学则在致知'。主敬的方面是沿袭着道家养神及佛家明心的路子下来的，是完全向内的功夫。致知的方面是要'即凡天下之物，莫不因其已知之理而益穷之，以求致乎其极'，这是科学家穷理的精神，这真是程朱一派的特别贡献。"⑦

其次，"理一分殊"，也有人称作"理一气殊"⑧的"演绎

---

① 墨翟：《墨子·经上》。

② 真德秀：《西山读书记》卷11《父子》，文渊阁四库全书本。

③ 程颢、程颐：《河南程氏遗书》卷25《畅潜道本》，《二程集》上，中华书局2004年版，第316页。

④ 同上。

⑤ 同上。

⑥ 程颢、程颐：《河南程氏遗书》卷18《刘元承手编·伊川先生语四》，《二程集》上，中华书局2004年版，第188页。

⑦ 胡适：《少年中国之精神》，《胡适精品集》9，光明日报出版社1998年版，第222页。

⑧ 陈钟凡：《两宋思想述评》，商务印书馆1933年版，第92页。

法"。"理一分殊"这个概念是由二程首先发明的，但在周敦颐的文本中则已显露出了这个思想萌芽。周敦颐说："二殊五实，二本则一，是万为一，一实万分，万一各正，小大有定"①，而当程颐与杨时讨论《西铭》时正式提出"理一分殊"的命题，他说："天下之物，理一而分殊。知其理一，所以为仁；知其分殊，所以为义。极其分之轻重，无铢分之差，则精矣"②，又说："天下之理一也，涂虽殊而其归则同，虑虽百而其致则一。虽物有万殊，事有万变，统之以一，则无能违也"③，从逻辑的角度看，这"事有万变，统之以一"即是演绎法（由一般推出个别）的基本思想。我们说二程理学的创新点就在于它通过"理"这个独立范畴试图突破自秦汉以来所形成的"阴阳五行"范畴，并尝试着把中国古代的科学理论水平再向前推进一步。因为既然"天下之理一也"，那么，人们在论证每一个科学原理时就不必都依赖于观察和实验了，它指导人们从少量的真实可靠的前提出发进行推理，建立理论体系，以此来加速科学理论的发展。所以二程说：

> 天下物皆可以理照，有物必有则，一物须有一理。④
>
> 问："某尝读《华严经》，第一真空绝相观，第二事理无碍观，第三事事无碍观，譬如镜灯之类，包含万象，无有穷尽。此理如何？"曰："只为释氏要周遮，一言以蔽之，不过曰万理归于一理也。"⑤

---

① 周敦颐：《通书·理性命》。
② 黄宗羲：《宋元学案》卷 15《伊川学案上》。
③ 程颐：《周易程氏易传·咸卦》。
④ 程颢、程颐：《河南程氏遗书》卷 18《刘元承手编·伊川先生语四》，《二程集》上，中华书局 2004 年版，第 193 页。
⑤ 同上书，第 195 页。

从逻辑上讲，既然能"万理归于一理"，那么就同样能一理推出万理，而后者正是二程思想之关键所在。至于说一理为什么能推出万理，其根据在气之万殊，因为"气有淳漓"①，有"纯气"和"繁气"②，即气的存在方式是多种多样的。所以二程说：

> "万物皆备于我"，不独人尔，物皆然；都自这里出去。只是物不能推，人则能推之。虽能推之，几时添得一分；不能推之，几时减得一分。③

在这里，"推"显然是指人的思维功能而言，而且是特指人类思维科学中的演绎推理。演绎推理属于主观逻辑，而事物的运动法则属于客观逻辑。其主观逻辑只能反映事物的运动规律，但既不能创造它，也不能消灭它。"所以谓万物一体者，皆有此理。只为从那里来，'生生之谓易'；生则一时生，皆完此理"④，"只为从那里来"恰恰就是演绎推理的基本功用。张岱年先生在谈论"维也纳派的物理主义"的科学意义时说："在能够确证一个命题为真理之前，这个命题的意谓必须先晓得；因而，在能够建立一个理论，即一种科学之前，是必先由哲学来作工作的"⑤，二程所做的工作正是"确证一个命题为真理之前"的工作，而这个真理性的命题就是"天下物皆可以理照"，即万事万物都可

① 程颢、程颐：《河南程氏遗书》卷 15《入关语录·伊川先生语一》，《二程集》上，中华书局 2004 年版，第 146 页。

② 程颢、程颐：《河南程氏遗书》卷 18《刘元承手编·伊川先生语四》，《二程集》上，中华书局 2004 年版，第 198—199 页。

③ 程颢、程颐：《河南程氏遗书》卷 2，《二程集》上，中华书局 2004 年版，第 34 页。

④ 程颢、程颐：《河南程氏遗书》卷 2《元丰己未吕与叔东见二先生语·二先生语二下》，《二程集》上，中华书局 2004 年版，第 33 页。

⑤ 张岱年：《张岱年全集》第 1 卷，河北人民出版社 1996 年版，第 85 页。

以用理性去把握。

再次，顿悟的思维方法。程颐说：

> 若只格一物便通众理，虽颜子亦不敢如此道。须是今日
> 格一件，明日又格一件，积习既久，然后脱然自有贯
> 通处。①

> 今人欲致知，须要格物。物不必谓事物然后谓之物也。
> 自一身之中，至万物之理，但理会得多相次，自然豁然有
> 觉处。②

> 人要明理，若止一物上明之，亦未济事。须是集众理，
> 然后脱然自有悟处。③

顿悟虽然具有倏忽而至、出其不意的特征但绝不是异想天
开，不是诞妄之思，而是"积习既久"的一种质变形式，一种
思维意识的渐进性中断。那么，如何"脱然自通"呢？二程给
出了三种方法：一种是"深思"，程颐说："思曰睿，思虑久后，
睿自然生。若于一事上思未得，且别换一事思之，不可专守着这
一事。盖人之知识，于这里蔽着，虽强思亦不通也"④，这是科
学研究过程中常见的方法，我们可把它称作"思维转换律"；一
种是"敬义"，"敬义"实际上就是"敬"与"义"的交叉和结
合，也是作为"敬"的知识跟作为"义"的知识的互渗与贯通，
用今天的话说就是理论与实践相结合，就是潜意识与显意识两者

---

① 程颢、程颐：《河南程氏遗书》卷 18《刘元承手编·伊川先生语四》，《二
程集》上，中华书局 2004 年版，第 188 页。

② 程颢、程颐：《河南程氏遗书》卷 17《伊川先生语三》，《二程集》上，中
华书局 2004 年版，第 181 页。

③ 程颢、程颐：《河南程氏遗书》卷 18《刘元承手编·伊川先生语四》，《二
程集》上，中华书局 2004 年版，第 175 页。

④ 同上书，第 186—187 页。

之间的撞击与沟通。程颐说："敬只是涵养，一事必有事焉，须当集义。只知用敬，不知集义，却是都无事也"①，陈钟凡解释说："是敬者只将事物之概念有于吾心，不必时时实有其事；义则必著于事物而后明。若仅存概念，不一一验诸实际，则概念不过心中之印象已耳。"② 其中"事物之概念有于吾心"之"敬"即是理论，而"必著于事物"之"义"即是实践。程颐说："内外一理，岂特事上求合义也。敬以直内，义以方外，合内外之道也。"③ "合内外之道"在学界有多种解释，但我认为从方法论的视角把它诠释为理论与实践的结合可能更接近于程颐而不是程颢的本意；一种是"体认"，即独立思索的精神。程颐说："学也者，使人求之于本也。不求于本而求于末，非圣人之学也。何为不求于本而求于末？考详略，探异同是也。是二者皆无益于吾身，君子弗学"④，何为"体认"？二程说："格物之理，不若察之于身"⑤。进一步，如何"察之于身"？依靠假想的方法，提出假说，存一家之言。所以"体认"的前提是克服思维惰性，突破思维定式的束缚，敢于想象，而二程的"气化"说就是"体认"之显著表现。宇野哲人评二程的"气化"说道："天地开辟之始，或者由气化而生极下等之生物，是亦可存为一臆说。而如今日所见之人物，乃以为忽由气化而生，实属奇想。凡稍知进化论者，绝不能想象者也。"⑥ 常人"绝不能想象者"，二程想象到了，这就是科学创造的原理，甚至爱因斯坦把它称作是"知识

---

① 《宋元学案》卷15《伊川学案上》。

② 陈钟凡：《两宋思想述评》，商务印书馆1933年版，第97页。

③ 《宋元学案》卷15《伊川学案上》。

④ 同上。

⑤ 吕柟：《二程子抄释》卷3《刘绚录第九》，文渊阁四库全书本。

⑥ 宇野：《中国近世儒学史》，台湾，中国文化大学出版部1983年版，第128—129页。

进化的源泉"①。

第六节　紫阳派的内丹实践及其科技思想

一　张伯端与《悟真篇》

张伯端（987？—1082）字平叔，一名用成，号紫阳，浙江天台人。他对宋学的发展趋势和学术走向提出了独到的见解，他说："老释以性命学开方便之门，教人修种，以逃生死。释氏以空寂为宗，若顿悟圆通则直朝如习漏未尽，则尚徇于有生"，而"《周易》有穷理尽性至命之辞，鲁语有毋意必固我之说，此又仲尼极臻乎性命之奥也"，"至于《庄子》推穷物累逍遥之性，《孟子》善养浩然之气，皆切几之矣"②。用"性命"这条红线把儒、释、道贯通起来，这是张伯端内丹学理论的基础，也是他最根本的悟性。熙宁二年（1069），张伯端"因随龙图陆公入成都，以夙志不回，初诚愈格，遂感真人，授金丹药物火候之诀"③。张伯端在《自序》中说：真人所授丹诀"其言甚简，其要不繁，可一悟百，雾开日莹，尘尽鉴明，校之仙经，若合符契。因谓世之学仙者，十有八九；而达其真要者，未闻一二。"因此之故，在陆诜死后，他先是投奔司农少卿转运使马默，再转赴荆湖汉阴山修炼，最后返回天台山，馨其所得，并于熙宁八年（1075）作成律诗九九八十一首，名之张伯端《悟真篇》。书成之后，张伯端再度出山，辗转于秦陇一带地区，始传法于石泰，再传薛道光、陈楠、白玉蟾，史称"南宗五祖"，而张伯端《悟

---

① 爱因斯坦：《爱因斯坦文集》，许良英等译，商务印书馆1977年版，第284页。
② 张伯端：《悟真篇》自序。
③ 同上。

真篇》也因此被后人誉为"千古丹经之祖"①。

二 张伯端的内丹学思想及其科学内容

（一）"道自虚无生一气"的自然观

张伯端说："道自虚无生一气，便从一气产阴阳；阴阳再合成三体，三体重生万物张。"②

关于"无"与"有"（气）的关系问题，在中国古代是一个久而未决的形而上学问题。老子对"道"与"无"这两个哲学范畴，拥有当然的发明权。但究竟什么是"道"？学界的争论较大，说法不一。老子说："道之为物，恍兮惚兮；恍兮惚兮，其中有象；恍兮惚兮，其中有物。"③ 而"恍惚"者何？老子说："视之不见名曰夷，听之不闻名曰希，搏之不得名曰微。此三者不可致诘，故混而为一。其上不皦，其下不昧，绳绳不可名，复归于无物，是谓无状之状，无物之象，是谓恍惚。"④ 可见，"道"是自然界的原初存在状态，由于这种存在状态不是实体性的，故为"恍惚"。黑格尔在《哲学史讲演录》第 1 册中把"夷"、"希"、"微"三个词解释为"空虚"和"无"，说"什么是至高无上的和一切事物的起源就是虚，无，恍惚不定（抽象的普遍）。这也就名为'道'或理"⑤。张伯端说："金丹之生于无也，又不可为玩空。当知此空，乃是真空，无中不无，乃真虚无"⑥，可见，"虚无"不是空无一物，而是包含着"有"的"无"。那么，"无"这个范畴能够为科学界所接受吗？答案可以

---

① 张伯端：《悟真篇注疏原序》。

② 张伯端：《悟真篇》之《绝句六十四首》。

③ 李耳：《老子》第 21 章。

④ 李耳：《老子》第 14 章。

⑤ 黑格尔：《哲学史讲演录》第 1 卷《东方哲学》，商务印书馆 1997 年版，第 129 页。

⑥ 张伯端：《金丹四百字》之序。

说是肯定的。这是因为，爱因斯坦的"相对论"，已经赋予"无"以"实在"的意义。按照量子理论和不确定原理，科学家预言了虚的物质粒子对（粒子对的一个成员为粒子而另一个成员为反粒子）的存在[①]，如黑洞就是由实粒子与虚粒子共同构成的宇宙天体，而所谓"虚粒子"即指那些具有负能量的物质粒子，不过，在物质的运动过程中，负能粒子能转变为实粒子。而为了解决宇宙的"奇点"问题，霍金更提出了"虚时间"的概念，在他看来，"在实时间中，宇宙的开端和终结都是奇点。这奇点构成了科学定律在那儿不成立的空间——时间边界。但是，在虚时间里不存在奇点或边界。所以，很可能我们称之为虚时间的才真正是更基本的观念，而我们称作实时间的反而是我们臆造的，它有助于我们描述宇宙的模样。"[②]

张伯端说："三五一都三个字，古今明者实然稀。东三南二同成五，北一西方四共之。戊己自居本生数，三家相见结婴儿。"[③]

这段韵文的基本内容可用下图示之：

（位南，属火）

2

（位东，属木）3　　　5　　　4（位西，属金）

1

（位北，属水）

---

① 霍金：《时间简史》，湖南科学技术出版社 2000 年版，第 102 页。
② 同上书，第 128 页。
③ 张伯端：《悟真篇·七言四韵一十六首》之第 14 首。

由上面这个图示知，从整体上，张伯端将宇宙物质分成了阴与阳两大部分，用内丹学的语言说，就是龙与虎两大部分。其中火与木相互作用构成"龙"的世界，属于一个"五"；而金与水相互作用则构成"虎"的世界，这个世界属于另外一个"五"。加之"龙"与"虎"相互作用即"彼此怀真土"[①] 所形成的中央世界亦为独立存在的一个"五"，总共三个"五"。翁葆光注云："三五一不离龙虎也。龙属木，木数三，居东，木能生火，故龙之弦气属火；火数二，居南，二物同源，故三与二合成一五也。虎属金，金数四，居西，金能生水，故虎之弦气属水，水数一，居北，二物同宫，故四与一合成二五也。二物之五交于戊己之中宫，中宫属土，土生数五，是为三五也。合而成丹，丹者一也。故曰：三五一也。"[②] 而这三个"五"究竟有何蕴意？翁葆光在注疏中提示道："一二三四五生数，生则有兆而未成形，非世间有质之五行。"[③] 那么，什么是"有质"呢？有质亦称气质，张伯端说："欲念者，气质，性之所为也。"[④] 在北宋思想家的话语体系里，"气质之性"通常是指一般生物的基本特性，既然如此，那么，由上述三个"五"构成的世界，就应当属于无生命的物质世界，这个世界包括宇宙演化的前两个阶段，即物理进化阶段和化学进化阶段。具体地说，就相当于太阳系和地球的形成阶段。因为这个阶段还没有天（指太阳系），也没有地（指地球），所以说三

---

　　① 张伯端：《悟真篇·绝句六十四首》之第 14 首。

　　② 张伯端撰、翁葆光注：《悟真篇注疏及悟真篇三注拾遗》，《道藏》第 2 册，第 930 页。

　　③ 同上书，第 931 页。

　　④ 张伯端：《玉清金笥青华秘文金宝内炼丹诀》卷上《下手工夫》，《道藏》第 4 册，第 365 页。

五"生于天地之先"①。现在的问题是：三五如何"无中生有"地或用张伯端的话说"杳冥中有变"地形成天和地？张伯端反复强调说："万卷仙经语总同，金丹只是此根宗。"② 又"坎电烹轰金水方，火发昆仑阴与阳"③。在张伯端看来，"火"是形成天和地的根本动力，是金丹之宗，亦是"天地发生之本"。翁葆光说："火者，日之精，生于木，克于金，有气而无质，天地发生之本也。"④ 跟那些认为"火"是宇宙万物之本原的观点不同，张伯端已经把"火"与类似于现代宇宙大爆炸的猜测联系起来了。他说："恍惚里相逢，杳冥中有变。一霎火焰飞，真人自出现。"⑤ 虽然目前人类还不清楚"杳冥中有变"的细节，但它"变"的能源是"火"则是可以肯定的。

（二）"精、气、神三位一体"的准科学观

"内丹学"或称"气功"究竟算不算科学？学界目前存在着三种不同的看法：第一种主要是来自道学界人士的肯定说，如胡海牙先生认为："仙学（即内丹学，引者注）就是研究人的卫生、养生、摄生和精神境界的净化提纯，乃至身与意的统一、升华、直至再生、长生的学问"，由于它主要是缩短人类进化过程之学，因而既非自然科学，又非应用科学，而是一门特殊的科学；第二种主要是来自科学界和哲学界部分人士的否定说，如吴国盛明确表示，气功"本来是一种体内修炼的功夫"，所以"真正的气功涉及的是生命中最黑暗的深处，它处在存在与虚无的边界，永远不可能被照亮，因此，气功永远是个人的修行而不能是

---

① 张伯端撰、翁葆光注：《悟真篇注疏及悟真篇三注拾遗》，《道藏》第 2 册，第 931 页。

② 张伯端：《悟真篇·七言四韵一十六首》之第 16 首。

③ 张伯端：《悟真篇·绝句六十四首》之第 13 首。

④ 张伯端撰、翁葆光注、戴起宗疏：《悟真篇注疏及悟真篇三注拾遗》，《道藏》第 2 册，第 930 页。

⑤ 张伯端：《悟真篇·五言四韵一首》。

群众性的行为，永远是对生命难以言表的体悟而不可能是可以传授的知识"，而"不能知识化而强为知识化，不免沦为伪科学"①；第三种主要是来自社会各阶层的"扬弃说"，即把真正的"内丹学"跟"伪气功"区分开来，从而在科学方法上做到去伪存真和扬善去恶，使中国的优秀传统文化进一步发扬光大，如何祚庥、司马南等诸多人士，都坚持着这种看法。所以，笔者以为，对北宋开创的"内丹学"要具体问题具体分析，既不能不辨妍媸，也不能使之鱼目混珠，因为列宁曾经说过："只要再多走一小步，看来像是朝同一方向多走了一小步，真理就会变成错误。"②

因此，为了比较客观地阐释张伯端"内丹学"的科学观，我们有必要把他的思想分成下面几个层面来做一探讨。

第一，精神学的层面。精神学一词，英文写作"Mentals"，是斯佩里的创造。而钱学森先生在《关于思维科学》一文中则把"精神学"看作是"天人观"发展的最高阶段，同时也是最后阶段，由此而转进到"思维学"领域③。在天人关系的互动过程中，人类不仅产生了心理和意识现象，而且也产生了精神现象。而揭示人类精神现象运动、发展规律的知识学说，就是精神学。中国古代把精神现象看作是"精、气、神"三者的有机统一，其中"气"是"精"与"神"的物质基础，"精"与"神"是"气"的两种表现形态。在此基础上，张伯端则将"神"看成是既源于气同时又高于气和驾驭气之运动变化的客观实在，他说："神者，精气之主"④，而他的《精神论》应当说是中国古代第一篇比较系统和比较完整地阐释人类精神现象的理论学说，

---

① 吴国盛：《气功的真理》，《方法》1997年第5期。
② 列宁：《列宁选集》第4卷，人民出版社1995年版，第211页。
③ 钱学森：《关于思维科学》，《自然杂志》，1983年第9期。
④ 张伯端：《玉清金笥青华秘文金宝内炼丹诀》，《道藏》第4册。

它在北宋科技思想史上具有开创性意义。他说:

> 神者,元性也。余前所说神为主论,盖亦尽之矣。今念夫修丹者凝神之法,凝神之法不在乎前,不在乎速。故又为之论,而后画神室并论于后。凝者以神于精气之内,精气本相依而神亦恋之。今独重于神,何也? 神者,精气之主,丹士交汇采取至于行火,无非以神而用气精,苟先以神凝于气之中则气未可安神,亦未肯恋气,而反害药物矣。且神,元性也。性方寻见尚未定,摇摇飏飏进退存亡而子使凝之,性岂能自宁! 其所以凝之者,亦质之性而凝之也。初云质而寻本性是可以质性而逐本性,可乎哉? 今为学者,盖为凝神所误何耶? 盖神仙有下乎先凝神之说,故妄引以盲众,岂知其所谓凝神者,盖息念而返神于心,于心之道神归于心则性之全体见,全体见而用之,无非神用,念念不离金丹,故丹成而神自归之,何凝之有? 故曰凝神者,神融于精气也。精气神合而为一,而阳神产矣,则此际此身乃始为无用之物也。①

“精”、“气”、“神”作为孤立的概念,并非始自张伯端,但在丹学的理论框架内把三者统一起来,使“精气神合而为一”,却是张伯端的首创。那么,张伯端所说的“神”究竟是什么意思? 他说道:“炼精者炼元精,非淫泆所感之精;炼气者炼元气,非口鼻呼吸之气;炼神者炼元神,非心意念虑之神。”②故所谓“元精”、“元气”、“元神”之“元”,不是别的什么东西,正是老子《道德经》第一章里所说的“常无欲以观其妙,

---

① 张伯端:《玉清金笥青华秘文金宝内炼丹诀》,《道藏》第4册。
② 张伯端:《金丹四百句》之序。

常有欲以观其徼。此两者同出而异名，同谓之元，元之又元，众妙之门"，王弼注云："元者，冥也，默然无有也。"而"默然无有"就是内丹学所追求的一种人生境界，这种境界即为张伯端所说的"元神"。虽说是境界，但这种境界不是外在的，也不是独立于人体之外的另一种客观实在，就每个人类个体而言，"元神"是内在于人生的一种"先天之性"。他说："夫神者，有元神焉，有欲神焉。元神者，乃先天以来一点灵光也。欲神者，气质之性也；元神者，先天之性也。"有了"元神"，那么，"元神见则元气生，盖自太极既分禀得这一点灵光，乃元性也。元性是何物为之，亦气灵凝而灵耳。故元性复而元气生，相感之理也"①，而"相感之理"便成了内丹学的重要研究对象，当然，它也构成了"精神论"或称"精神学"的主要内容。

第二，心理学的层面。按照钱学森的说法，这个层面包含着以下两个相互依赖的内容：即生理心理学与心理精神论，而生理心理学和心理精神论共同构成精神学的基础②。如果从狭义的角度看，内丹也可作气功解，而"气功本来是一种体内修炼的功夫，因此，需要现代科学进行阐释的也只是人的心理调节与人体生理功能之间的互动关系"③。在张伯端看来，无论是"神"还是"性"，归根到底都要受到"心"的调控和节制。所以他说：

> 心者，神之舍也；心者，众妙之理而宰万物也。性在乎是，命在乎是。若夫学道之士先须了得这一个字，其余皆后段事矣。
>
> 性其不动之中，而有所谓动者，丹士之用心也。唯其动

---

① 张伯端：《玉清金笥青华秘文金库内炼丹诀》之《气为用说》，《道藏》第4册。
② 钱学森：《关于思维科学》，《自然杂志》1983年第9期。
③ 吴国盛：《气功的真理》，《方法》1997年第5期。

之中而存不动者，仁者之用心也。于不动之中终于不动者，土木之类也。心居于中而两目属之，两肾属之，三窍属之，皆未可尽其妙用，其所以为妙用者，但神服其令，气服其窍，精从其召。神服其令者，心勿弛于外，则神反藏于内，气服其窍者，心和则气和，气和则形和，形和则天地之和应矣。故盛喜怒而气逆者，怒生乎心也。精从其召者，如男女媾形而精荡，亦心使之然口，心静即念清，念清则精止。吁！心惟静则不外驰，心惟静则和，心惟静则清。一言以蔽之，曰静，精、气、神始得而用矣。精、气、神之所以为用者，心静极则生动也。非平昔之所谓动也。用精、气、神于内之动也。精固精，气固气，神亦可谓性之基也。性则性，而基言之何也？盖心静则神全，神全则性现。又一言以蔽之，曰静，其所以为静者，盖亦有理。①

在现实社会中，每个人都有一个浮动的心，而如何从浮动之心回归寂然不动之心，在张伯端看来是有规律可循的，这个规律就叫作"理"。通常情况下，影响心性回归的不良因素很多，这些因素可从眼、耳、鼻、口等途径进入人的心里，引起喜怒哀乐等多种情绪反应，给人造成一定的心理障碍。现实的人在现实的社会环境里，所存在和面对的心理障碍问题是不同的。因而消除心理障碍的方法和途径也不相同，一般可分为心理疏导与自我调节两种方式。据史料记载，北宋进入中期之后，其固有的社会矛盾日渐尖锐，如由于官员队伍的急剧膨胀，守着空衔候职的举士往往"一位未缺，十人竞逐"，可见士大夫的生存压力该有多么沉重。饶州寓士许三回则"家四壁空空，二膳（宋人习惯于一

---

① 张伯端：《玉清金笥青华秘文金宝内炼丹诀》之《心为君论》，《道藏》第4册。

日两餐）不足"①，梅尧臣在嘉祐三年（1058）所写的诗中有"东南周万里，海陆皆煮种"，"民方苦久弊，将缺太平颂"之句②。所以，宋仁宗统治时期北宋的农民起义、兵变及其叛乱等求生存的斗争接连不断地发生，如庆历三年（1043）"京东、西盗起"，迫使皇帝"欲更天下弊事"③，皇祐四年（1052），广源州人侬智高反叛朝廷，并在邕州称帝建元④，等等，这类事件的发生在一定程度上反映了民众在"社会危机时期"出现的普遍焦虑现象和应对危机的冲动。对于这些社会性的极端行为，范镇提出相应的"裕民力"对策，宋人称其为"知本之论"⑤。在北宋中期，全国各地所发生的社会动乱，一方面固然是经济剥削和政治压迫的必然后果，但另一方面我们也必须看到发生在民众心中的那种焦虑心情，是客观存在的。而在当时的历史条件下，他们又实在没有更有效的方法来消除这种长久郁积在其内心里的痛苦和焦虑。因此，宋仁宗想通过社会改革来缓解已经局部激化的社会矛盾，亦正是在这个时候，张伯端才不失时机地提出了一个深层次的心理学问题即"潜意识"问题。他说：人体"内有天然真火"⑥，故他主张内丹修炼应"内药还同外药，内通外亦须通"⑦。在这里，所谓"天然真火"和"内药"实际上指的就是一种"潜意识"。如注家上阳子说："修行之人，先须洞晓内外两个阴阳作用之真，则入室下工，成功易矣。内药是一己自有，外药则一身所出，内药则自己身中，外药则一身所出，内药不离自己身中，外药不离己相之中。内药只了性，外药兼了命，内药

① 洪迈：《夷坚志支癸》卷10《安国寺观音》，中华书局1981年版。
② 梅尧臣：《梅尧臣诗选》，人民出版社1997年版，第241页。
③ 李焘：《续资治通鉴长编》卷140，庆历三年三月癸巳。
④ 李攸：《宋朝事实》卷16《兵刑》，文渊阁四库全书本。
⑤ 吕中：《宋大事记讲义》卷11《仁宗皇帝》，文渊阁四库全书本。
⑥ 张伯端：《悟真篇·西江月一十二首》之第1首。
⑦ 同上。

是精，外药是气。"① 那么，如何去发掘人身之中的"潜意识"呢？内丹家提出"炼己"的功法，"己"即指我心中的意念，而"炼己"就是设法将意念集中在功法上，最终做到"凝神入气穴"。故"炼己"的关键在于心静，"夫元气之在人至静，始见是先天之气"②。张伯端告诉我们："心之所以不能静者，不可纯为之心。盖神亦役心，心亦役神，二者交相役而欲念生焉。心求静，必先制眼。眼者，神游之宅也。"③ 因为心为静，神为动，且心无为而神有为，所以，"采取之法生于心，心者，万化纲维枢纽，必须忘之而始觅之。忘者，忘心也。觅者，真心也。但于忘中生一觅意，即真心也。恍惚之中始见真心，真心既见，就此真心生一真意，加以反光内照，庶百窍备陈，元精吐华矣。"④现代研究脑神经科学的人，往往从"元神之性"的角度去看待许多诸如"恋母"、"嗜物癖"等潜意识情结，而艾登泰勒博士的"全脑开发——内在交谈"法，美国徐敬东医师的"白日梦催眠疗法"等，则把"动"和"静"看成是各自独立发展的意识过程，他们倡导从孤立的"动"或"静"的方面去诱发人的潜意识，很显然是十分片面的。而张伯端把潜意识看作是"神亦役心，心亦役神，二者交相役而欲念生"的两个既相区别又相联系的过程与阶段，是跟潜意识的客观事实相一致的，是符合人类认识运动的发展规律的。如当科学家经过一段艰难的探索之后，有意识地让大脑松弛一下，或散步，或游泳，或爬山，此时

---

①　子野、道光、上阳子等注：《悟真篇三注》卷 5，《道藏》第 2 册，第 1011 页。

②　张伯端：《玉清金笥青华秘文金宝内炼丹诀》之《采取图论》，《道藏》第 4 册，第 367 页。

③　张伯端：《玉清金笥青华秘文金宝内炼丹诀》之《口诀中口诀》，《道藏》第 4 册，第 364 页。

④　张伯端：《玉清金笥青华秘文金宝内炼丹诀》之《采取图论》，《道藏》第 4 册，第 367 页。

很可能会出现原本不相连的事物都向一个"潜意识焦点"凝聚的现象，从而不自觉地就会产生出新的发明和创造，即出现"元精吐华"的思维现象。张伯端将这个过程称之为"玄牝之门"，用内丹的话说就是"性命双修"。他反对片面服食丹药以求长生的"外丹法"，说："学道之人不通性理，独修金丹，如此，既性命之道未修，则运心不普，物我难齐，又焉能究竟圆通，回超三界？"① 而为了形象地说明潜意识的作用，张伯端特别使用了"媒"这个词，即"意"是连接精、气、神的纽带，并作《意为媒说》："意者，岂特为媒而已，金丹之道，自始至终，作用不可离也。意生于心，然心勿弛于意，则可。心弛于意，则未矣。"② 从创造心理学的方面看，"意"是贯通逻辑思维与非逻辑思维的中介，是启发灵感思维的物质力量，因此，"心勿弛于意"不仅是"内丹学"的指南，而且也是创造性思维必须坚持的一个重要原则。

第三，生理学层面。炼丹与人体生理的关系是道学的基本问题，从来的道学家在这个问题上的观点都不能一致，大体上可分成两派，即外丹派与内丹派。外丹派认为人的生理特征是没有极限的，因而可通过丹药来实现人生的"不老"梦想；而内丹派则认为人的生理特征不是没有极限的，人是个有限的生命体，因此，丹药不能使人长生不老，如果说能够长生，那也是"滞于幻形"③ 而已。所以，他反对外丹服食法，称其"不识真铅正祖宗，万般作用枉施功。休妻谩遣阴阳隔，绝粒徒教肠胃空。草木金银皆滓质，云霞日月属朦胧。更饶吐纳并存想，总与金丹事不

---

① 王沐：《悟真篇浅释》，中华书局 1990 年版，第 177 页。
② 张伯端：《玉清金笥青华秘文金宝内炼丹诀》之《意为媒说》，《道藏》第 4 册，第 365 页。
③ 张伯端：《悟真篇》之《序》。

同"①，又说："休施巧伪为功力，认取他家不死方。壶内旋添延命酒，鼎中收取还魂浆。"② 在此，张伯端指出"内丹"与"外丹"的重要区别就在于前者是"延命"，后者却是教人"长生"。正是在这样的认识论前提下，张伯端把"内丹学"称之为"养命固形之术"③。当然，张伯端并不是一般的反对"外丹法"，他所反对的是不尊重人的生命规律，舍命而求性的炼丹方法。在他看来，正确的修炼方法应当是"舍妄以从真"，即修炼的方法先从修命开始，然后渐进到修性。"命"是什么？所谓命就是精、气等与人体直接相关联的形质，就是人体生理机能的运动过程。他说："虚心实腹义俱深，只为虚心要识心，不若炼铅先实腹，且教守取满堂金"④，其中"虚心"指的是"性功"，属于无为之妙术；"实腹"则是命功，属于有为之术。"不若炼铅先实腹"意即以修命为先，他说："始于有作人难觅，及至无为众始知。但见无为为要妙，岂知有作是根基"⑤，"有作"就是人生的事业追求，满足人的生理性的物质欲望等，用世俗的话说，人连肚子都填不饱，还空谈什么修性！所以修炼的第一个阶段应当是充分考虑和照顾人的生理欲望，因为"命之不存，性将焉存？"⑥ 仔细想想，张伯端的"先命后性说"不就是马斯洛"塔级需要理论"的一种中国式古典版本吗！他的这种修炼理论把"天理"与"人欲"结合起来，强调"人欲"对于"天理"的基础地位，无疑地是对北宋社会现实的客观反映，是一种积极的人生主张。更重要的是，张伯端否定了传统道教以"肉体飞天"的生

---

① 张伯端：《悟真篇·七言四韵一十六首》之第 15 首。
② 张伯端：《悟真篇·绝句六十四首》之第 48 首。
③ 张伯端：《悟真篇》之《序》。
④ 张伯端：《悟真篇·绝句六十四首》之第 9 首。
⑤ 张伯端：《悟真篇·绝句六十四首》之第 42 首。
⑥ 张伯端：《悟真篇》之《序》。

命观，主张先满足人的生理性需求，然后逐次由心理而精神，而"明了本性"。他主张"我命不由天"①，强调生命的价值在于人类个体的"能动性"和"自主性"，从这个角度讲，张伯端的"内丹学"实践对元明道学的自我改造具有启示作用。

（三）"坎离颠倒"与"内通外亦须通"的方法论

第一，"坎离颠倒"的反向思维法。在道学发展史上，外丹法与内丹法的方法论之差异在于，前者主张"先性后命"，而后者坚持"先命后性"。张伯端说："先性固难，先命则有下手处，譬之万里虽远，有路耳。先性则如水中捉月，然及其成功一也。先性者或又有胜焉，彼以性制命。我以命制性故也。"② 从道学发展史上看，外丹的起步很早，大概在东汉就出现了"铅汞派"，这一派以魏伯阳的《周易参同契》为指南，依其"炉火之事"做实验，"只论铅汞之妙"，故其在制药化学方面颇多发明。而它藉助隋唐统治者的崇奉道教之力，方滋隆盛，并形成很大的社会势力，如李真君、白居易、金陵子、乐真人等都是这一派的代表人物。从整体上说，铅汞派内部尽管还存在着各种各样的争论，但其宗旨皆不离二仪、四象和五行之说。后来，这些思想成果多为内丹法所吸收，遂成为内丹派的修身法之一。然而，铅汞派是以"性功"为修身的出发点和最终归宿的，故与内丹法相比较，它在方法论上可谓"本末倒置"，因此，随着人们因服食丹药而中毒身亡的王公大臣越来越多，加之铅汞派试图用"伏火法"来消除丹药的毒性的努力亦以失败而告终，于是铅汞派在唐末五代时期便一落千丈，坠入低谷，值此之际，内丹派才逐渐进入了丹家的视野。《老子道德经》第40章说："反者道之

---

① 张伯端：《悟真篇·绝句六十四首》。

② 张伯端：《玉清金笥青华秘文金宝内炼丹诀》之《真泄天机图论》，《道藏》第4册。

动"，其"天下万物生于有，有生于无"。唐代以前的丹家因受"重玄"思想的影响，他们修身的路径是从无到有，用张伯端的话说就是于"无形之中寻有形之中"①，现在的问题是：既然"反者"是事物发展的规律，那么，它在修身方法上就应当是适用的和有效的。"反者"从方法论的角度看，就是一种反向思维，而张伯端的"先命后性"说的方法论意义，不仅在于它批判了外丹派的修身法，而且它把人们从神仙世界引回到了现实世界，因此，他主张修身当以"尽人事"为先，以"有作"为修炼的物质基础。当然，张伯端以"无为"作为"有作"的最后归宿，暴露了其整个内丹思想的政治根基是保守的。他说："以有为及乎无为，然后以无为而利正事。"② 虽然如此，但他强调内丹不能脱离社会现实生活这一点却是积极的和进步的。

第二，"内通外亦须通"的系统法。张伯端在考察人的两种气质时，区分了"内药"与"外药"这一对概念。他说："内药还同外药，内通外亦须通。丹头和合类相同，温养两般作用。内有天然真火，炉中赫赫长红。外炉增减要勤功，妙绝无过真种。"③ 薛道光注："夷门破迷歌云：道在内来，安炉立鼎却在外；道在外来，坎离铅汞却在内。此明内外二药也。外药者，金丹是也，造化在二八炉中，不出半个时，立得成熟；内药者，金液还丹是也，造化在自己身中，须待十个月足，方能脱胎成圣。"不过，"二药内外虽异，其用实一道也。所以有内外者，人之一身禀天地秀气而有生，托阴阳铸成于幻相，故一形之中以精、气、神为主，神生于气，气生于精，精生于神，修丹之士若

---

① 张伯端：《玉清金笥青华秘文金宝内炼丹诀》之《真泄天机图论》，《道藏》第 4 册。

② 张伯端：《玉清金笥青华秘文金宝内炼丹诀》卷上《神为主论》，《道藏》第 4 册，第 364 页。

③ 张伯端：《悟真篇》之《西江月十二首》。

执此身内而修，无过炼精、气、神三物而已。"一句话，"内药不离自己身中，外药不离己相之中，内药只了性，外药兼了命，内药是精，外药是气，精气不离，故云真钟性命双修"①。由此可见，"内药"与"外药"的架构其实就是精、气、神在人体内的一种循环形式，张伯端并不懂得人类只有一对性染色体即 X 与 Y，其在男的组合是 XY，其在女的组合是 XX，所以人类在受精的过程中，对于一个生命个体来说，都有两种可能性的组合，即 XX 或 XY，而人类就是在这种循环过程中来延续自身的生命。当然，人类的生命循环不是一个闭合的过程，而是一个开放的和不间断地进行着体内外物质交换的过程。对于这个过程，张伯端作了如下的描述：

> 脾气与胃气相接而归于心缕，肝气与胆气相接从大小肠接于肾缕，肺气伏心气而通于鼻，是气也，皆静定之余，元气周流，自东（肝藏在东）而西（脾脏在西），自南（胃在南）而北（肺在北）之气也，西南（左肾在西南）乃气之会也，合而归于此，却自夹脊透上中丹田而降于肾，两肾中间有治命桥一带，故寒山子曰：上有接神窟，横安治命桥者，此也。气降至于此，阳气与精气盛而上冲，与此气相接于一则固，围于鼎器之外，日用之则日增经营之力，故鄞鄂（即命蒂，喻形体）之成，肇于此也。忽然有一物超然而出，不内不外，金丹之事不言可知矣。②

按照张伯端的内丹实践，这个循环过程又可分成四个阶段。

① 张伯端：《紫阳真人悟真篇三注》卷 5，《道藏》第 2 册，第 1010—1011 页。
② 张伯端：《玉清金笥青华秘文金宝内炼丹诀》之《真泄天机图论》，《道藏》第 4 册。

第一个阶段是筑基炼己土，即在保证身体健康的前提下，改变日常的呼吸习惯，做到吸时收腹，呼时鼓腹；第二个阶段是炼气化身，即以精气为药，以意为导，使精、气、神初步凝聚；第三个阶段是炼气化神，即精、气、神三位一体，形成为一个小而圆的精神意识的产物（鄞鄂，也称圣胎），在体内沿任、督二脉循行；第四个阶段是炼神还虚，在道家看来，丹药炼成后，可以自脑门中自由出入，化为身外之身（即仙体）。如果我们揭去其神秘的面纱，就不难看出张伯端的生命循环论中包含着科学的内容，特别是他已经认识到"肺气伏心气而通于鼻"，实际上这是一种"心肺循环"思想，在当时的历史条件下，这一研究成果具有重要的科学价值和深刻的理论意义。

第七节　沈括的科技思想

一　中国古代实验科学的高峰

科学发展需要范型的规范和指导，北宋之前我国古代的科学范型就是阴阳五行，这个科学范型曾把魏晋南北朝的科学技术推到了它所能达到的高峰，以后它便开始出现僵化的趋势，到唐代中后期则进入危机阶段。所以，北宋初立，我们在那些科学技术文本里常常会看到这样两种解释现象，一种是旧的范畴还在被滥用，另一种则是新的范畴开始普遍地被人们所接受，并广泛应用于人们的思想文本里面。如沈括一方面用五行说来解释胆矾溶液加热得到铜的现象，另一方面他又把"原其理"作为其科学研究的基础，而"理"这个范畴的出现在很大程度上是对阴阳说的发展。所以有人说："到宋元科技高峰时，五行理论已不适应了。"①

---

① 黄生财：《从中国古代思想观念谈李约瑟命题》，《自然辩证法通讯》1999年第6期。

值此新旧范式相搏之际，北宋中期以王安石变法为标志，历史性地形成了荆公、温公、苏蜀及二程这四大既相互对立又相互统一的学派。虽然，这四个学派并不是真正的科技型学术团体，其各学派对北宋社会发展的政治态度不同，且对中国古代科技发展的作用亦不一样，但是无论荆公、温公，还是苏蜀、二程，他们在德高艺轻的历史背景下，能相对用心于对自然现象的观察与研究，却是他们共同的学术特点。毫不夸张地说，正是由于这四大学派的学术影响，才使北宋的科技思想界为之一振。与此相适应，北宋中期涌现出了一批著名的科学家和科技名著，一般而言，这些著作对自然现象的解释都具有了一定的实验基础和证实性特点。如在 1040—1042 年成书的《武经总要》中记载着三个火药配方，而且其组成比例非常接近于现代火药的含量，显然，这是反复实验的结果；同书卷15还载有制造指南鱼的方法，其原理是利用强大地磁场的作用使铁片磁化，开创了人类人工磁化的科学历史，这同样是反复实验的结果。独孤滔的《丹房镜鉴》一书有方铅矿的最早记录，并且对方铅矿的性质做了较科学的描述，试想，若没有相当的实践经验，这些物质的性质也是不可能提炼出来的[①]。作为集北宋建筑经验之大成的《营造法式》一书，既是北宋建筑师长期实践的结晶，同时也是其社会变革的产物，它的刊行表明中国古代的建筑学已经进入规范化和制度化的历史发展阶段。此外，由陈希亮在庆历中"法青州所作飞桥"，"始作飞桥无柱"，而这种"虹梁结构"的长跨径木桥则创造了世界古代桥梁建筑史上的一个伟大奇迹。

按照现代通行的概念，科学实验是指根据确定的科研目的，以一定的科学理论为指导，运用适当的物质手段，在人为控制的

① 张子高：《中国化学史稿·古代之部》，科学出版社 1964 年版，第 118 页。

条件下获取科学事实的研究方法。它有四个鲜明的特点：一是控制性，这是实验方法的灵魂；二是可重复性，即各种实验只要满足其所需要的条件和掌握正确的实施操作技术，其实验不仅可重复进行，而且都能得到同样的结果；三是精确性，马克思说："自然科学家力求用实验再现出最纯真的自然现象"①；四是经济性，即用最小的代价获取最大的效果，这是科学实验的基本原则。因此，从一般意义上的实验发展到可控制实验，是人类社会经济发达和科学技术手段相对成熟的重要标志。而对于北宋的科技发展水平，人们之所以把沈括的科学研究成就作为其衡量尺度，是因为他的实验方法具有现代实验科学的内涵，是他将中国古代的实验科学推向了高峰。

《梦溪笔谈》一书中保存着沈括做过的许多科学实验，为了说明问题，笔者在这里仅举两个事例如下：

第一，凹面镜成像及测定焦距的实验。其文云："阳燧面洼，以一指迫而近照之则正，渐远则无所见，过此遂倒。"②"阳燧"就是凹面镜，"过此"的"此"则是指凹面镜的焦点。这段话的意思是说，将一个手指放在凹面镜前面，如果手指远近移动时，其成像就会随之发生变化，其中当手指接近凹面镜时成像是正的，当手指远离凹面镜并到达一定距离（焦点处）时成像则因为落在人眼之后而消失，但当手指移过这一点时成像就倒过来了。关于这个实验在中国古代科学史上的意义，蔡宾牟和袁运开两位先生曾做过比较详尽的阐述：首先，沈括用自己的手指当作物体，把物体跟眼睛分开来进行，以此获取成像的各种数据，是实验科学的一大变革；其次，通过观察成正像与成倒像之间的分界点现象，使沈括发现了近代光学

① 《马克思恩格斯全集》第 1 卷，人民出版社 1979 年版，第 78 页。
② 沈括：《梦溪笔谈》卷 3。

上的焦点①。

第二，共振现象实验。其文曰："琴瑟弦皆有应声：宫弦则应少宫，商弦即应少商，其余皆隔四相应。今曲中有声者，须依此用之。欲知其应者，先调诸弦令声和，乃剪纸人加弦上，鼓其应弦。则纸人跃，他弦即不动。声律高下苟同，虽在他琴鼓之，应弦亦震，此之谓'正声'。"② 这个实验所依据的原理是琴瑟都有互相应和的现象（即八度音程能产生共鸣的音），由于琴瑟都是依五声音阶定弦的，第一弦隔二、三、四、五弦，同第六弦"隔四相应"。而要想知道某一根弦的应弦，可将各条弦的音（依五声音阶）调准，然后剪纸人放在待测弦上，一弹与它相应的弦，纸人就会跳动，弹其它弦，纸人就不动。如果琴弦的声调高低都相同，即使在别的琴上弹，这张琴上的应弦同样也会振动，这个"正声"实验比英国牛津的诺布尔和皮格特所做"纸游码"实验要早 500 多年③。

二 宋代学术的分异作用与沈括的科技思想

（一）宋代学术的分异作用

中国古代有两个科技思想传统：天人合一与天人相分。有人认为中国古代的科技传统就是四个字"天人合一"，这是很不全面的，因为在"天人合一"的思维模式中绝对不可能培育出像沈括这样的科学家。沈括是一位具有开拓意识的创造性人才，他不"袭故"，因而他能在第一时间内，对"理"这个新的思想范畴做出积极的反应，李申说："《梦溪笔谈》对于自然界的认识

---

① 蔡宾牟等：《物理学史讲义——中国古代部分》，高等教育出版社 1985 年版，第 212 页。

② 沈括：《梦溪笔谈·补笔谈》卷 1。

③ 蔡宾牟等：《物理学史讲义——中国古代部分》，高等教育出版社 1985 年版，第 132—134 页。

若归为一句话，那就是'万事万物都有个理'。"①

而"理"这个概念本身则包含着天人相分与天人合一两个方面的内容，是"分"与"合"的对立统一体。

在中国，"天人合一"是其传统文化的内质，关于这个特点，中外学者已经论述得很到位了，似无再作补充或重复之必要。所以，本节仅就被学界所忽视或者说重视不够的"天人相分"思想即"分"的一面略抒几点管见。

第一，"理"是北宋学者对人类主观能动性的一种理性透视，甚至从某种意义上说，也是北宋学者努力张扬和超越自我的一种主动，而这种主动的特征之一就是"分"的思想格外地被凸显了出来。如周敦颐、张载、程颐、王安石、张伯端等，他们在自己的著述里就程度不同地表现出了对"分"这个思想的关注和钟情，这大概是跟声张自主创新的宋学精神相适应的。周敦颐是北宋理学的"开山祖"，他的《太极图说》就多次讲到"分"的思想。他说："太极动而生阳，动极而静，静而生阴，静极复动。一动一静，互为其根。分阴分阳，两仪立焉。"又说："惟人也，得其秀而最灵。形既生矣，神发知矣，五性感动而善恶分，万事出矣。"② 在这里，不仅天地（即两仪）以"分"为存在的前提，而且人类的意识活动亦以"分"为立人的基础。朱熹解释说："五常之性，感物而动，而阳善阴恶，又以类分，而五性之殊，散为万事。"③ 其中"五常之性，感物而动"讲的就是人类的主观能动性。在《通书·诚几德第三章》里，周敦颐甚至对"几"的量度还作出了说明。他说："诚无为，几

---

① 李申：《中国古代哲学与自然科学》，中国社会科学出版社 1993 年版，第 63 页。

② 周敦颐著、尹红、谭松林整理：《周敦颐集》，岳麓书社 2002 年版，第 4、7 页。

③ 周敦颐：《周敦颐集》，岳麓书社 2002 年版，第 7 页。

善恶。"① 何为"几"？朱熹云："几者，动之微，善恶之所由分也。"② "动而未形、有无之间者，几也。"而朱熹则称其为"实理发见之端"③。现代自然科学围绕着"几"这种客观现象已经提出了许多重大的科学理论（即实理），如混沌理论、耗散结构理论等，它说明"几"是可以量度的。虽然北宋在探讨"几"的过程中，并没有能够提出系统的科学理论，但"几"作为激发人的主观能动性的一个积极因素，其对北宋科学技术的发展起到了促进作用，这一点则是应当肯定的。

第二，"理"是一个标示包含无穷个实理性问题的集合，而这些问题往往是科学研究的原点，同时，由于这个问题集本身已经建构为一种对象性的客体实在，也就是说，不管主体性的人是否关照它们，它们始终都处在一种本然的状态，然而却诱导着人类的好奇心，所以从这个角度说，这些问题与人类的认识之间有一种相分的内在趋向。如《河南程氏遗书》按内容分，可分成语录和问题两种体裁，其中讲求"道问学"的程颐尤善于问题式的探寻真理，而有关他的那部分内容，实际上就是由"理"所组合成的一个问题集，其中不乏对"理"的直接追问。试枚举若干实例如下：

1. 问："至诚可以蹈水火，有此理否？"④

2. 问："某尝读《华严经》，第一真空绝相观，第二事理无碍观，第三事事五碍观，譬如镜灯之类，包含万象，无有穷尽。此理如何？"⑤

---

① 周敦颐：《周敦颐集》，岳麓书社 2002 年版，第 19 页。

② 同上。

③ 同上书，第 21 页。

④ 程颢、程颐：《河南程氏遗书》卷 18《刘元承手编·伊川先生语四》，《二程集》上，中华书局 2004 年版，第 189 页。

⑤ 同上书，第 195 页。

3. 问："邵尧夫能推数，见物寿长短始终，有此理否？"①

4. 或曰："传记有言，太古之时，人有牛首蛇身者，莫无此理否？"②

不仅程颐将"理"看成是一个问题集，事实上，北宋的很多其他学者也都自觉地把"理"作为一个问题来对待。如沈括云："日之盈缩，其消长以渐，无一日顿殊之理。"③ 又说："'五石'诸散用钟乳为主，复用术，理极相反，不知何谓？"④ 可见，这里所说的"理"指的都是某一个具体问题，且都是科学问题。因为沈括所求解的问题不仅可解，而且其本身就蕴涵着问题域、求解目标、应答域和背景知识，是个既有继承又有创新的辩证过程。比如，对中国古代的晷漏问题，因"其步漏之术皆未合天度"，故沈括"以理求之"。他说："冬至日行速，天运已期而日已过表，故百刻而有余；夏至日行迟，天运未期而日已至表，故不及百刻。既得此数，然后复求晷景漏刻，莫不泯合。"⑤ 而实践证明，只要把"理"的这层内容切实地贯彻到实际工作中去，就必然会推动科学研究的不断深入和人的思维能力的提高。所以，英国科学哲学家波普尔反对归纳主义所提出的"科学研究始于观察"观，坚持认为"科学仅仅从问题开始"⑥，甚至在《客观知识》一书中，他进一步断言："知识的增长是从

---

① 程颢、程颐：《河南程氏遗书》卷18《刘元承手编·伊川先生语四》，《二程集》上，中华书局2004年版，第197页。

② 同上书，第198页。

③ 沈括：《梦溪笔谈》卷7。

④ 沈括：《梦溪笔谈》卷18。

⑤ 沈括：《梦溪笔谈》卷7。

⑥ 波普尔：《猜想与反驳》，上海译文出版社1986年版，第222页。

旧问题到新问题。"①

第三，"理"不单是抽象的概念，而且还是具体的实践活动。北宋理学家注重"格物"的日常实践，以"积习"（即实践经验）作为"穷理"的重要手段，从而丰富了"理"这个新思想范式的基本内涵。因此，程颐说："凡眼前无非是物，物物皆有理。如火之所以热，水之所以寒，至于君臣父子间皆是理。"② 在他看来，"格物"不能是仅格一物，而是"徧求"③万物。所谓"徧求"就是"今日格一件，明日又格一件"④。显然，这一件又一件的"格物"工夫，实际就是不断实践的过程，而这个过程却并不能取代一日又一日之"思"的过程，因为对于"穷理"来说，"格"（即格物）与"思"（即致知）是两个不同的认识过程，当然，其"格"的认识论前提是"天人相分"，而"思"的认识论前提则是"天人合一"。程颐说："能致知，则思一日愈明一日，久而后有觉也。"⑤ 因之，朱熹与陆九渊两人才在认识方法上产生了分歧。其中陆九渊反对朱熹"格物致知"的根据就是由于在朱熹那里，"穷理"必须要经过格具体事物之理的长久的实践过程，而对于这个过程，陆九渊认为是没有必要的，因为"心即理"，故认识的方法就应该是直接去"发明本心"。不过，在北宋，"理"常常作为一种实践活动而为人们所施用。如欧阳修说："若犹疑于虚实之间，则更加尽理推穷辨正"⑥，王安石亦说："方陛下励精众治，事

---

① 波普尔：《客观知识》，上海译文出版社 1987 年版，第 258 页。

② 程颢、程颐：《河南程氏遗书》卷 19《杨遵道录·伊川先生语五》，《二程集》上，中华书局 2004 年版，第 247 页。

③ 同上。

④ 程颢、程颐：《河南程氏遗书》卷 18《刘元承手编·伊川先生语四》，《二程集》上，中华书局 2004 年版，第 188 页。

⑤ 同上书，第 186 页。

⑥ 欧阳修：《文忠集》卷 93《乞辨明蒋之奇言事札子》，文渊阁四库全书本。

事皆欲尽理之时。"① 此处两举"尽理",都是努力去做、去实践的意思。此外,北宋士人对于那些不该做而做了的事情,往往斥之以"岂容此理"或"岂有此理",如"国君不以僭天下,莫之敢议,谓之无故而得进,岂容此理!"② 其"岂容此理"的意思就是说不应当那么做事。

"理"既然跟人们的日常生活实践联系得这么密切,那么,"理"自身就必然会分出层次来。而身处不同地位的人,其具体的实践内容就有所不同。对此,程颐曾说过这样的话:

1. 或问:"人有耻不能之心,如何?"曰:"技艺不能,安足耻?为士者,当知道。"③

2. 问:"人有日诵万言,或妙绝技艺,此可学否?"曰:"不可。大凡所受之才,虽加勉强,止可少进,而钝者不可使利也。惟理可进。除是积学既久,能变得气质,则愚必明,柔必强。盖大贤以下即论才,大贤以上更不论才。圣人与天地合德,日月合明。六尺之躯,能有多少技能?圣人忘己,更不论才。"④

3. 问:"及其至也,圣人有所不能。不知圣人亦何有不能、不知也?"曰:"天下之理,圣人岂有不尽者?盖于事有所不徧知,不徧能也。至纤悉委曲处,如农圃百工之事,孔子亦岂能知哉?"⑤

---

① 王安石:《临川文集》卷44《乞解机务札子》,文渊阁四库全书本。
② 张耒:《柯山集》卷42《太宁寺僧堂记》,文渊阁四库全书本。
③ 程颢、程颐:《河南程氏遗书》卷18《刘元承手编·伊川先生语四》,《二程集》上,中华书局2004年版,第189页。
④ 程颢、程颐:《河南程氏遗书》卷18《刘元承手编·伊川先生语四》,《二程集》上,中华书局2004年版,第191页。
⑤ 同上书,第226页。

"为士者，当知道"而可以不求技艺，正像孔子没必要尽知"农圃百工之事"一样。因为士之为道是为了做"大贤以上"的人，即"圣人"。对于"圣人"而言，"天人合一"即"与天地合德，日月合明"是其人生的惟一目标，所以"圣人忘己"而不需要学习那些"妙绝技艺"。然而，"大贤以下"之人毕竟占社会的多数，由于他们不能"忘己"，故以"纤悉委曲处"用功，对他们来讲，"农圃百工之事"皆有理，都是"理"的体认，"至如一物一事，虽小，皆有是理"①。可见，"天人合一"与"天人相分"在北宋士大夫的头脑中具有极强的针对性，两者分别施用于不同层次的社会成员。当然，我们可以实事求是地讲，对于任何一个社会，从事"纤悉委曲"工作的人终究是多数，而广大的民众则永远是科技实践的主体。在北宋，虽然由于阶级和社会的局限性，程颐不免还存在着歧视民众科技劳动的思想倾向，但同时我们还应看到北宋毕竟已渐渐步入平民化社会这个历史事实，而程颐的思想则亦不能不贴近这个社会现实，因此，他说："学者须是务实"②。就这一点说，程颐已经朦胧地意识到了社会民众与其科技发展的联系，而一般的科技实践活动就根植于广大的民众之中，这应当是程颐想说但却没有说出来的一个观念。之所以如此，主要是因为"天人相分"还没有成为程颐思想的主流。在北宋，沈括则明白地看到了这一点，他说："至于技巧器械，大小尺寸，黑黄苍赤，岂能尽出于圣人？百工、群有司、市井、田野之人，莫不预焉。"③由于沈括看到了科技发展本身所具有的这个特征，所以他才有可能曲尊就卑，深

---

① 程颢、程颐：《河南程氏遗书》卷15《入关语录·伊川先生语一》，《二程集》上，中华书局2004年版，第157页。

② 程颢、程颐：《河南程氏遗书》卷18《刘元承手编·伊川先生语四》，《二程集》上，中华书局2004年版，第219页。

③ 沈括：《长兴集》卷7《上欧阳参政书》，文渊阁四库全书本。

入社会实际，注重调查研究，虚心向百姓学习和求教，从而撰成了《梦溪笔谈》这部具有世界意义的科技奇书。北宋释家契嵩说："物皆在命，不知命则事，失其所也。故人贵尽理而造命。命也者，天人之交也。"① 在此，契嵩指出众人的日常社会实践活动多是"不知命则事"，也就是说没有自觉地把"天人之交"（即天人相分）作为其日常社会实践活动的物质基础。换一个角度看，契嵩似乎已经发现了存在于北宋学术自身中的那个"天漏"，即北宋学者对"天人相分"思想研究和阐释得还很不够，广大民众对它的了解远远不能适应社会发展的需要这个现实，可惜他也无法改变之。

综上所述，我们不难得出这样一个结论："天人相分"思想在北宋并不是不重要，也不是没有人来提倡，而是由于士者多被"今之学者，大抵为名"② 的风气所染，因而使"天人相分"思想不能够放出真正迷人的光辉。但"天人相分"思想仍以其独特的方式推动着北宋社会的发展和科技的进步。

（二）沈括的生平简介

沈括（1031—1095）字存中，钱塘（今浙江杭州）人，是中国古代最伟大的科技思想家之一。《宋史》卷 331《沈括传》说他"博学善文，于天文、方志、律历、音乐、医药、卜算无所不通，皆有所论著"，嘉祐八年（1063），沈括登进士第。熙宁二年（1069）二月，王安石出任参知政事，设制置三司条例司以为变法之总枢纽，沈括因支持变法而被任命为删定三司条例官。熙宁五年（1072）上《南郊式》。熙宁六年（1073）奉诏提举司天监，从此开始了他投身于振兴宋代科技事业的人生历程。

---

① 契嵩：《镡津集》卷 5《说命》，文渊阁四库全书本。
② 程颢、程颐：《河南程氏遗书》卷 18《刘元承手编·伊川先生语四》，《二程集》上，中华书局 2004 年版，第 219 页。

据《宋史》本传载："括始置浑仪、景表、五壶浮漏，招卫朴造新历，募天下上太史占书，杂用士人，分方技科为五，后皆施用。"晚年退隐润州梦溪园而著《梦溪笔谈》一书，胡道静先生说："当他晚年用笔记文学体裁写下的《梦溪笔谈》，包括他在学术领域内广泛的见解和见闻的笔录，长久以来成为我们极其宝贵的文化遗产之一。"① 所以李约瑟博士称《梦溪笔谈》是"中国科学史上的里程碑"②。

（三）"相值而无碍"的气本体自然观

"荆公新学"的自然观以"气"为宇宙万物运动变化的根源，不过，与宋之前的"气源说"相比，"荆公新学"开始从探讨"气"的来源转而去研究"气"本身的性质和结构问题了，这是北宋气本体自然观由哲学层面向科学层面转变的重要标志。由于沈括本身是一位科学家而不是理学家，因此，他的自然观便更多地凸显出他自己的个性特征和鲜明的时代特色。

首先，气构成了宇宙万物的运动变化，但气不仅仅是个一般的实体，而且是个有结构的实体。沈括说："万物生杀变化之节，皆主于气而已"③，在沈括看来，气可分成两个互相联系的部分：主气与客气。沈括说："岁运有主气，有客气，常者为主，外至者为客……故为谓之'主气'"，"凡所谓'客'者，岁半以前，天政主之；岁半以后，地政主之。四时常气为之主，天地之政为之客。"④ 其中，"主气"又细化为"五运"（金、木、水、火、土）和"六气"（风、寒、湿、火、燥、暑）。五运六气为主气和常气，是形成宇宙秩序的原因；而"异夫"（指

① 沈括：《梦溪笔谈校正·引言》，上海古籍出版社 1987 年版，第 1 页。
② 李约瑟：《中国科学技术史》第 1 卷第 1 分册，科学出版社、上海古籍出版社 1975 年版，第 289 页。
③ 沈括：《梦溪笔谈·补笔谈》卷 2。
④ 沈括：《梦溪笔谈》卷 7。

五运六气以外的因素）是客气，是造成宇宙不稳定的原因。沈括说："大凡物理有常、有变。运气所主者，常也；异夫所主者，皆变也……变则无所不至，而各有所占，故其候有从、逆、淫、郁、胜、复、太过、不足之变，其发皆不同……推此而求，自臻至理。"[1]

在这里，沈括把从、逆、淫、郁、胜、复、太过、不足等看成是宇宙万物不平衡的八个要素。在中国古代，宇宙的平衡被看成是惟一的法则，《易传·象辞·恒》说："恒，久也。"即平衡是不能改变的，绝对的，故"观其所恒，而天地万物之情可见矣"[2]。孔子更说："中庸之为德也，其至矣乎"[3]，程颐释："中者，天下之正道"[4]。与此不同，沈括则强调非平衡才是宇宙运动变化的主要方面，因而他把"异夫"看成是"至理"，它"无所不至"。具体地讲就是："若厥阴用事，多风，而草木荣茂，是之谓从；天气明洁，燥而无风，此之谓逆；太虚埃昏，流水不冰，此之谓淫；大风折木，云物浊扰，此之谓郁；山泽焦枯，草木凋落，此之谓胜；大暑燔燎，螟蝗为灾，此之谓复；山崩地震，埃昏时作，此谓之太过；阴森无时，重云昼昏，此之谓不足。"[5]

其次，"气"虽说是宇宙万物运动变化的根源，但不是宇宙万物存在的唯一方式，现代天体物理学揭示出了实物与场是宇宙万物的两种存在方式，而沈括用气与虚两个概念表达了与现代天体物理学相一致的思想。沈括说：

---

① 沈括：《梦溪笔谈》卷7。
② 《易传·象辞·恒》。
③ 《论语》卷6《雍也》。
④ 程颢、程颐：《河南程氏遗书》卷71《二先生语七》，《二程集》上，中华书局 2004 年版，第 100 页。
⑤ 沈括：《梦溪笔谈》卷7。

虚者，妙万物之地也。在天文，星辰皆居于四傍而中虚。八卦，分布八方而中虚。不虚，不足以妙万物。[①]

又说："日月，气也，有形而无质，故相值而无碍。"[②] 这句话颇费解，如果把日月理解为两个实体，那么沈括的断言就不合理，因为月球是地球的卫星，日月不可能相互碰撞（即相值）；相反，如果把日月理解为场，事实上，沈括所说的"气"确"已颇近似现代科学中'场'的范畴"[③]，那么沈括的断言就有道理，因为场是"有形而无质"的，所以太阳场与月球场的相互作用和"相值"就是不可避免的。同时，正因为场是"有形而无质"的，所以人们才可能对宇宙场进行各种形象化的描述，如杨振宁博士用"纤维丛"来表述"规范场"，就是一个著名的例子。他说："纤维丛有两种：一种是平凡的纤维丛，就是把一段纸带的两头粘合起来，正面对正面、反面对反面、形成一个圆环。其所以叫纤维丛，是因为它可以把一根根的直棍子绕成一束。另一种是不平凡的纤维丛，就是把一段纸带的两端一正一反地粘合起来，形成数学上的'缪毕乌斯带'，它也可以把许多直棍子绕成一束，不过那条纸带在里面扭了一下，有了一个折痕。"[④]

（四）"原其理"的科学主义价值观

据李约瑟博士统计，《梦溪笔谈》共有 584 条资料，其中自然科学为 207 条[⑤]，细分则自然观 13 条，物理学 40 条，数学 12

---

① 沈括：《梦溪笔谈》卷 7。
② 同上。
③ 冯契：《中国古代哲学的逻辑发展》下，华东师范大学出版社 1997 年版，第 84 页。
④ 杨振宁：《杨振宁演讲集》，南开大学出版社 1989 年版，第 503 页。
⑤ 李约瑟：《中国科学技术史》第 1 卷第 1 分册，科学出版社、上海古籍出版社 1990 年版，第 290—291 页。

条，化学 9 条，天文学 26 条，地学 37 条，生物医学 88 条，工程技术 30 条[①]。这些资料涵盖了几乎自然科学的所有领域，以至于任何一位科学家都能从这部著作里找到他们自己所需要的东西。朱亚宗先生说："作为一名积极入世的天才科学家，沈括无所不涉的科技兴趣与涵盖全域的科技价值观不仅在中国科学史上首屈一指，而且在世界科学史上也鲜有其匹。"[②]

鉴于篇幅所限，关于沈括科技成就的研究请参见下列著述：胡道静《沈括的自然观和政治思想》，载《中国哲学》第五辑，三联书店 1981 年版；祖慧《沈括评传》，南京大学出版社 2004 年版；闻人军《沈括科技思想探索》，载《沈括研究》，浙江人民出版社 1995 年版；何绍庚《〈梦溪笔谈〉中的运筹思想》，载薄树人主编《中国传统科技文化探胜》，科学出版社 1992 年版；胡道静、金良年《梦溪笔谈导读》，巴蜀书社 1988 年版；朱亚宗《沈括科技思想述评》，载《中国古代科学与文化》，国防科技大学出版社 1992 年版；《梦溪笔谈选注》，上海古籍出版社 1978 年版等。

本书仅就沈括的科学主义价值思想略作表述如下：

第一，依沈括自然界"有常有变"的思维逻辑，他的科技思想也应分成"常"（即用当时的科学知识能够解决的现象）和"变"，或称"异事"（即用当时的科学知识尚不能正确回答的现象）两个部分。

首先，"常"的部分是沈括科技思想的精髓所在，其观点鲜明，价值突出。《梦溪笔谈》卷 18《技艺》篇载有"喻皓木经"、"隙积术"、"会圆术"、"棋局都数"、"增成法"、"毕昇创

---

① 金秋鹏主编：《中国科学技术史·人物卷·沈括》，科学出版社 1998 年版，第 384 页。

② 朱亚宗：《中国科技批评史》，国防科技大学出版社 1995 年版，第 187 页。

活字印刷"、"卫朴的精湛历术"等科技成就与思想。这种安排充分体现了中国古代传统的"艺学"理念，如《周官·大司徒》载有以乡三物教万民的"六艺"之物，三物分别是"六德"、"六行"和"六艺"。而"六艺"的具体内容是"礼、乐、射、御、书、数"，其中"射、御"为技能，"书、数"为智能。在这一部分中，沈括的最宝贵之处表现在他从科学的角度而不是从身份的角度去评判一个人的思想价值，像"喻皓木经"因出于工匠之手，故早已佚亡，但《梦溪笔谈》却保留了有关《木经》的珍贵资料；"毕昇创活字印刷"则更是只见载于沈括的《梦溪笔谈》。至于被视为"艺成而下"① 之"九九贱技"的数学，一般士人尚且少有问津者，可身为京官的沈括并没有为世俗之陋见所囿，而是苦心钻研，游艺于数术之间，取得了令世人瞩目的成就，为人类的科学事业做出了杰出贡献。

其次，与之相对，尚有"变"（即当时不能给出科学解释的自然现象）的部分。《论语》卷2《为政》篇说："知之为知之，不知为不知，是知也。"这是一种真正的科学意识和大智的态度，然而在具体的认知活动中，并不是每个人都能够始终如一地做到这一点，但沈括做到了，这便是他的"尚变"思想。《梦溪笔谈》卷21 及《补笔谈》卷3之"异事"类载有许多属于"变"的自然现象。如"地震现象"：

> 登州巨嵎山下临大海，其山有时震动，山之大石皆颓入海中。如此已五十余年，土人皆以为常，莫知所谓。

海市蜃楼是光线经过不同密度的空气层，发生显著折射时把远处景物显示于天空或地面所形成的自然景象，但对于这种复杂

---

① 沈括：《礼记·乐记下》。

大气光学原理沈括当时也搞不明白。因此，他说：

> 登州海中时有云气，如宫室、台观、城堞、人物、车马、冠盖历历可见，谓之"海市"。或曰："蛟蜃之气所为"，疑不然也……问本处父老，云："二十年前尝昼过县，亦历历见人物。"土人亦谓之"海市"，与登州所见大略相类也。

"返老还童"症是医学界的一大难题，对于人类为什么会出现"负增长"现象，其病理机制是什么？不要说沈括不能作出回答，就是目前人类的医学发展水平也不能给予明确解释。《梦溪笔谈》卷 21 云：

> 世有奇疾者。吕缙叔以知制诰知颍州，忽得疾，但缩小，临终仅如小儿。古人不曾有此疾，终无人识。

除此之外，沈括尚无法解释的自然现象还有："海蛮师"、"龙卷风"、"滴翠珠"、"盐鸭蛋发光"（即发光细菌）等。而对于指南针，沈括坦然曰："莫可原其理"[①]。

第二，"考星辰之行以求其故，辅天地之化以相其宜"[②] 的科学功能思想。宋代兼山郭氏云："辅相天地之宜，赞化育之谓也。"[③] 可见，沈括是从儒家的立场来给科学研究进行功能定位的，而"助天"观则是其科学研究的基本指导思想。诚然，就人的认识本质而言，"相其宜"指的是人的主观意识与物质世界

---

① 沈括：《梦溪笔谈》卷 18。
② 沈括：《长兴集》卷 1《奉敕撰奉元历序进表》，文渊阁四库全书本。
③ 方闻之：《大易粹言》卷 11 引兼山郭氏《中庸解》。

的客观规律相一致，但反过来，天地化育则为人类提供与其生存发展相适应的物质保障，是其大德的表现。所以，把这两个方面有机地统一起来即是北宋天人关系的基本内容。不过，在宋人看来，"君子有言有行于天下，非致拟议之诚于《易》，其何以感格天人而有以参天地、赞化育以极夫变化之妙哉？"① 然"天地之道备于易"②，"以明《易》之作"又"始于数也"③。因此，对数术的研究就成为"感格天人"以实现"辅天地之化以相其宜"的科学基础。在古人的视阈里，"占卜"被看作是《易》学的重要功能之一，因而所谓数术多是用来"占卜"的一种工具，但由于"数术之学，素匪该明"④，故其"一术二人用之，则所占各异"⑤，而这种主观随意性必然导致"术之不可恃信然"。⑥所以，在沈括看来，"医家有五运六气之术，大则候天地之变，寒暑风雨，水旱螟蝗，率皆有法；小则人之众疾，亦随气运盛衰。今人不知所用，而胶于定法，故其术皆不验。"⑦ 在这里，沈括不仅指明了科学具有预见自然过程的运动、变化和发展的功能，而且还明确了正确发挥科学功能的途径是研究和掌握"变则无所不至"的"变法"，而不能仅仅拘泥于"常则如本气"的常法⑧。当然，不论是"常法"还是"变法"，在天学方面都是"考星辰之行以求其故"的构成要素。以此为前提，沈括认为科学研究的核心功能就是认识与掌握自然界的运动变化规律以造福于人类，推动社会的进步，如他制定的《十二气历》、绘制《天

---

① 张浚：《紫严易传》卷7《系辞上》，文渊阁四库全书本。

② 同上。

③ 郭雍：《郭氏传家易说》卷7《系辞上》，文渊阁四库全书本。

④ 沈括：《长兴集》卷1《奉敕撰奉元历序进表》，文渊阁四库全书本。

⑤ 沈括：《梦溪笔谈》卷8。

⑥ 同上。

⑦ 沈括：《梦溪笔谈》卷7。

⑧ 同上。

下州县图》及研究石油的科学用途等，都体现他的这个思想原则。故由此出发，沈括对孟子的"人性"说进一步从认识论的功能角度作了如下的发挥和阐释：

> 孟子曰："天下之言性者，则故而已矣。"故者，以利为本；故犹常也。役于物者，非其本性也。①

把不为外物所奴役看作是人的本性，这是沈括对孟子人性论的重要发挥，是他对传统"天人相分"思想在新的历史条件下的总结和概括，它深刻反映了科学的价值功能所在，因而对北宋科技思想的发展具有重要的现实意义与理论指导价值。

第三，科学研究本身还具有在发展中判别真理与谬误的价值功能。沈括是一位证实性的科学家，他深深懂得"前世测候，多或改变"②的道理，所以，他紧紧依据变化了的天地万物，实考亲验，尔后"推此而求，自臻至理"③。如他说："正月寅，二月卯，谓之'建'，其说谓斗杓所建。不必用此说……缘斗建有岁差，盖古人未有岁差之法。《颛帝历》'冬至日宿斗初'。今宿斗六度。古者正月斗杓建寅，今则正月建丑矣。又岁与岁合，今亦差一辰。《尧典》曰：'日短星昴。'今乃日短星东壁。此皆随岁差移也。"④然而，在北宋的现实社会中，墨守成规、不知时变和证验的学风严重阻碍着北宋科学技术的进步。对此，沈括深有感触地说：

> 熙宁中，予领太史令。卫朴造历，气朔已正，但五星未

---

① 沈括：《长兴集》卷9《孟子解》，文渊阁四库全书本。
② 沈括：《梦溪笔谈》卷8。
③ 沈括：《梦溪笔谈》卷7。
④ 同上。

有候簿可验。前世修历，多只增损旧历而已，未曾实考天度。其法须测验每夜昏晓夜半月及五星所在度（抄）〔秒〕，置簿录之，满五年，其间剔去云阴及昼见日数外，可得三年实行，然后以算（日）〔术〕缀之，古所谓"缀术"者，此也。是时，司天历官皆承世族，隶名食禄，本无知历者，恶朴之术过已，群沮之，屡起大狱，虽终不能摇朴，而候簿至今不成。《奉元历》五星步术，但增损旧历，正其甚谬处十得五六而已。朴之历术，今古未有，为群历人所沮，不能尽其艺，惜哉！①

（五）"运数"与"考验"相结合的方法论

"运数"是北宋思想界最主要的理论范式，故沈括也不能割舍它。在沈括的方法论思想中，"运数"已被剥离了其"洞吉凶之变"的先验性外衣，他曾批评郑夬的《易》说："夬之为书，皆荒唐之论。"② 数不是宇宙的本原，因而数不能生成万物，沈括指出：《汉书》认为数能"化生万物"，其谬如"胫庙"③。所以他的观点是："九、七、八、六之数，阳顺阴逆之理，皆有所从来，得之自然，非意之所配也"④，又说："大凡物有定形，形有真数。方圆端斜，定形也；乘除相荡，无所附益，泯然冥会者，真数也。"⑤ 按冯契先生的解释："冥会"就是"思维与实在的一致"⑥，也是"运数"与"考验"的结合。当然，"考验"是根本。

----

① 沈括：《梦溪笔谈》卷 8。
② 沈括：《梦溪笔谈》卷 7。
③ 沈括：《梦溪笔谈》卷 5。
④ 沈括：《梦溪笔谈》卷 7。
⑤ 同上。
⑥ 冯契：《中国古代哲学的逻辑发展》下，华东师范大学出版社 1997 年版，第 86 页。

沈括在总结其科学研究的态度时说："余占天候景，以至验于仪象"①，这十一个字真正是他思想的灵魂，是他立论的基点，也是他科学实证的精髓。他说：

> 度在天者也，为之玑衡，则度在器，则日月五星可抟乎器中，而天无所豫也。天无所豫，则在天者不为难知也。自汉以前，为历者必有玑衡以自验迹。②

在宋代也只有沈括能够提出"在天"与"在器"的关系问题，而这个问题不仅是古代天文、物理、化学等实验科学发展的大问题，同样是现代天文、物理、化学等实验科学发展的一个大问题。在某种意义上说，仪器已经成为制约当代科学发展的重要因素。马克思说："自然科学家力求用实验再现出最纯真的自然现象"③，怎么"再现出最纯真的自然现象"？毫无疑问靠人类的物质手段，简言之就是靠科学仪器。正是由于有了浑仪，才使"日月五星可抟乎器中"成为可能，才有可能在"天无所豫"的前提下，去再现五星的运动变化，才能"验"天之"迹"，才能正确预见天体的运动规律。

同世界上其他的杰出科学家一样，沈括也遵循着科学研究的一般规律，由观察、实验到科学抽象，从实践到理论。相对于实验，观察源于人类五官对自然万物的直接反应，所以它最原始，也最直观，而科学仪器其实就是人类感官的延长。而沈括在长期的科学研究过程中，形成了观察自然的良好习惯，当然也是他积累科学资料的重要物质手段之一。

---

① 沈括：《梦溪笔谈》卷7。
② 脱脱等：《宋史》卷48《天文志一·浑仪议》。
③ 《马克思恩格斯全集》第1卷，人民出版社1979年版，第78页。

第一，观察法。所谓观察法是指人们有目的的通过感官或借助于特定仪器，对自然现象在自然发生的条件下进行科学考察的一种科研手段。它的特点是有目的、用眼看、做记录。而《梦溪笔谈》中就保留着沈括许多原始的观察记录。如《梦溪笔谈》卷7"测极星"云：

> 汉以前皆以北辰居天中，故谓之"极星"。自祖暅以玑衡考验天极，不动处乃在"极星"之末犹一度有余。熙宁中，予受诏典领历官，杂考星历。以玑衡求"极星"，初夜在窥管中，少时复出，以此知窥管小，不能容"极星"游转，乃稍稍展窥管候之，凡历三月，"极星"方游于窥管之内，常见不隐。然后知天极不动处，远"极星"犹三度有余。每"极星"入窥管，别画为一图。图为一圆规，乃画"极星"于规中。具初夜、中夜、后夜所见各图之，凡为二百余图，"极星"方常循圆规之内，夜夜不差。

在这里，"以玑衡求'极星'"之"求"是观察的意思，而"凡为二百余图"之"图"则是沈括对"极星"的观察记录。沈括为了测出极星的确切位置，他放大窥管，连续三个月不间断，且每夜观测三次，最后画出了200余张图。此种科学精神是很令人感动的。

潮汐是由日月的引潮力所形成的一种海水长波运动现象，我国汉代的思想家王充早就认识到了潮汐与月球引力之间的内在联系，他说："涛之起也，随月盛衰，大小满损不齐同。"[①] 后来，唐代的窦叔蒙著《海涛志》一书，更提出"涛之潮汐，并月而生。日异月同，盖有常数也"的见解，并认为海涛"可得历数

---

① 王充：《论衡·书虚》。

而记"，故宋代学者张君房说："唐大历中，浙东窦叔蒙撰《海涛志》，凡六章。详覆于潮，最得其旨。诸家依约而言，皆不适其妙也。"① 张君房的论断应当说是公正的，因为稍晚于窦叔蒙的另一位唐代文学家卢肇，虽然在研究潮汐方面所花费的时间不少，但从总体上看他著的《海潮赋》明显地逊于窦叔蒙的《海涛志》。因此，沈括说：

> 卢肇论海潮，以谓日出没所激而成，此极无理。若因日出没，当每日有常，安得复有早晚？予常考其行节，每至月正临子午则潮生，侯之万万无忒。月正午而生者为"潮"，则正子而生者为"汐"；正子而生者为"潮"，则正午而生者为"汐"。②

沈括根据长期的观察得出潮汐出没的时间不是"每日有常"结论，从而批判了卢肇的错误观点。沈括认为"每至月正临子午则潮生"，是对窦叔蒙思想的进一步发展，而他对潮汐发生的时间与观测地点相联系的记述则是真正的独创，较西方的同类思想早一百多年。

当然，观察由于受到感官或仪器的局限，其观察之结论可能会出现错误，沈括也不例外。如他的"观炼铁"篇云：

> 世间锻铁所谓钢铁者，用柔铁屈盘之，乃以生铁陷其间，泥封炼之，锻令相入，谓之"团钢"，亦谓之"灌钢"。此乃伪钢耳，暂假生铁以为坚，二三炼则生铁自熟，仍是

---

① 张君房：《潮说》。
② 沈括：《梦溪笔谈·补笔谈》卷2。

柔铁。①

把"灌钢"说成是"伪钢",这个观察结论是不对的,因为"灌钢"是用低温炼钢方法所炼出来的钢,由于它是用生铁和熟铁熔炼成团块再经锻打而成,所以又称"团钢"。

第二,实验法。与观察相比,实验法突出了结论之"受控性",即实验所得之结果是经过人为干预的,而不是自然而然的。如沈括为了实现对汴河的实测,他采取"分层筑堰"法,在由人控制的条件下去测定汴河上下游地势的高低。《梦溪笔谈》卷25载:

> 自汴流湮淀,京城东水门,下至雍丘、襄邑,河底皆高出堤外平地一丈二尺余,自汴堤下瞰民居,如在深谷。熙宁中,议改疏洛水入汴。予尝因出使,按行汴渠,自京师上善门量至泗州淮口,凡八百四十里一百三十步。地势,京师之地比泗州凡高十九丈四尺八寸六分。于京城东数里白渠中穿井至三丈,方见旧底。验量地势,用水平、望尺、干尺量之,不能无小差。汴渠堤外,皆是出土故沟,予因决沟水,令相通。时为一堰节其水,候水平,其上渐浅涸,则又为一堰,相齿如阶陛。乃量堰之上下水面,相高下之数会之,乃得地势高下之实。

在磁学方面,沈括不仅发现了指南针"常微偏东,不全南"现象,而且还具体试验了指南针的四种装置方法。《梦溪笔谈》卷24"指南针"条云:"方家以磁石磨针锋,则能指南,然常微偏东,不全南也。水浮多荡摇,指爪及碗唇上皆可为之,运转尤

---

① 沈括:《梦溪笔谈》卷3。

速，但坚滑易坠，不若缕悬为最善。"由此可见，指南针的四种装置方法分别是把磁针搁在指甲上；把磁针搁在碗沿上；以针横贯灯心草浮于水面之上；用独根茧丝将蜡少许粘着于针腰，在无风的地方悬挂起来。通过实验，沈括发现四种方法中只有"缕旋法"才能使指南针真正"指南"，北宋末年的医学家寇宗奭在《本草衍义》一书中曾评论说："磨针锋，则能指南，然常偏东，不全南也，其法取新纩中独缕，以半芥子许蜡，缀于针腰，无风处垂之，则针常指南，以针横贯灯心，浮水上，亦指南，然常偏丙位（指偏东15°）。"①

第三，矛盾分析法。事物本身就是矛盾，而矛盾是由两个方面相互作用和相互转化所构成的统一体。沈括跟王安石一样坚持用"耦中有耦"的观点去认识自然界和人类社会，故他的科技思想中处处闪烁着辩证法的光芒。如他在谈到天文、历法中运用数学方法时说：

> 求星辰之行，步气朔消长，谓之缀术，谓不可以形察，但以算数缀之而已。②

在沈括看来，"缀术"就是以"步气朔消长"为研究对象的，而消长变化是天体运动的普遍规律。

沈括运用五行相互转化的规律来解释"胆矾炼铜"法：

> 信州铅山县有苦泉，流以为涧。挹其水熬之，则成胆矾。烹胆矾成铜，熬胆矾铁釜，久之亦化为铜。水能为铜，

---

① 寇宗奭：《本草衍义》卷5《磁石》，《丛书集成初编》，商务印书馆1937年版。

② 沈括：《梦溪笔谈》卷18。

物之变化，固不可测。按黄帝《素问》有"天五行、地五行"，土之气在天为湿，土能生金石，湿亦能生金石。此其验也。又石穴中水，所滴皆为钟乳、殷孽。春秋分时，汲井泉则结石花。大卤之下，则生阴精石，皆湿之所化也。如木之气在天为风，木能生火，风亦能生火，盖五行之性也。[①]

中国古代科学技术发展到北宋，从内容上早已突破了五行说的解释范围。因此，沈括用已经开始僵化的思想范畴来解释"胆矾炼铜"这项冶金化学成就，显然是落伍了，这反映了沈括本身也存在着一定的科学盲区。但他自觉地用五行说来阐明物质可以相互转化的道理，却是很可贵的矛盾转化思想。

---

① 沈括：《梦溪笔谈》卷25。

第 四 章

北宋后期科技思想的转变

第一节 苏颂的科技思想

一 中国传统"天人合一"观念的物化形态

（一）苏颂的生平简介

苏颂（1020—1101）字子容，泉州同安人。其父苏绅曾任翰林学士，正值"庆历新政"时期，他对新政持反对意见，故史书上对此颇有微辞。如《宋史》本传说他"善中伤人"。然而，苏绅却用《中庸》之道来教育苏颂，苏颂说："先公举贤良，暇日试笔，手写《中庸》一篇，付予令熟读诵之。可以见性命之理，其书至今秘藏箧笥。"[①] 一本《中庸》伴随其终生，可见该书对他的思想影响是多么深刻。苏颂曾担任过地方官、中央官、外交官及科技官，其中他两次领导北宋的科技创新工作，与韩公廉等人合作制成"水运仪象台"，对推动中国古代科学技术的发展事业做出了伟大的贡献。

（二）《新仪象法要》中的宇宙观

苏颂在《咏庄生观鱼图》中说："圣人冥观尽物理……合则一理散万殊"，又《华藏竹》诗云："心虚大道合，干直贤人

---

① 苏颂：《苏魏公文集》卷5《感事述怀诗》，中华书局2004年版。

同"。这是苏颂对"天人合一"思想的形象表述，它包含两个方面的意思：一是"大道"和"一理"是可以把握的，天是能够被人类的思想所认识的，他说："且夫天之运也，日与星而代逢；地之道也，柔与刚而莫穷。非乃圣无以探其赜，非立法无以举其中。我乃错综气候，参稽变通。起建星而运算，故积岁以成功"①，这是一种鲜明的可知论主张；二是人在"大道"面前具有主动性，即所谓"心虚大道合"，而"心虚"就是人类意识能动性的体现。

在北宋之前，我国有三种宇宙学理论，即"盖天说"、"浑天说"和"宣夜说"。其中"浑天说"代表了中国古代宇宙理论的最高成就，故苏颂的"水运仪象台"主要以此为根基，来对北宋之前的传统仪象进行结构性整合，从而实现了仪象制造的新突破。如"水运仪象台"的"仪"（上层）和"象"（下层），都是根据浑天说来设计制造的，所以它的先进性是毋庸质疑的。苏颂在《进仪象状》中坦言：

> 案旧法日月行度皆人所运，新制出于自然，尤为精妙。然则据上所述，张衡所谓灵台之璇玑者，兼浑仪、候仪之法也。置密室中者，浑象也……今则兼采诸家之说，备存仪象之器，共置一台中，台有二隔，浑仪置于上，而浑象置于下，枢机轮轴隐于中，钟鼓时刻司辰运于轮上。

从理论上讲，所谓"兼采诸家之说"主要是指盖天、浑天和宣夜三家之说。如"浑象紫微垣星之图"云："北极，北辰之最尊者也。其星天之枢也。天运无穷，三光迭曜，而极星不移，故曰：居其所而众星拱之。旧说以纽星即天极，在正北为天心不

---

① 苏颂：《苏魏公文集》卷72，中华书局2004年版。

动。今验天极，亦昼夜运转，其不移处，乃在天极之内一度有半。故浑象杠轴正中置之，不动以象天心也……古人所谓天形如盖，即天心为盖之杠轴，列舍如盖之撩辐，分布十二次舍之度数……由是言之，天形无垠，昼夜不息。所以分节候，运寒暑，日与斗建相推移于上而成岁于下也。所以著于图象者，欲俯仰之参合先天而趋务也。故人君南面听天下，常视四七之中星……顺天时而布民政"，这一段话说明，苏颂不仅兼采三家之宇宙理论，而且更兼采三家之"天人合一"思想。当然，苏颂仅仅停留在这一点上，就失去了他的科学个性。也就是说在盖天说的框架内，人们观测到的只是天之一极，而不是天之两极，具体地说是只见"北极"而不见"南极"，苏颂"浑象"则用"两盖相合"理论刻绘了"浑象北极星图"和"浑象南极星图"，这是对盖天说的重大理论突破。

"水运仪象台"的科学实质就是一架自动报时仪，这句话对吗？当然无可争议。但苏颂的真正用意似乎并不在此，《新仪象法要》开宗明义说："水运仪象台"的目的就是"将以备圣主南面之省观，此仪象之大用也"。其卷中单列一节名为"四时昏晓加临中星图"，主旨是"为人君南面而听天下，视时候以授民事也"，或曰"视列宿而行国政"。基于这个事实，我们就可以说，"水运仪象台"是整个宇宙的缩影，是凝固化的天体学说，是物化的"天人合一"思想。

（三）《新仪象法要》中的科学观

首先，星图成就。星图是记载恒星的一种方法，我国最早出现的星图是"盖图"，而且由于"盖图"以北极为中心，故这样的平面星图也可称作"北极星图"或"北天星图"。据《汉书》卷26《天文志》载，张衡曾绘有《灵宪图》一卷，而张衡所绘制的星图便是描绘在浑象球面上的一张圆图。以后蔡邕、陈卓、庾季才等也都绘制过盖图，综括起来看，以上这些星图有一个共

266

同特点就是以"三家星"（即巫咸、石申、甘德星经）为其绘图依据，其精确性不高。如《隋书》卷19《天文上》载："宋元嘉中太史令钱乐之所铸浑天铜仪以朱、黑、白三色用殊，三家而合陈卓之数。高祖平陈，得善天官者周坟，并得宋氏浑仪之器。乃命庾季才等，参校周、齐、梁、陈及祖暅、孙僧化官私旧图，刊其大小，正彼疏密，依准三家星位，以为盖图。"与此同时，隋代天文学家又于"盖图"之外创造了"天文横图"（即宋人所说的"纵图"）。这种图对黄赤道附近的28宿而言，其准确性较"盖图"（即宋人所说的"圆图"）提高了不少，但对两极星座却因为距离拉大而失真较大。正是由于"圆图"或"横图"在把球面上的星辰绘制到平面上时都存在着失真的缺点，所以唐代的天文学家便采取"圆横"结合的方法来重新绘制星图，后人把这种图称为"圆横结合星图"，而其所采用的画法实际上已开近代星图的先河。目前，我国所发现的最早"圆横结合星图"应是敦煌卷子中标号为 Ms3326 的一卷星图。他的画法是：对赤道附近的星座用圆柱投影法（即"横图"）；对籽微垣的星则用球面投影法（即"圆图"），然后两图相互参照，这样就克服了"圆图"和"横图"各自的缺点，因而推动了制绘星图的进步。故苏颂依此为基准，并根据元丰实测结果，去伪求真（即改敦煌星图以十二次为序而以二十八宿为序，同时将其不科学的分野成分去掉），从而把星图的绘制又推向了一个新的历史高峰。难怪欧洲科学史家萨顿等人说："从中世纪到 14 世纪末，除中国的星图以外，再也举不出别的星图了。"[①]考《新仪象法要》的星图可分成两组：第一组由一幅圆图和两幅横图（即从秋分到春分的东北方中外官星图与从春分到秋分的西南方中外官星图）

① 李约瑟：《中国科学技术史》第4卷，科学出版社、上海古籍出版社1990年版，第253页。

组成；第二组是以天球赤道为最外大圆界而绘的"北极或北天星图"和"南极或南天星图"。所以，苏颂总结道：

> 古图，有圆纵二法：圆图，视天极则亲，视南极则不及；横图，视列舍则亲，视两极则疏。何以言之？夫天体正圆，如两盖之相合。南北两极，犹两盖之杠毂，二十八宿如盖之弓撩；赤道横络天腹，如两盖之交处。赤道之北为内廓，如上覆盖；赤道之南为外廓，如下仰盖。故列弓撩之数，近两毂则狭，渐远渐阔，至交则极阔，势之然也。亦犹列舍之度，近两极则狭，渐远渐阔，至赤道则极阔也。以圆图视之，则近北，星颇合天形；近南，星度当渐狭，则反阔也矣。以横图视之，则去两极星度皆阔，失天形矣。今仿天形为覆仰两圆图。以盖言之，则星度并在盖外，皆以圆心为极。自赤道而北为北极内官星图；赤道而南为南极外官星图。两图相合全体浑象，则星官阔狭之势，与天吻合，以之占候，不失毫厘矣。

除了苏颂保留了我国古代圆横图的资料外，其突出的科学思想成就还有：1. 取消了"十二次分野"的伪说。以星主地理，分区占验，始于《周礼》。《周礼·保章氏》云："封域皆有分星，以观妖祥。"如西汉以后，历代王朝均将十二次配给其所辖之十二州。苏颂也许考虑到北宋国域较前代狭小的事实，害怕刺着宋朝皇帝的痛处，故取消了属于占星部分的"分野"思想，仅仅保留了"十二次"的概念，这就大大地增强了他的科学性。2. 观测到的星数有了突破。据统计，苏颂星图所载之星数较敦煌星图增加了 114 颗，总计为 1464 颗，而欧洲在 14 世纪之前所观测到的星数不过才 1022 颗，且苏颂星图各星宿位置都是根据实测距离来确定的，它反映了中国 11 世纪天文观测学的新成果。

3. 星度的精确性有了很大提高。"度"的概念是在观测太阳运动过程中产生的，与欧洲采用黄道坐标来测量星度不同，中国古代主要采用赤道坐标来测验星度，由于所有的恒星周日视运动轨道都是平行于赤道的，故它比采用黄道坐标来测量星度更加合理，因而，它成为近代天文学上一种最主要的坐标系，而中国古代的赤道坐标直接沿用二十八宿记位法，自成一派体系。

其次，机械成就。浑象是依据浑天说而设计的一种宇宙模型，它具体起源于何时？今已不可考。但有确实史料记载的是西汉时耿寿昌所造之浑象，《法言·重黎》云："或问浑天，曰：落下闳营之，鲜于妄人度之，耿中丞象之，几几乎莫之能违也。"此后，历代王朝都把制造浑象作为一项重要的政治内容，而北宋之前比较著名的浑象有：东汉张衡之浑象，三国时王蕃之浑象和唐代僧一行之浑象。苏颂的浑象借鉴了中国唐代以前各家浑象的优点并加以必要的改造，使之适应于"水运仪象台"的机械需要，如因动力负荷所限，其象体周长采用了大于王蕃而小于张衡的尺寸；苏颂继承了传统浑象采取实体天球的形式，并将大地模型置于球体的外面。而浑仪较前代同类仪器的最突出特点是实现了观测自动化，其通过"天柱"将浑象与浑仪相互连接起来，由于"天柱"在整个传动系统中担任主传动工作，故可称其为"主传动轴"。"天柱"的上轮与浑仪中的后毂相关节，而"天柱"的中轮与控制司辰的"拨牙机轮"相接，下轮则与地毂相关节。其中地毂通过枢轮轴跟总动力轮——枢轮相连接，而驱动枢轮进行有规律旋转的动力来自"河车"。当然，"河车"须依靠人力来完成，这体现了人与宇宙的一种相互制约关系。具体过程是：先由人将升水下壶灌满水，尔后车水者转动河车，从而使升水下轮之水被提入升水上壶中，当升水上壶之水达到一定高度后，升水上轮就自动将水提入天河，再灌入天池。在重力作用下，天池之水自动流进平水壶中，然后平水壶稳定地再流入枢轮受水壶里，由于天衡系统的擒纵力，受水壶里的水均匀间歇地倒入退水壶，最后再由退水壶把水灌进升水下壶，如此循环往复，实现模拟天象运行以准确报时的目的。仅就技术结构而言，浑仪的创新之处有：重新采取双重赤道制，双重赤道制并非始于苏颂，实际上周琮的皇祐仪已采用两重赤道的结构，而苏颂的功绩在于更加巩固了宋人已取得的关于度量时间应以太阳角为标准和以双重赤道制作为观测天体坐标的科学认识；增置四象环，而四象环的环面与极轴重合，非常符合力学原理，既稳固了主传动轴，又提高了传动效率；为保证整个浑仪的水平，苏颂设计了"水趺"作为基座水平的校正器，其长一丈四寸，水沟深一寸四分，中心开有二寸见方的"天门"，他说："旧无天门，今创为之"；鳌云是水趺上架设六合仪的一根支柱，传统的支柱为实心，且功能单一，而苏颂将鳌云设为中空，认天柱从中通过，故他说："其内隐天柱，上属天运环，乃新制也"；首创观测台活动屋顶，此制为近代天文台自动开闭台顶的祖先，成为苏颂水运仪象台所取得的国际公认的"三大世界第一"的一项重要成就①。

(四)《新仪象法要》中的实验方法

由于水运仪象台是集中国古代浑象与浑仪制造技术于一体的宏大工程，因此对前人所造仪器性能进行科学的模拟实验分析就是非常必要的了。而苏颂也确实是这样做的，如《新仪象法要·进仪象状》云："张衡所谓灵台之璇玑者，兼浑仪、候仪之法也。置密室中者，浑象也。"浑仪与浑象究竟是一物还是两物？在苏颂之前，人们仅仅依靠理论推导是很难分辨的，而苏颂用实验证明了浑仪与浑象是两种仪器。

---

① 管成学等：《苏颂与〈新仪象法要〉研究》，吉林文史出版社 1991 年版，第 363—376 页。

北宋的都城开封地处北中国，因冬季气候寒冷，对"水运"仪象的运转将会带来不良影响。而为了解决这个疑难问题，苏颂经过对北宋初年张思训浑仪的模拟实验，得出"以水银代之"的结论：

> 张思训浑仪为楼数层，高丈余，中有轮轴关注，激水以运轮。又有值神摇铃、扣钟、击鼓，每一昼夜，周而复始。又有十二神各值一时，时至则自执牌循环而出报，随刻数以定昼夜之长短。至冬水凝，运行迟涩，则以水银代之，故无差舛。①

光有模拟前人浑仪的实验成就还不行，为了保证"水运仪象"的准确性与可靠性，苏颂更不止一次地将其设计制造的仪象做成模型，进行可控性的模拟实验。所谓模拟实验就是指首先设置研究对象的模型，然后通过模型来间接研究原型的实验。苏颂说：

> 乞先创木样进呈，差官实验，如候天有准，即别造铜器。②

之后"（元祐）至三年五月先造成小样，有旨赴都堂呈验，自后造大木样，至十二月工毕。又奏乞差承受内臣一员，赴局预先指说前件仪法，准备内中进呈日有宣问。十月入内内侍省差到供奉官黄卿从，至闰十二月二日具札子取禀安立去处，得旨置于

① 苏颂：《新仪象法要·进仪象状》。
② 同上。

集英殿。"① 为了使水运仪象台的科学性更强，苏颂通过一次又一次的木制模型，精心审验，从小到大，不断改进与完善，终于获得了比较满意的结果，故元祐四年三月八日己卯，（许）将与周日严、苗景"昼夜校验，与天道已参合不差，诏以铜造，仍以元祐浑天仪象为名"②。铜制水运仪象台是定型化的最终科研产品，它历时四年，用铜约两万斤，《宋史》卷80《律历志十三》载：

> 七年四月，诏尚书左丞相苏颂撰《浑天仪象铭》。六月，元祐浑天仪象成，诏三省、枢密院官阅之。绍圣元年十月，诏礼部、秘书省，即详定制造浑天仪象所，以新旧浑仪集局官同测验，择其精密可用者以闻。

按照科学实验的规律，为了保证实验的精确性和经济性，往往在绘制图样时不以一图定乾坤，而是预先设计多种方案，而究竟哪一个方案更符合客观实际，则由最终的实验结果来决定。苏颂亦复如此，如他对水运仪象台上的天运轮，就预先作了两种设计，两套实验，一种是靠齿轮转动，另一种是以链条传动。正是由于苏颂把实验看做是科学的生命，故他才在实验中不断创新，其所采用数据也才越来越精确。如他创设了黄道双环，增设了半筒等，《进仪象状》云："浑仪则上候三辰之行度，增黄道为双环，环中日见全体，使望筒常指日，日体常在筒窍中。天西行一周，日东移一度，此出新意也。"在所采用数据方面，他则给出了四游仪的直距是5.66尺，而其直径却为6尺，两者之间尚差3.4寸，为了解决这个问题，苏颂就将四游仪环的阔加长到3.4

---

① 苏颂：《新仪象法要·进仪象状》。
② 徐松：《宋会要辑稿》运历2之13。

寸。又如望筒"中空长五尺七寸四分","孔径七分半，望其上孔，适周日体"，即用长 5.74 尺、内径 7.5 分的孔去观测太阳，恰好在上孔中看到整个太阳。管成学先生说："勤于实验，勤于观测，使苏颂绘制的星图都是使用元丰年间新测的数据，这使他的星图更具科学性。科学与技术要求勤于实验，苏颂的思想正是在从事科研工作中而不断得到升华的。"[①]

而苏颂之所以能够把北宋的技术科学推向高峰，是因为他具有科学的品质和科学的方法。尽管他由于政治方面的原因，对有些科学问题作出了错误的回答，但他对中国古代科学技术发展所作出的杰出贡献是主要的和具有划时代意义的。

二　追求完美的技术科学思想

苏颂《水运仪象台》中的机械图并不是由苏颂个人来完成的，而是由韩公廉、周日严、于太古、张仲宣等共同参与设计的集体智慧之结晶。不仅如此，它还直接得益于北宋发达的"界画"艺术。据《进仪象状》称，苏颂为了"定夺新旧浑仪"，曾"赴翰林天文院"，"论列干证文字"，而苏颂之所以能使《新仪象法要》中的制图达到那么完美的境界，正是因为他吸收了北宋界画艺术的精华，并结合水运仪象台的客观实际加以改造和创新。其最大的创新之处就是苏颂采用测投影法绘出台体与总装图，如"浑仪"、"水趺"、"浑象"、"浑象赤道牙"、"木阁"、"天池"等。其次，他还采用具有现代意韵的假想拆去零件的画法，如"昼夜机轮"、"天衡"、"升水上下轮"等，这种画法的特征是简明扼要，重点突出。再次，对于多数零部件则采用正投影方法绘制正视图，如"四游仪"、"天经双环"、"望筒直距"

　　①　管成学等：《苏颂与〈新仪象法要〉研究》，吉林文史出版社 1991 年版，第383—384 页。

等，而对有些细小的零件采用"补白法"直接就绘在了零件装配图上，所以整个制图疏密适度，比例恰当，给人以美的享受。同时又形成了水运仪象台施工的明确完整的技术资料，加上每幅图的说明文字，可以说已经具备了现代工程制图应有的技术事项，更重要的是苏颂在对图与文的搭配上，其字体随图样的大小而变化，动感极强，字图相宜，相互融为一体，使整个版面体现着科学与艺术的完美统一，因而它的科学价值和艺术价值是永恒的。

通过结构变革而使浑天的功能多元化，是苏颂水运仪象台的主导思想。他在《进仪象状》中说：

> 今依《月令》创为四时中星图，以晓昏之度附于卷后。将以上备圣主南面之省观。此仪象之大用也。又上论浑天仪、铜候仪、浑天象，三器不同。古人之说亦有所未尽。陈苗谓张衡所造盖亦止在浑象七曜，而何承天莫辨仪象之异，若但以一名命之，则不能尽其妙用也。今新制备二器而通三用，当总谓之浑天，恭俟圣鉴，以正其名也。

这段话的大意是说：水运仪象台的最大用途就是让圣上懂得其精妙的性能和用途，它说明政治的需要是中国古代技术科学发展的动力，这是一层意思。还有一层意思则是说，浑天仪、铜候仪、浑天象作为独立的天文仪器，其功能都是单一的，而欲由单一功能转变为多元功能，就必须对浑天仪与浑天象进行结构变革，因为结构与功能是统一的，其中结构是基本的，结构决定功能，而功能的发挥又会影响实物的结构，故苏颂特别强调水运仪象的"妙用"，并突出了其"制备二器（即浑仪、浑天）而通三用（即天文观测、天象演示和自动报时）"的使用价值，那么，苏颂的水运仪象台是通过什么机械结构的革新而实现了其功能的重大转变呢？苏颂自己说：

> 备存仪象之器，共置一台中，台有二隔，浑仪置于上，而浑象置于下，枢机轮轴隐于中，钟鼓时刻司辰运于轮上。木阁五层蔽于前，司辰击鼓、摇铃、执牌，出没于阁内。以水激轮，轮转而仪象皆动。此兼用诸家之法也。浑仪则上候三辰之行度，增黄道为单环，环中日见半体。使望筒常指日，日体常在筒窍中。天西行一周，日东移一度，此出新意也。①

在这里，我们必须强调，苏颂水运仪象台的结构革新首先是科学知识的继承，关于这一点，人类最伟大的航天工程阿波罗登月计划就是一个很典型的例子，据说，其飞船共有 300 万个零部件，而发射的火箭"土星—5"则达到了 560 万个零部件，可是正如阿波罗登月计划的总负责人韦伯博士说的那样："我们没有使用一项别人没有的技术，我们的技术就是科学的组织管理。"同理，在北宋，苏颂亦完全有资格说这样的话，因为从水运仪象台的整个部件结构看，其基本上都是"兼用诸家之法"，但在把那些既有的技术成果进行综合，形成新的结构时，科学管理却使它们发挥出各自功能相加在一起所达不到的威力。如苏颂采用黄祐仪的双重赤道制，因结构上的一些变化，而使其功能亦发生了相应的变化，变化之一是把六合仪上的赤道环与天球子午环及地平固定在一起，用来测量时刻；变化之二是把三辰仪中的赤道环跟黄道一块儿联在三辰仪的双环上，随天运转，成为观测天体的坐标。其次是技术的创新，创新是科学发展的灵魂，故水运仪象台的成功之处就是苏颂对它进行了大胆的技术变革和结构创新。

---

① 苏颂：《新仪象法要》之《进仪象状》，文渊阁四库全书本。

管成学先生分析说："四象环"完全是苏颂新增加的一个环，它的环面与极轴重合，并同三辰仪双环一起将天球分为四个象限，其中输入动力由于有了四象环而提高了传动效率；为保证整个浑仪的水平，苏颂对传统的"水趺"进行了新的架构，一是将水趺与水沟的比例设计为1丈4寸比1寸4分，这个比例符合近代流体力学原理，二是在十字水趺的中心开了一个2寸大小的洞，主传动轴从此通过，把动力上传到三辰仪，这是苏颂的原创之作；根据"三位一体"的设计需要，苏颂把传统的鳌云由实心改为中空，内含主传动轴，其"内隐天柱，上属天运环，乃新制也"；浑仪的极轴是关键设备，它被安装在六合仪的子午环上，而经过苏颂的改造，不仅子午环、三辰仪双环及四游仪双环都被连结在同一个中心轴上，各自相转，互不牵动，而且三重环的杠轴都被设计为中空，这样观测人员可以藉此在安装时用测北极星的方法来为极星准确定位，"今验天极亦昼夜运转，其不移处，乃在天极之内一度有半"，这是个新的数据，也是正确的结论，只要用望筒从浑仪枢轴杠孔中来瞄准它，就能得到准确的极轴方位；"浑仪置上隔，仪有三重：曰六合仪，曰三辰仪，曰四游仪。以上以脱摘板屋覆之"，既然称为"摘板屋"，就说明它是可以因实际观测需要而揭去其上的木板，待观测完毕后再重新盖上，这样整个浑仪就免去了终身暴露在外之苦，苏颂的此项创造成为近代天文台自动开合台顶的直接祖先[①]。

天、地、人"合三为一"是中国传统思想的精粹，但在北宋之前，人们始终没有能够创造出完整体现这个思想精粹的实物形态。因为无论是浑象、盖图也好还是浑仪也罢，在苏颂以前，它们都不过是一些功能单一的孤立实体，如浑仪用于测量星辰，

---

① 管成学：《〈新仪象法要〉中浑仪的继承和创新》，载《苏颂与〈新仪象法要〉》，吉林文史出版社 1991 年版，第 368—376 页。

浑象与盖图则用于演示天象，从历史上看，尽管张衡、葛衡、斛兰、李淳风、僧一行等都对浑仪或浑象的结构做过改进，但在功能方面他们却谁也没有实现新的突破。所以苏颂说："浑天仪、铜候仪、浑天象，三器不同。古人之说亦有所不同。陈苗谓张衡所造，盖亦止在浑象七曜，而何承天莫辨仪象之异，若但以一名命之，则不能尽其妙用也。今新制备二器而通三用，当总谓之浑天。"① 可见，由于浑天仪、铜候仪、浑天象的内在结构单一，功用狭隘，故极大地限制了它们的实际应用水平，甚至出现了"浑天象历代罕传"的现象。而为了充分凸显浑天仪、铜候仪及浑天象的科学价值，使其功能由单一性转向多元性，就必须进行结构创新。众所周知，古代与近现代机械制造的最大区别，除了手工制作与机械化生产的差异外，就是近现代机械本身的多功能性质大大地加强了。从这个角度说，苏颂的水运仪象是人类机械制造史上的一次伟大的技术革新。而这次技术革新的价值就在于它实现了机械功能的多种类和多部件组合，并用一种新的管理理念来指导机械生产的科学化发展方向，从现象上看，水运仪象不过是把传统的浑天仪与浑天象重新整合为一个体积更加庞大和结构更加复杂的物质实体，然而，从本质上看，它却是把科技思想与人文理念有机地结合在了一个新的物品里，而这种属于精神层面的意蕴则是后人所无法去模拟的，此为北宋之后，人们为什么不能再造一台"水运仪象"的一个重要原因。

胡适说，北宋是中国的文艺复兴时代，这话有道理。因为"文艺复兴"的实质就是科学与人文两种精神的相渗和贯通，而苏颂的水运仪象台恰好体现了这个近代文明的最显著特点。也许是基于这样的认识，所以内藤湖南才将北宋看成是"近世的开始"，尽管内氏的立论在国内学界还存在着歧

---

① 苏颂：《新仪象法要》之《进仪象状》，文渊阁四库全书本。

义，但他所提出的问题与这个问题本身所掀动起来的学术效应，我们当然不能不去认真地对待它，也不能不去好好地研究它和扬弃它。

第二节　唐慎微的古典药物学思想及其成就

一　唐慎微的生平简介

唐慎微（约1056—?）字审元，祖籍蜀州晋原（今四川崇庆市）人，后徙居成都华阳（今属双流县管辖）。元祐年间（1086—1093）应蜀帅李端伯的盛请始到成都行医，并编撰了《证类本草》一书，遂成为蜀中名医。

二　《重修政和经史证类备用本草》的药物学成就及其科技思想

现传本《重修政和经史证类本草》30卷，载药1746种，其中玉石类253种，草木类447种，人类25种，兽类58种，禽类56种，虫鱼类187种，果类53种，米谷类48种，菜类65种。据查，四川省的中药材资源多达4354种，而唐慎微在北宋后期就已掌握了其药材资源的近二分之一，故李时珍说："使诸家本草及各药单方，垂之千古，不致沦没者，皆其功也。"[1]

（一）《重修政和经史证类备用本草》的自然观及其"味、气、形"思想

在中国古代，不仅哲学是解释自然的一种方式，而且医药学也是解释自然的一种方式。两者所差，只在于前者的表现形式是抽象的和理论的，而后者的表现形式则是具体的和实证的。《尚

---

① 李时珍：《本草纲目》卷1《历代诸家本草》，中医古籍出版社1994年版，第4页。

书》之《周书·洪范篇》载箕子的话说："我闻在昔，鲧陻洪水，汩陈其五行"。像"鲧陻洪水"这样关系民生的重大事情，都不能离开"五行理论"的指导，就更不用说在其他方面了。所以在箕子看来，"五行"应当成为殷人社会生活的根本大法，即"初一曰五行"。箕子又说：

> 五行：一曰水，二曰火，三曰木，四曰金，五曰土。水曰润下，火曰炎上，木曰曲直，金曰从革，土爰稼穑。润下作咸，炎上作苦，曲直作酸，从革作辛，稼穑作甘。

这段话，只要仔细地辨证，就一定能发现两个问题：

第一是哲学的观念。《重修政和经史证类备用本草》继承了宋初理学的思想成果，化抽象为具体，在原唐慎微所撰《经史证类备急本草》的基础上，补入政和六年（1116）成书的《本草衍义》，特别是寇宗奭所撰的三篇序例，由于其"气本论"的自然哲学思想十分鲜明，故可补唐慎微自身知识之不足，同时亦大大提升了《证类本草》的科学价值和思想内容，有画龙点睛之妙和锦上添花之效，真乃是神来一笔。寇宗奭说："夫天地既判，生万物者，惟五气尔。"[①] 所谓"五气"在中国传统文化里是一个系统性很强和涵盖面甚广的思维范畴和知识概念，它本身是天地人三者的有机统一和哲学思想的具体应用，其内涵包括：在天为"五运之气"，即金、木、水、火、土；在地为"五味之气"，即各种动植物和矿物的性质表现，具体言之，就是酸、辛、苦、甘、咸五种味道；在人则分为生理性的"五脏之气"即心、脾、肝、胃、肾及"五色之气"即青、白、黑、黄、赤

① 唐慎微：《重修政和经史证类备用本草》之《新添本草衍义序》上，人民卫生出版社1957年版，第43页。

和病因病理性的"五淫之气"即喜、怒、忧、悲、恐及由噫（心）、咳（肺）、语（肝）、吞（脾）、欠（肾）所构成的"五脏病气"[①]，等等。可见，"五气"不仅是天地万物产生的根据，而且也是人类生理和病理运动变化的物质基础，故"人之生，实阴阳之气所聚耳"，"天地合气命之曰人，是以阳化气，阴成形也。夫游魂为变者，阳化气也。精气为物者，阴成形也。阴阳气合，神在其中矣"[②]。

第二是科学的观念。《重修政和经史证类备用本草》藉《本草衍义序列》提出了自己的"味气"理论："五气定位则五味生，五味生则千变万化，至于不可穷已。故曰：生物者气也，成之者味也。以奇生则成而耦，以耦生则成而奇。寒气坚故其味可用以奭热，气奭故其味可用以坚风，气散故其味可用以收燥，气收故其味可用以散。土者，冲气之所生，冲气则无所不和，故其味可用以养缓，气坚则壮，故苦可以养气，脉奭则和，故碱可以养脉，骨收则强，故酸可以养骨。筋散而不挛，故辛可以养筋，肉缓则不壅，故甘可以养肉。坚之而后可以奭，收之而后可以散。"[③] 这可以说是北宋在味气理论方面所取得的最高理论成就。

药味理论的形成当然离不开对药用植物、矿物及动物所赖以生长环境的认识。唐慎微虽然没有对药物味气提升到理论的高度，但他以《内经》味、气与形的相互作用原理为前提，在《重修政和经史证类本草》一书中具体、灵活地指明了药物生长环境与味气的关系，因而构成《重修政和经史证类备用本草》整体自然观的有机组成部分。先看无机类药物，也即玉石类药

---

① 《黄帝内经素问·宣明五气篇第二十三》。
② 唐慎微：《重修政和经史证类备用本草》之《新添本草衍义序》上，人民卫生出版社1957年版，第44页。
③ 同上。

物，唐慎微深刻地认识到了产地对于药性的决定性作用，所以他在每味药物之下都注明其产地，以示它具有相对的不可选择性。如玉屑，味甘平，生蓝田；玉泉，味甘平，生蓝田山谷；石钟乳，味甘温，生少室山谷及太山；矾石，味酸寒，生河西山谷及陇西武都石门；消石，味苦辛，生益州山谷及武都陇西西羌；石胆，味酸辛寒，生羌道山谷、羌里句青山等[①]。次看有机类药物，包括草部、木部、人部、兽部、禽部、虫鱼部、果部、米谷部及菜部等，如积雪草，味苦寒，生荆州川谷；莎草根，味甘微寒，生田野；胡黄连，味苦平，生胡国[②]；茯苓，味甘平，生太山山谷大松下；琥珀，味甘平，生永昌；楮实，味甘寒，生少室山；干漆，味辛温，生汉中川谷；桑上寄生，味苦甘，生弘农川谷桑树上等[③]。过去，我们对自然界中广泛存在的气味化学现象，很少去问个为什么。比如说中医药为什么讲究药物本身的性味？科学家通过大量的研究材料证明，在低等动物中，两性的性活动与性选择的信息主要依靠气味来传递，看来性味本身也是个具有生克关系的矛盾统一体。中药配伍所说的"君臣佐使"亦服从五行的生克规律，其中君臣是以药性的相生关系来决定，这些药物一般要跟人体的病理变化形成一种对局，或称为相克关系，这样就构成了中医学的一个具有辩证特征的整体。按照五行的分形规律[④]，五行集的各层面包括五味、五色等都具有自相似性特征。如果其五行的层面依照水生木，木生火，火生土，土生

① 唐慎微：《重修政和经史证类备用本草》卷3《玉石部上品》，人民卫生出版社 1957 年版。

② 唐慎微：《重修政和经史证类备用本草》卷9《草部中品之下》，人民卫生出版社 1957 年版。

③ 唐慎微：《重修政和经史证类备用本草》卷12《木部上品》，人民卫生出版社 1957 年版。

④ 邓宇、朱栓立等：《藏象分形五系统的新英译》，《中国中西医结合杂志》1998 年第 2 期。

金，金生水的次序运动，那么，它的次层面五味也必然相应地依照咸生酸，酸生苦，苦生甘，甘生辛的次序变化。唐慎微为了阐明中药配伍的这个规律性的特点，他在每味药物的后面都附有一定量的处方，其组方的性味搭配基本上都符合五行的相生律。如治瘘方（采自《广济方》）："取芥子捣碎，以水及蜜和淬傅喉上下，干易之"[①]，蜜之性味甘平，而芥子的性味则辛温，甘生辛，故芥子与蜂蜜的配伍是和谐的；治产后下血不止（采自《产书》）："昌蒲2两，以酒2升煮，分作两服止"[②]，《别录》载：酒"味苦甘辛，大热，有毒"。而昌蒲的性味辛温，甘生辛，昌蒲与酒的配伍亦是和谐的；治冷腹痛虚泄（采自《经验方》）："硫磺5两，青盐1两，以上衮细研蒸饼为丸，如绿豆大，每服5丸，热酒空心服"[③]，在这副处方中，硫磺味酸温，青盐味咸温，而酒"味苦甘辛"，咸生酸，酸生苦，符合五味的相生规律，因而其组方是合理的；治一切痈肿未破疼痛（采自《博济方》）："以生地黄杵如泥，随肿大小摊于布上，掺木香末于中，再摊地黄一重，贴于肿上，不过三五度"[④]，方中的生地黄味甘苦寒，而木香则味辛温，甘生辛，其药物配伍是和谐的；治卒消渴，小便多（采自《千金方》）："捣黄连，绢筛蜜和服39丸，治渴延年"[⑤]，黄连味苦寒，而蜂蜜味甘平，苦生甘，故黄连与蜂蜜配伍符合五行的相生规律；如此等等，举不胜举。五行的相

① 唐慎微：《重修政和经史证类备用本草》卷27《菜部上品》，人民卫生出版社1957年版。

② 同上。

③ 唐慎微：《重修政和经史证类备用本草》卷4《玉石部中品》，人民卫生出版社1957年版。

④ 唐慎微：《重修政和经史证类备用本草》卷6《草部上品之上》，人民卫生出版社1957年版。

⑤ 唐慎微：《重修政和经史证类备用本草》卷7《草部上品之下》，人民卫生出版社1957年版。

生次序反映了物质固有的运动规律，而唐慎微的"味、气、形"思想，正是建立在五行相生规律的根基之上，所以他的自然观具有朴素的实证科学色彩。

（二）《重修政和经史证类备用本草》的科学观及其药物学成就

从历史上看，我国已经发现的药用虫草主要有三种：即冬虫夏草、蝉花和蛹虫草。由于四川是我国虫草的主要产地，故北宋的《本草图经》与《证类本草》都对蝉花作了记述，如苏颂的《本草图经》载："今蜀中有一种蝉，其蜕壳头上有一角，如花冠状，谓之蝉花。"但更多的蝉花为寄生昆虫，这是唐慎微的重要发现。据《重修政和经史证类备用本草》卷21《虫鱼部中品》载："蝉花，七月采，生苦竹林者良，花出土上。"经研究人员检测证实，蝉花菌子座（草）的多糖含量高于冬虫夏草，其拟青霉中所含氨基酸、多糖、甘露醇与冬虫夏草相似，而所含重金属砷、汞、铅的含量却明显低于冬虫夏草。茶是唐宋士大夫最时尚的一种文化消费产品，其唐代讲究煮茶，而北宋盛行点茶，但就点茶须将经加工后的茶末投入盏中搅拌成茶粥这一点来说，北宋的饮茶其实更像"吃茶"。从这个角度看，"吃茶"就是一种药膳。唐慎微在记述茶的性味特征时，十分强调采茶的时节，如唐代的《新修本草》认为茶以"秋"采为良，然《证类本草》却以"春"采更妙。按照宋人的说法，秋采者称"茗"，可作茶饮，而春采者称"茶"，可作"茶粥"。《证类本草》辨析说："唐本注引《尔雅》云：叶可作羹，恐非此也。其嫩者是今之茶芽经年者，又老鞭，二者安可作羹，是知恐非此图经，今闽浙蜀荆江湖淮南山中皆有之。然则性类各异，近世蔡襄蜜学所述极备，闽中唯建州北苑数处产，此性味独与诸方略不同，今亦独名腊茶。研治作饼，日得火愈良……唯鼎州一种芽茶，其性味略类建州，今京师及河北京西等处磨为末，亦冒腊茶名者是也。"①

吴宓先生曾说："物质科学，以积累而成，故其发达也"，"愈晚出愈精妙"②，因为只有积累才能创新，所以唐慎微对中药学的贡献不仅在于他保存了许多前人的医药学著述，而且还在于他对前人研究成果的突破。据统计，《证类本草》新增药物 716种（还有人统计为 660 种或 628 种），创古本草增收新药之冠。其在所新收的 17 种无机药中，由于水银粉（化学式为 Hg_2Cl_2）、玄明粉（化学式为 Na_2SO_4）、绿矾（$FeSO_4 \cdot 7H_2O$）、铜青〔$Cu_2(OH)_2CO_2$〕等的制备工艺较为复杂，因而引起人们的重视，同时它们的入药本身亦说明北宋的制药化学已发展到了一个新的历史高度。如水银粉的制备过程是：将 1750 克胆矾、1500 克食盐放在同一盆内，加约 1500 克水混合溶解，然后再放入 3125 克水银，调拌成粥状，和以约 10 大碗红泥，趁半干半湿时捏成像馒头大小的团块。接着，另在平底锅上铺放干砂，将上面的团块物分别放在砂面上，用瓷盆或陶碗覆盖，封严。用 47 公斤木炭烧煅 10—22 小时后开锅，则见锅内附有雪花样结晶，即为水银粉③。而对于无名异（软锰矿）、不灰木（石棉）、草节铅（方铅矿）等矿物药的性质和绿矾石的鉴别，唐慎微也都作了比较科学的阐释。如他记述绿矾石的入药过程说："丹绿矾，用火煅通赤，取出用酿醋淬过，复煅，如此三度。"④ 即鉴别绿矾石主要是看其在加热后能否分解并氧化成赤色的氧化铁，客观地讲，这已经是一种初步的定性化学分析方法了。又如无名异，俗名假

① 唐慎微：《重修政和经史证类备用本草》卷 13《木部中品》，人民卫生出版社 1957 年版。

② 吴宓：《论新文化运动》，《学衡》1922 年第 4 期。

③ 江苏新医学院：《中药大辞典》下册，上海科学技术出版社 1993 年版，第1639 页。

④ 唐慎微：《重修政和经史证类备用本草》卷 3《玉石部上品》，人民卫生出版社 1957 年版。

284

化石，是锰的氧化物矿物，成分为 MnO_2，呈四方晶系，其晶体结构主要为肾状、结核状或粉末集合体，它是在强烈氧化的条件下形成的，故色铁黑，在我国四川、湖南等地的锰矿床中有大量产出。当时，唐慎微对无名异的化学性质作了这样的描述：无名异"生于石上，状如黑石炭，蕃人以油炼如鹜石，嚼之如饧"①。其临床功用"主金疮、折伤、内损、止痛、生肌肉"②。临床试验证实，锰是人体必需的微量元素，其总含量虽约为 12—20 毫克，但它参与多种酶的组成，影响酶的活动，如缺锰会引起骨质疏松，易致骨折，因为硫酸软骨素和蛋白质复合物是维持骨骼硬度的重要物质，而锰则参与了活化硫酸软骨酶素合成的酶系统，这就是无名异为什么"主金疮、折伤"等骨病的生物学原因。

在《重修政和经史证类本草》中，唐慎微填补了许多古代中药学研究领域的空白，如他发明了用于妇产科的"催生丹"，用"兔头二个，腊月内取头中髓，涂于净纸上，令风吹干，通明乳香二两碎入前干兔髓同研"③。尽管在制备该丹药的实际过程中，唐慎微还带着一定的神秘色彩，但经试验证明，兔脑中确实含有脑垂体后叶催产素，具有促进子宫节律性收缩的作用。松茸，又名阿里红，《重修政和经史证类本草》卷6《草部上品》则称"紫芝"，亦作"木芝"，是生长在海拔 3000 米以上川西横断山脉雪山上（即高夏山谷）的一种名贵中药材，因其含有多种氨基酸和纤维素以及稀有营养元而被生物学界称为"菌中之王"。又如，对于栝楼性能的认识，陶宏景《名医别录》称其有

---

① 唐慎微：《重修政和经史证类备用本草》卷3《玉石部上品》，人民卫生出版社 1957 年版。

② 同上。

③ 唐慎微：《重修政和经史证类本草》卷17《兽部中品》，人民卫生出版社 1957 年版。

"痛月水"的功效，而北宋初期成书的《太平圣惠方》则说它还具有"流产"的作用，后来唐慎微综合了北宋医药学家的研究成果，进一步认为栝楼不仅能治"痛月水"与"堕胎"，而且还能"治乳无汁"和"下乳汁"①。中医用药很讲究"地道药材"，故唐《新修本草》"孔志约序"说："窃以动植物形生，因方舛性，春秋节变，感气殊功，离其本土，其质同而效异"，在此基础上，唐慎微又用药物附图并冠以产地名称的形式更加强化了"地道药材"的概念，所以，仅就文化的传播方式而言，唐慎微总共为250种药物确定了产地，以示地道药材对指导临床用药的重要性，这是很不容易的，而这项工作本身就是一个很了不起的创新。所以，傅希挚在《重修政和经史证类本草》"序"中说：其书"增图证类，则更属意备，是诚晶汇之囊括医家之指南，以之用药则协宜，以之拟方则对症，以之取效则应手，甚切于身心，有益于性命"。

本草学的发展离不开动植物形态与生态学的知识累积和进步。从学科的角度讲，中国古代的本草学诞生于西汉，《汉书》卷25下《郊祀志第五》载：汉成帝成始二年（前31），因"百官烦费"而诏罢"候神方士使者副佐、本草待诏七十余人皆归家"，师古注云："本草待诏，谓以方药本草而待诏者。"正是在这样的历史基础上，《神农本草经》才将中国古代的本草真正地变成一门科学。以后随着本草品种的不断增多，为了区分药物的真假，对其形态的鉴别就显得十分重要了，于是《唐新修本草》第一次把药用动植物以图谱的形式加以说明，这对中药鉴别学的产生起到了积极的历史作用。到北宋后期，先是苏颂等在《本草图经》一书中，亦采取有图有说的形式，进一步推进了《唐

---

① 唐慎微：《重修政和经史证类本草》卷8《草部中品之上》，人民卫生出版社1957年版。

新修本草》对植物形态的研究，全书490多种动植物药至少每种1图，多则10图，有的可资鉴别科、属或种，接着《重修政和经史证类本草》在《本草图经》的基础上，按类绘图，使当时已知的动植物形态更加完备，因而，该书也就成为我国现存最早的和比较完全的动植物形态图，其可据图采集动植物药的方法对后代植物形态学的发展具有重要的价值和作用。如柴胡为常用中药，其形态复杂，既有伞形科柴胡属植物，又有石竹科植物。而《重修政和经史证类本草》绘有5幅柴胡图，即丹州柴胡、淄州柴胡、襄州柴胡、江宁府（今南京）柴胡和寿州柴胡[①]。从图上看，丹州柴胡、淄州柴胡、襄州柴胡和江宁府柴胡均为柴胡属植物，唯寿州柴胡是叶对生，花冠连合成管状，根部肥嫩体长，类似石竹科植物。对此，《本草纲目》载："艮州即今延安府神木县五原城是其废迹，所产柴胡长尺余而微白且软，不易得也。"北宋后期还是很普通的"寿州柴胡"，到明代却出现了药源匮乏的情形，这个事实说明，如果对中药材资源一味地滥采，不注意合理开采和应用，就难免会造成其种类的不能正常繁衍与自我代偿能力失衡的严重后果。又如，何首乌始见于北宋初期所编撰的《开宝本草》一书，"有赤、白二种"，《图经本草》载：其"春生苗，蔓延竹木墙壁间，茎紫色。叶叶相对如薯蓣，而不光泽。夏秋开黄白花"，而《重修政和经史证类本草》亦云：何首乌"生必相对，根大如拳，有赤白二种，赤者雄，白者雌"[②]。可见，这是很人格化的一种中药。因此，《本草纲目》凡是以何首乌为主药的补益方，均按赤白各半的原则进行配伍，实乃不愿将其"生必相对"的特性加以人为地割裂。故仙书上说：

---

① 唐慎微：《重修政和经史证类备用本草》卷6《草部上品》，人民卫生出版社1957年版。

② 唐慎微：《重修政和经史证类备用本草》卷11《草部下品》，人民卫生出版社1957年版。

"雌雄相交,夜合昼疏,服之去谷,日居月诸,返老还少。"[①] 当然,《重修政和经史证类本草》除了在借鉴图谱鉴别药材方面较前代有了进一步发展外,还在中药材的来源鉴别、性状鉴别、质量鉴别以及中药材真伪优劣的对比鉴别等方面也都有新的发挥。如《重修政和经史证类本草》卷8载有4种通草:即海州通草(木通科四叶木通)、兴元府通草(木通科三叶木通)、解州通草(毛茛科木通)和通脱木(五加科通脱木)。在北宋之前,《唐新修本草》及其以前本草收载的木通科都是植物五叶木通,而《重修政和经史证类本草》却出现了三叶木通、白木通和川木通,其木通的品种有了鲜明的变化,毫无疑问,这种变化正是北宋中药植物鉴别已获得空前发展的客观反映和重要的历史依据。

(三)"以方证药"的实证医药学方法

从一定的角度说,中医药学的发展就是依靠方法的不断更新与置换来实现的。如临床治疗分药物方法和非药物方法两大类:首先,大约在原始社会末期,我国古代的劳动人民就发明了非药物性的体育疗法,《吕氏春秋》卷5《仲夏纪第五》之《古乐篇》云:陶唐氏之始,"民气郁阏而滞著,筋骨瑟缩不达,故作为舞以宣导之",是为"导引法";《帝王世纪》卷1载:伏羲氏"乃尝味百药而制九针",是为"针法";西汉成书的《五十二病方》则出现了药浴法、熏法、熨法、按摩法、角法、灸法和砭法;《黄帝内经素问》卷7《血气形志篇》载:"病生于不仁,治之以按摩醪药";《证类本草》转述了唐代刘禹锡《传信方》中的"蜂蜡疗法";明代李中梓在《医宗必读》一书中更创立了"心理疗法",等等。其次,药物疗法则神农"尝百草之滋味"[②]

① 唐慎微:《重修政和经史证类备用本草》卷11《草部下品》,人民卫生出版社1957年版。

② 《淮南子》卷19《修务训》。

而伊尹"以为汤液"①；汉代的《五十二病方》则载有丸剂，而《治百病方》更增加了滴剂、膏剂和栓剂。可见，中医药学正是伴随着一个又一个独特的治法创新，然后才形成了自己的特色，并屹立于世界医学之林的，中医药学因此便具有了很强的实证性。

由于中草药较一般植物更需要分辨真伪，故此，自唐显庆以后，各本草都与"实物图经"相辅而行，并形成中国本草学的传统。不过，唐代之前的本草是以北方为主的，而当时南方的很多中药材始终不为医药学家所知。与唐朝不同，随着社会经济重心由北向南的转移，为了推进本草学的发展，北宋政府曾于嘉祐三年（1058）诏令各郡县将其土产药物，包括植物、动物和矿物，都如实绘图，并送交京都，这是《图经本草》及其北宋中后期药物学发展的实证基础。唐慎微一介草民，当然没有政府那样强的号召力，但他也有自己的优势，那就是他是蜀中最著名的医生，他有来自全国各地的广大患者。而为了获得药材实物，唐慎微甚至拿自己的医术去跟患者进行交换，即"其为士人疗病不取一钱，但以名方秘录为请"，在医药实践中，方是方，药是药，两者并不是一回事。诚然，处方是由一味一味的药物组成的，对于临床意义来说，影响处方疗效的因素至少有两个：一是处方用药是否科学；二是药材本身是否地道。而为了保证药材本身的地道和真实，唐慎微采集了很多药材标本，有时候对同一味药物的不同产地，也作实物对照，以便通过考校优劣来具体指导临床用药。可以想象，为了取得各地原药材的标本，唐慎微不知付出了多少心血和汗水。于是，在此基础上，"政和间，天子留意生人，乃命宏儒名医诠定诸家之说为之图绘，使人验其草木根茎花实之微，与夫玉石金土虫鱼飞走之状，以辨其真赝"②。

---

① 《针灸甲乙经》序。
② 唐慎微：《重修政和经史证类备用本草》序，人民卫生出版社1957年版。

从历史上看，中药实践本身具有直观性的特点，即人们可以通过五行与五色及五色与五脏的相互关系来采药和用药，故它的群众基础最为深厚，其流传于民间的单方和验方亦十分丰富和可观。甚至有很多方药经长期的临床实践证实其具有特殊的疗效，所以，如何收集和整理散见于民间的这些单验方，使其能为更多的患者服务，不仅是北宋政府格外关注的事情，而且也是唐慎微从医的根本，是"医家奥旨"① 之所在，更是"穷理之一事"②的具体体现。在唐慎微之前，所有的医药学著作都把医药跟处方分开来叙述，这样对广大的民众来说，实在是既不经济又不实用，因此，唐慎微根据患者的建议和他自己的医疗实践经验，使得药书的药物讨论紧密地结合临床用药，从而创造了"方药对照"的编写方法，并成为李时珍《本草纲目》的蓝本。

第三节　李诫的建筑学思想及其科学成就

一　《营造法式》与中国古代建筑的总特征

（一）李诫的生平简介

李诫（1035？—1110），自明仲，河南管城（今郑州市）人。他一生以建筑工程为主业，在北宋建筑界享有极高的声誉。如元符中（1099）他主持修建"五王邸"（即赵佖、赵佶、赵俣、赵似、赵偲五个王侯的宫邸），崇宁二年（1103）负责建造专为皇上祭祀之用的辟雍，随后他又组织兴建了一系列大型的宫廷建筑如朱雀门、景龙门、九成殿、开封府廨、太庙、慈钦太后佛寺等，并亲自主持建筑皇家园林龙德宫的活动。在此基础上，

---

① 唐慎微：《重修政和经史证类备用本草》宇文公跋，人民卫生出版社 1957 年版。

② 唐慎微：《重修政和经史证类备用本草》刘氏跋，人民卫生出版社 1957 年版。

李诚编撰了集材料力学、化学、工程结构学、建筑学、测量学等诸多学科于一体的科学名著——《营造法式》，从而使他成为中国古代建筑学的佼佼者。

（二）《营造法式》与中国古代建筑的总特征

《营造法式》就整体内容来说，可分成四个部分，即大木作、小木作、彩绘和官式建筑之要素，其中每一部分都深刻地体现着中国古代建筑的基本特征。

第一，从结构上讲，是以斗拱为中心的架构制。《营造法式》卷1和卷2给出了官式建筑（包括民舍在内）的基本构件，计有柱础、栱、飞昂、枓、铺作、梁、柱、阳马、侏儒柱、斜柱、栋、两际、搏风、桴、椽、檐等，而作为构架制的基础是柱与梁，其枓与栱是核心。跟以墙为受力载体的现代建筑理念不同，中国古代构架制建筑是以柱和梁枋为受力载体，使之建筑物上部荷载经由梁架、立柱传递至基础，墙壁则不承受荷载。所谓"铺作"是指若干枓（斗）与栱（亦作拱）的组合，而在建筑实践中，栱具体分为五种，即华栱、泥道栱、瓜子栱、令栱和慢栱；枓则分四种，即栌枓、交互枓、齐心枓和散枓[1]。当然，在这个枓栱构架体系中，"其最重要者为集中全铺作重量之栌斗，及由栌斗向前后出跳之华拱"[2]。此外，由于一个建筑组群可细分为殿阁、厅堂和配屋等不同的建筑单位，因而，各建筑单位的架构要求亦不尽相同。如殿阁施用平棋与藻井将殿堂分隔成上下两部分，平棋以上被遮蔽了起来，故其架构的随意性较强，而平棋以下则显露于外，故其要求取材宏壮规整，修饰华美；厅堂一般不用平棋与藻井，其内柱高低不一，皆随屋顶举势而变化，凡主外侧短梁均插入内柱柱身，起增强整体稳定性的作用。

---

[1] 作监奉：《营造法式》卷4《大木作制度一》。

[2] 梁思成：《中国建筑史》，百花文艺出版社2004年版，第27页。

第二，从构材上讲，以木材为主，并使之达到穷形极化的境界。古希腊先民在长期的建筑实践中，创造性地把柱式木结构发展为石结构，因而成为欧洲建筑的主导形式和风格。后来古罗马匠师发现天然混凝土（即火山灰与石灰石的混合物）具有更强的凝聚力，于是他们又发明了用混凝土来建造大跨度拱券，这就突破了木材的局限，而使建筑物的内部空间获得了空前地拓展。不过，为了更充分地体现建筑物本身的美观，古罗马匠师借鉴了古希腊的柱式建筑经验，用柱式来装饰墙体，从而实现了拱券结构跟梁柱结构的结合，并在建筑上使罗马城成为真正的"永恒之都"。与古希腊、罗马的建筑用材不同，中国古建筑形成了使用木材作为主要结构材料的传统和技术规范，所以人们才有"土木工程"之说。前面说过，斗拱是木构架的核心与灵魂，而制作斗拱之拱的木材称之为"材"，它在《营造法式》一书中占据着十分特殊的地位，如《营造法式》卷4《大木作制度一》云："凡构屋之制，皆以材为祖，材有八等，度屋之大小，因而用之。"具体言之，"材"既可看成一个标准构件，又可看成是一个长度计算单位，而与中国古代的等级制社会相适应，"材"亦被划分为8个等级：第一等材高9寸，宽6寸；第二等材高8.25寸，宽5.5寸；第三等材高7.5寸，宽5寸；第四等材高7.2寸，宽4.8寸；第五等材高6.6寸，宽4.4寸；第六等材高6寸，宽4寸；第七等材高5.25寸，宽3.5寸；第八等材高4.5寸，宽3寸。可见，中国古代建筑之采用木构制较石构制更能适应封建统治者的需要，而且在特定的历史条件下，只有木材才能更有效地满足统治者那见异思迁的居住心理。也只有木材才能创造出"万楹丛倚，磊砢相扶"这般"穷奇极妙"的艺术效果①。另外，树木在自然界中具有通天接地的本领，用它来建筑宫殿必

---

① 　王逸：《鲁灵光殿赋》，《文选》上册，岳麓书社 2002 年版，第 346—347 页。

然内含着石材所无法比拟的价值优势，故"象曰：地中生木，升君子以顺德，积小以高大"①，且"君乘木而王者，其政升则草木丰盛"②。

第三，从布局上讲，以院落为单位，形成左右对称的建筑组群。李诚在《营造法式》卷1《总释上》引《尔雅》对"宫"的解释说："宫谓之室，室谓之宫。室有东西厢曰庙，无东西厢有室曰寝，西南隅谓之奥，西北隅谓之屋漏，东北隅谓之宦，东南隅谓之窔。"《礼儒》亦说"有一亩之宫，环堵之室"。一般而言，以室为分界，室外有堂，在朝廷殿就是堂，如《仓颉篇》说："殿，大堂也。"③ 堂前设东西两阶，西阶为尊而东阶为卑，堂外建庭，而堂相对于庭为尊，庭相对于堂则为卑；室内四角为隅，四角以"奥"为最尊，如《礼记·曲礼上》载："夫为人子者，居不主奥。"因此，李诚仍然以中国古代传统的家族型社会为其建筑思想的根基。不过，在以家族为社会轴心的历史条件下，脱离院落群体而孤立的单体建筑并不能构成为完整的艺术形象，也不能凸显中国古代建筑的真正内涵。梁思成先生指出："中国建筑物之完整印象，必须并与其院落合观之。国画中之宫殿楼阁，常为登高俯视鸟瞰之图。其故殆亦为此耶。"④ 从这个视角看，中国古代建筑作为一种传统的文化形式，说到底不过是人们观念的一种物化，是与以等级序列为特征的社会现实相适应的物质载体，是一种凝固化的和生动具体的社会伦理模型。从李诚所讲的建筑规格、用材等级、中心建筑与附属建筑的方位布局等内容来看，院落的建筑特征是以正房的中线为轴心，将整个建

① 《子夏易传》卷5《周易》下经夬传第五，文渊阁四库全书本。
② 陈大章：《诗传名物集览》卷11《木》之"集于灌木"，文渊阁四库全书本。
③ 作监奉：《营造法式》卷1《总释上》。
④ 梁思成：《中国建筑史》，百花文艺出版社2004年版，第16页。

筑群组合成左右对称、错落有序的布局，而这种布局从外部看则往往能让人产生一种平安的感觉和向心的效果。

第四，从装饰上讲，油饰和彩画是美化建筑的重要手段和人文价值载体。原始绘画是巫术之一种，从发生学的角度看，人类最初的绘画是画在劳动工具上的，后来则出现了文身和壁画，而把建筑与绘画结合起来应当是较为晚近的事情。据有人推测，商代的建筑物可能出现了某些雕饰①。而到春秋战国时期，其宫室建筑物中饰彩和绘画似才有了明确的记载，如《论语》卷5《公冶长》载："子曰：臧文仲居蔡，山节藻棁。"其"山节谓刻柱头为都栱，形如山也；藻棁者，谓画梁上侏儒柱为藻文也"②。当时，对建筑物所施之色彩亦有规定："礼楹，天子丹，诸侯黝垩，大夫苍，士黈"。③ 故北宋后期的建筑装饰及雕绘，不仅因画院派的影响而趋于富贵和靡丽，而且又因宋徽宗崇尚道释而趋于神秘和玄虚，如《东京梦华录》卷3《相国寺内万姓交易》载：寺内有"东西塔院，大殿两廊皆国相名公笔迹，左壁画炽盛光佛降九曜鬼百戏。右壁佛降鬼子母，建立殿庭，供献乐部马队之类。大殿朵廊皆壁隐楼殿人物，莫非精妙。"而正是在这样的历史背景下，李诚才不得不在《营造法式》卷14《彩画作制度》、卷25《诸作功限二》及卷27《诸作料例二》等章节中对建筑物上的彩画用料及方法作了尽可能详尽的总结和说明。所以，我们在考察中国古代建筑的特征时，绝对不能忽略下面这两个既相互区别又相互联系的问题，那就是：第一，特定建筑构件的彩画包含着一定的等级内容；第二，特殊的建筑局部必然隐藏

---

① 刘敦桢主编：《中国古代建筑学》，中国建筑工业出版社1987年版，第32页。

② 卫湜：《礼记集注》卷60。

③ 魏了翁：《春秋左传要义》卷11《庄公十六年至二十五年》，文渊阁四库全书本；《营造法式》卷1《总释上》之"柱"。

294

着的一种写生似的图腾文化表征。而关于这两个专门问题，笔者将放在下面再作进一步的论述和考察。

二 《营造法式》的建筑学思想及其科学成就

（一）用建筑标准化和制度化的方法来降低物耗、节约成本的效率思想

有北宋一代究竟因土木建筑而损耗了多少国家资财，没有人能说得清楚。宋太祖初立，为了礼遇和安置那些败家和亡国之君，如钱俶、孟昶等，先是"于右掖门街临汴水起大第五百间"以赠孟昶①，接着又于"朱雀门外建大第甲于辇下，名礼贤宅，以待钱俶"②；宋太宗则因"斧声烛影"可能跟道教神话存在着某种关系③，故而他对道教符箓派的降神说倍加推崇，并于终南山下建上清太平宫，邵博曾记其事说：开宝九年（976）"十月十九日，命内侍王继恩就建隆观降神，神有'晋王有仁心'等语。明日太祖晏驾，晋王即位，是谓太宗。诏筑上清太平宫于终南山下"④，其宫"建千二百座堂殿"⑤，自此北宋的道观建筑就始终没有中断；宋真宗更造玉清照应宫"凡二千六百一十楹，以丁谓为修宫使，调诸州工匠为之，七年而成"⑥，其"制度闳丽，屋宇少不中程式，虽金碧已具，必令毁而更造，有司莫敢较其费"⑦，后玉清照应宫遭雷火，朝官王旦便上奏说："玉清之兴不合经义，先帝信方士邪巧之说，财用无纪，今天焚之，乃戒其

① 李攸：《宋朝事实》卷20《削平僭伪》。
② 宋应麟：《玉海》卷175《开宝礼贤记》。
③ 邵博：《邵氏闻见后录》卷1。
④ 同上。
⑤ 李攸：《宋朝事实》卷7《道释》。
⑥ 同上。
⑦ 李濂：《汴京遗迹志》卷8《宫室》。

侈而不经也"①；宋仁宗时，他虽然没有大造新宫，但其多务重修的费用，亦足以使国家的财政危机更加严重，以至于欧阳修在《上仁宗论京师土木劳费》一文中不得不一再陈述："臣伏见近年政令乖错，纲纪隳颓，上下因循，未能整绰，唯务崇修祠庙，广兴土木，百役兴作，无一日暂息，方今民力困贫，国用窘急，小人不识大计，不思爱君，但欲广耗国财，务为己利……开先殿初因修柱损，今所用材植物料共一万七千五百有零，睦亲宅神御殿所用物料又八十四万七千，又有醴泉、福胜等处工料不可悉数，此外军营库务合行修造者，又有百余处，使厚地不生他物，唯产木材亦不能供此广费"②，所以有鉴于此，宋神宗才于熙宁年间诏令将作监编撰《营造法式》，其目的就是想通过对营造行业的标准化管理而减少用材成本，提高建筑质量。可是，当元祐六年（1091）成书以后，它却因控制不了工料而"难以行用"，于是宋哲宗令李诫重新撰写《营造法式》，以解决建筑工程无章可循和主管官员在营建过程中偷工减料的问题。对此，李诫在《札子》中说道："营造制度、工限等关防功料，最为切要，内外皆合通行。"而从《营造法式》的整个内容布局看，《功限》与《料例》两卷也确实是全书的精髓所在。

首先，他提出了"以所用材之分以为制度"③的模数制思想。其中"材"是一个包含了广和厚两个数据的双向模数④，具体内容可分成三类：第一类，每一建筑物中所用枋子、梁等构件的断面为一标准化的尺寸，即统一成3∶2的比例；第二类，为了使建筑物呈现出丰富的个性特征，李诫以"分"作为一种补充

①　章定：《名贤氏族言行类稿》卷24《王旦传》，上海古籍出版社1994年版。
②　赵汝愚：《宋名臣奏议》卷128《营造》。
③　李诫：《营造法式》卷4《大木作制度一》。
④　郭黛姮：《论中国木构建筑的模数制》，《建筑史论文集》第5辑，清华大学出版社1981年版。

模数，称为"分"，他说："各以其材之广分为十五分，以十分为其厚"[1]；第三类，被称作"栔"的模数，用李诫的话说就是"栔广六分，后四分，材上加栔者，谓之足材"[2]。那么，李诫提出的模数制思想究竟有何实际意义呢？郭黛姮先生指出，与近代欧洲的建筑力学成就相比，李诫的模数制使建筑构件的断面统一成3∶2的比例，这较英国科学家汤姆士·杨的同类成就早600年，而比李诫晚三个多世纪的近代科学之父伽利略则只是建立了建筑构件之断面高宽比对构件强度影响的定性概念，却没有定量。与之相比，李诫在《营造法式》中所规定的构件用材尺寸，由于采用了等应离的原则而都具有相对接近的安全度，这表明李诫在建筑结构力学方面已取得了当时世界上的最高成就；材分模数制不仅使建筑物的节点标准化，而且它更将中国古代工匠在建筑实践中对节点构造处理的暗手法和隐概念进一步明朗化了；"材有八等，度屋之大小，因而用之"[3]，这种多等级模数制可以让都料匠在最大的幅度内进行自主的创造，同时还克服了繁复的尺寸记忆，它对于提高建筑效率是很有帮助的，所以"李诫所总结的用材制度，在当时的生产力、生产关系的条件下，无愧为一种完美的模数制"[4]。

其次，模式思想构成《营造法式》的基本内核。《考工记》云："匠人营国，方九里，旁三门，国中九经九纬，经涂九轨，左祖右社，面朝后市，市朝一夫。"这是中国古代城市结构模式的雏形，因此，春秋以后历代都城的规划，大体上都以此为准绳，形成以宫室为中心的南北轴线布局，而李诫的《营造法式》则进一步丰富和完善了中国古代官式建筑的模式和规范。按照现

<hr>

① 李诫：《营造法式》卷4《大木作制度一》。
② 同上。
③ 同上。
④ 郭黛姮：《李诫》，《中国古代科学家传记》上，科学出版社1993年版。

代设计模式理论，模式的四个要素是模式名称、问题、解决方案和效果，不过，李诫用他自己的思维方法和叙述语言也表达了同样的思想，只要我们仔细对比，就不难发现，《营造法式》所说的"释名"相当于"模式名称"，给出了模式的概念；其"各作制度"相当于"问题"，它说明了究竟应当如何有效地使用模式；"功限"相当于"效果"，它记述了模式应用的功效和使用模式应权衡的问题；"料例"与"图样"相当于"解决方案"，是解决所给出问题的一种配置。实际上，在创建模式的过程中，如何有效地利用自然资源是中国古代建筑模式的关键。如《营造法式》没有"硬山"的记载，这是因为"硬山"这种屋顶建筑形式是与砖墙实体相适应的，而北宋时期的墙体尚以土为主。又如，木材较石材不仅取材容易，而且加工亦方便，此外，木材还能满足设计者的多种审美需求，所以中国古代建筑的灵魂就在于大量使用"斗栱"这个木构件。众所周知，北宋的皇家建筑已日趋奢靡，其最能反映和表现奢靡这种审美心理的建筑构件就是"斗栱"。据潘谷西先生考证，在北宋，斗栱的装饰已被夸张起来，重栱计心造风靡宫殿、庙宇等高档类建筑；室内纵横罗列的大量斗栱，仅仅是起着承载天花与烘托皇权和神灵的至高无上。而李诫的《营造法式》为了适应官式建筑追求精巧华丽的趋势亦不得不着眼于那些装饰性强的重拱全计心铺作①。

（二）把图形语言作为表达建筑思想的主要工具，开创了图文并茂的先河

凡物皆有形，而形是图的基础和先在，反过来，图又是描述形的工具和承当它的载体。《尔雅》云："画，形也"，可见，图形本身就是最原始的绘画形式，故"《周官》教国子以六书，其

---

① 潘谷西：《营造法式初探》（三），《南京工学院学报》1985年第1期。

三曰象形，则画之意也"①，而作为建筑图形的基本工具，《考工记》中已经出现了规、矩、绳墨、悬等仪器，这说明当时的建筑工匠在土木工程的实践过程中已经学会绘制简单的建筑图样了，只是在理论上还不够成熟，如1977年河北省平山县的一座战国墓中出土了一幅用正投影法绘制的建筑平面图。后来，随着我国古代绘画领域的不断拓展和画技水平的提高，一种专门以描绘建筑物为特征的绘画形式——屋木画终于在东晋出现了，如顾恺之在《魏晋胜流画赞》中说："台榭一足器耳，难成而易好，不待迁想妙得也"②，这就是说，像台榭一类的东西在画家手里最易于表现，故到南北朝时便出现了"屋木画"的名家，有所谓"陆探微屋木居第一"③的说法，唐代张彦远在《历代名画记》卷一《论山水树石》中亦说："国初二阎，擅美匠学，杨、展精意宫观"。入北宋后，屋木画始进入真正的繁荣时期，出现了诸如《黄鹤楼》、《滕王阁图》等屋木画（或称界画）精品，宋人邓椿说："画院界作最工"④。在北宋后期，屋木画不仅成为画院的考试科目和必修课，而且屋木画家的政治地位在画院里亦最高，备受帝王和臣僚的推崇。正是在这样的历史背景下，屋木画的画理与技法均达到了极高的水准，如《宣和画谱》卷8《宫室叙论》对屋木画的技法作了如下评论："宫室有量，台门有制，而山节藻棁虽文仲不得以滥也。画者，取此而备之形容，岂徒为是台榭户牖之壮观者哉？虽一点一笔必求诸绳矩，比他画为难工，故自晋宋迄于梁隋，未闻其工者。"同卷《郭忠恕传》又说："至其作《姑苏台》、《阿房宫》等，不无劝戒，非俗画所能到，而千栋万柱，曲折广狭之制皆次节，又隐算学家乘法于其

---

① （唐）张彦远：《历代名画记》卷1《叙画之源流》。
② 沈子丞：《历代论画名著汇编》，文物出版社1982年版。
③ 朱景云：《唐朝名画录》原序。
④ 邓椿：《画继》卷10《杂说》。

间，亦可谓之能事矣。"

李诫《营造法式》充分吸收了北宋以前屋木画的技术成就，他除自己"善画，得古人笔法"外[1]，还把以描写建筑物为主的界画图样引入书中，从而使《营造法式》成为中国有史以来第一部绘制有建筑工程图的著作。其图样内容可分成七类：即建筑的平、立、剖面图；构架节点大样图；构件单体图；门、窗、栏杆大样图；佛龛、藏经经橱图；彩画及雕刻纹样图；测量仪器图[2]。这些图既有分件图，又有总体图；按几何性质，《营造法式》中的界画图样则可分为平面图、轴测图、透视图和正投影图四类。从现代画法几何的理论讲，李诫虽然没有提出画法几何的经典理论，但是如果没有画法几何的基础，李诫就不可能绘制出那么多的轴测图和透视图，可见他至少还是具有画法几何的潜意识的。众所周知，所谓投影法就是源于光线照射空间形体后在平面上留下阴影的一种物理现象。其投影方法可分为中心投影法（所有投影线均经过某一投影中心点）和平行投影法（所有投影线均互相平行）两种。在绘制建筑图样时，采用中心投影法可画出透视图，而采用平行投影法则可画出轴测图，李诫正是通过这两种立体感极强的投影图，不仅很好地保存了北宋建筑的高超技术，而且还把中国古代建筑工程图的设计水平推向了一个新的历史高度。

（三）在建筑实践中坚持了原则性与灵活性的统一

李诫在《营造法式》中提出了"比类增减"的建筑理论，他说："诸造作并依功限，即长广各有增减法者，各随所用细计；如不载增减者，各以本等合得功限内计分数增减；诸营缮计

---

① 傅冲益：《李诫墓志铭》，阙勋吾等《中国古代科学家传记选注》，岳麓书社1983年版，第149页。

② 郭黛姮：《李诫》，《中国古代科学家传记》上，科学出版社1993年版。

料，并于式内指定一等，随法计算，若非泛抛降，或制度有异，应与式不同，及该载不尽各色等第者，并比类增减。"① 在这里，李诫从标准化和规范化的角度对"功限"、"料例"等都作出了理论规定，这是原则性的一面，然而，任何理论都不能穷尽人类实践的具体内容，由于建筑实践受地理环境、历史传统、经济条件等诸多因素的影响，所以，当具体的建筑实践与建筑理论发生矛盾时，终究还要根据实际情况来解决问题，这是灵活性的一面，也是"比类增减"的基本指导思想。如对于间广和柱高，《营造法式》就没有作出硬性规定，潘谷西先生认为造成这种情况有两种可能性：一是李诫实事求是地反映了当时建筑业的没有统一间广与柱高标准的客观实际状况；二是故意不在条文上订死，以免造成实际工作中的困难②。又比如，《营造法式》卷5《用椽之制》对椽平长作了极限值的规定："椽每架平不过六尺，若殿阁或加五寸至一尺"，而"这种只作极限值规定，不定出具体材分的办法，使房屋设计有较多灵活余地"③。

《营造法式》的编写宗旨就是为节约建筑成本而对工时和劳动定额作出规定，作为朝廷所颁行的一部建筑法规，李诫完全可以从法律的角度对此作出强制性的规定，但他没有那样做，因为在李诫看来，具体的建筑工时和劳动定额是个可变量，它会随着工匠本身的技术水平、木质的软硬、取土运输的实际距离等因素的变化而变化。所以，李诫在《营造法式》第16至25卷依照各种制度的内容和建筑实际，规定了各工种构件的劳动日定额和计算方法及各工种所需辅助工数量和舟、车、人力等运输所需装卸、架放、牵拽等工额，其中尤为可贵的是书中记录下了当时测

① 李诫：《营造法式》卷2《总例》。
② 潘谷西：《营造法式初探》（三），《南京工学院学报》1985年第1期。
③ 潘谷西：《营造法式初探》（三），《南京工学院学报》1985年第2期。

定各种材料的容重。如对计算劳动日定额，首先，按四季日的长短分中工（春、秋）、长工（夏）和短工（冬）。工值以中工为准，长短工各减和增10%，军工和雇工亦有不同定额。其次，对每一工种的构件，按照等级、大小和质量要求——如运输远近距离，水流的顺流或逆流，加工的木材的软硬等，都规定了工值的计算方法①。因此，《营造法式》中有关"功限"的内容应是我国古代第一部关于劳动定额的历史文献。

---

① 英侠：《影响中国的100部书》之《营造法式》，重庆大学民主湖论坛2005年3月10日。

第 五 章

北宋科技思想发展的历史总结与局限性

第一节　北宋科技思想发展的历史总结

一　北宋诸家科技思想的比较

首先，从个性的层面讲，则各家科学思想确实表现出了不同的风格和特色。

如沈括、苏颂、唐慎微等人，他们立足于对宇宙的观察，关注自然物的存在形态，并试图用一种新的科学范式去刻画和描述各种自然物之间的内在联系，所以，在科学思想方面，他们真正地代表着古代中国所能达到的最高成就和水平。如沈括说："近岁延州永宁关大河岸崩入地数十尺，土下得竹笋一林，凡数百茎，根干相连，悉化为石。适有中人过，亦取数茎去，云欲进呈。延郡素无竹，此入在数十尺土下不知其何代物。无乃旷古以前地卑气湿而宜竹耶？"[1] 这种通过观察分析"竹笋化石"而得出延州在远古为"湿地"的结论，已为现代科学研究所证实：此文中的"竹笋化石"属于三叠纪（2.5 亿至 2 亿年前的一个地质时代）的新芦木。又如唐慎微云："蜡蜜，脾底也。初时香嫩，重煮治乃成。药家应用白蜡更须煎炼，水中烊十数过，即

---

① 　沈括：《梦溪笔谈》卷21，岳麓书社 1998 年版，第 178 页。

白。古人荒岁多食蜡以度饥，欲啖当合大枣咀嚼即易烂也。刘禹锡《传信方》云：甘少府，治脚转筋兼暴风，通身水冷如缓者，取蜡半斤，以旧帛绝绢并得约阔五六寸，看所患大小加减阔狭，先销蜡涂于帛上，看冷热但不过烧人，便承热缠脚，仍须当脚心便著襪裹脚，待冷即便易之。亦治心躁惊悸如觉，是风毒兼裹两手心。"① 其中"蜡蜜"就是由工蜂的蜡腺分泌出来的一种脂肪性的物质，而蜡疗则是利用加热的蜡蜜敷贴在身体患处的一种近乎天然的绿色疗法，加之"蜡蜜"资源比较充足，疗效亦可靠，故深受患者的青睐。另外，从文献资料的角度看，这段话也是唐慎微依据对蜡疗的仔细观察和可反复验证的临床效果而对蜂蜡疗法的最客观和最真实的记载。

李觏、王安石等人，则从社会功利的效果与目的出发，非常强调科学技术对于人类生活的实际意义与价值，若以行动观之和验之，则他们的学说可称作"功利派"。如熙宁二年（1069）十一月十三日置制三司条例司颁布的《农田利害条约》规定："又能知土地所宜种植之法及可以完复陂湖河港，或不可兴复只可召人耕佃，或元无陂塘圩埠陂堰沟洫而即令可以耕修，或水利可及众而为之占擅，或田土去众用河港不远为人地界所隔，可以相度均济疏通者，但于农田水利事件并许经管勾官，或所属州县陈述管勾官与本路提刑，或转运商量，或委官按视如是利，便即付州县施行有碍条贯及计工浩大，或事关数州即奏取旨，其言事人并籍姓名事件候施行乞，随功利大小酬奖，其兴利至大者，当议量材录用，内有意在利赏人不希恩泽者，听从其便。"② 这是王安石变法的一项基本内容，而这项基本内容则集中体现了北宋

---

① 唐慎微：《重修政和经史证类备用本草》卷20《石蜜》，人民卫生出版社影印本，第410页。

② 徐松：《宋会要辑稿》食货63之183—184。

"功利派"的共同思想特征，因而"功利派"的思想实际上就成了北宋科技发展的轴心意识。

由于北宋社会政治的特殊性，侧重于数理或义理分析的"理学派"如邵雍、二程、张载等虽说没有能够成为北宋意识形态的主流，但它"在本质上是科学性的，伴随而来的是纯粹科学和应用科学本身的各种活动的史无前例的繁盛"[①]。具体地讲，北宋理学家都把"际天人"作为其研究的对象，因而天人关系成为其理论的根基。如邵雍曾说："学不际天人，不足以谓之学"[②]，而"君子从天不从人"[③]。所以，"理学派"将"天人感应"作为其哲学思想的基础，如邵雍说："天与人相为表里"[④]，程颐亦云："天地之间，只有一个感与应而已，更有甚事?"[⑤] 因此，这派思想家的侧重在于对物理学（即狭义的天道）的研究与阐释。所以，"理学派"与"功利派"之间的思想差异还是比较明显的，对此，二程有一个很经典的总结："或问：'介甫有言，尽人道谓之仁，尽天道谓之圣。'子曰：'言乎一事，必分为二，介甫之学也。道一也，未有尽人而不尽天者也。以天人为二，非道也。子云谓通天地而不通人曰伎，亦犹是也。或曰：乾天道也，坤地道也，论其体则天尊地卑，其道则无二也。岂有通天地而不通人? 如止云通天文地理，虽不能之，何害为儒?'"[⑥]

① 李约瑟：《中国科学技术史》第 2 卷《科学思想史》，科学出版社、上海古籍出版社 1990 年版，第 527 页。

② 黄宗羲：《宋元学案》卷 9《百源学案上·观物外篇》，中华书局 1986 年版，第 382 页。

③ 邵雍：《皇极经世》，九州出版社 2003 年版，第 584 页。

④ 同上书，第 412 页。

⑤ 程颢、程颐：《河南程氏遗书》卷 15《入关语录·伊川先生语一》，《二程集》上，中华书局 2004 年版，第 152 页。

⑥ 程颢、程颐：《河南程氏粹言》卷 1《论道篇》，《二程集》下，中华书局 2004 年版，第 1170 页。

在特定的历史条件下，把天道与人道区别开来，是科技发展的重要前提，而王安石倡导优先发展与人类生活和社会发展密切相关的那些实用性的科学技术，如医学、农学等，因而重视专业人才的培养和教育就成为"实学派"的核心意识，这一点可能会让"天理"没有市场，从而使那些只追求"天道"的所谓道德性人才失去立足的重心。所以，二程讲"道一"的最终目的还是以"天道"代"人道"，进而使"人道"服从于"天道"。

"心学派"如释智圆、张伯端等都与一定的宗教人生相关联，所以这派思想家非常注重人之作为一个独立个体的心性修炼。可是，由于心性修炼一般都讲求人与自然的和谐与统一，故这派思想家的社会政治观虽然大多趋向于保守，但他们在生命科学与生态学这两个方面，还是颇有建树的。如《中庸》云："万物并育而不相害，道并行而不相悖。"这句话则反复为苏轼和苏辙所引用①，几乎成了他们"科学人道主义"的基本理念。与"功利派"相比，"心学派"注重追求人的个体价值而不是社会价值的实现，这一点跟"理学派"十分接近，如二程说："成己须是仁，推成己之道成物便是智"②，这里所说的"成己之道"也是以人的个体为中心的。所以，由于"实学派"着眼于人的社会价值和国家的整体利益，故当人的社会价值与个体价值发生冲突和矛盾的时候，主张以牺牲人的个体价值来保证人的社会价值的优先地位；与此不同，"心学派"则主张人的个体价值高于其社会价值，因此，当人的社会价值与个体价值发生冲突和矛盾的时候，应该以牺牲人的社会价值来换取人的个体价值的优先地位。如张伯端说："节气既周，脱胎神化，名题仙籍，位号真

---

① 苏轼：《东坡全集》卷36《思堂记》，文渊阁四库全书本；苏辙《栾城集·后集》卷10《梁武帝》，文渊阁四库全书本。
② 程颢、程颐：《河南程氏遗书》卷6《二先生语六》，《二程集》上，中华书局2004年版，第82页。

人，此乃大丈夫功成名遂之时也。"① 这种"真人意识"与尼采的"超人意识"很相像，两者都以张扬人的个体价值为特色，老实说，"心学派"之所以能够在北宋那个历史时代找到它的生长环境，是因为当时的商业经济正悄然兴起，而商业经济恰好给"真人意识"提供了生存的条件，从这层意义上讲，"心学派"跟"功利派"又有相通之处。

其次，从共性的层面讲，则各个学者在保持自身之特色的前提下亦必然包含着相互统一的要素。

北宋是一个充满了文化气味的时代，在某种意义上说，也是一个主张科学的历史时期。虽然，从侧面看，上述各家学者对北宋科技进步的作用力有所不同，如"理学派"在北宋数学和物理学的研究方面，较"功利派"和"心学派"具有明显的优势；而"功利派"在农业和军器制造技术方面所起的作用则又是"心学派"和"理学派"所无法比拟的；至于"心学派"对养生学和生态学的研究，不仅形成了自己的专业特色，而且比"理学派"和"功利派"更主动和更有力地推动着北宋生物学的发展，但是这仅仅是问题的一个方面，其实，如果没有诸家学者的相互支持和相互贯通，并形成一种社会合力，那么，北宋就不可能产生出那么巨大的科技生产力，如在王安石变法期间，国家设立军器监，实行规模化的专业生产，"敛数州之所作而聚为一处，若今钱监又比，择知工之臣使典其职，且募良工为匠师"②，下设 11 个专业作坊，此外，还设有御前军器所，其役工匠亦逾万人，可见其生产规模之大。在农业生产方面，则水稻不仅实施了双季栽培，而且其种植区域已从江南向北跨过秦岭与淮河而进一步扩展到了黄河流域，而这种农业战略的实现既需要政策的引

① 张伯端：《悟真篇》，《道藏》第 2 册，第 914 页。
② 陈均：《九朝编年备要》卷 19《神宗皇帝》，文渊阁四库全书本。

导也需要观念的转变；在农业工具方面，南方在推广曲辕犁的过程中，人们在原来结构的基础上新创造了"鉴刀"装置，从而极大地提高了垦荒效率；北方则由于缺乏耕牛而采用"踏犁"，其效"可代牛耕之功半，比攫耕之功则倍"[1]，如此等等。由于采用了先进生产工具，故北宋的农业和工商业才有可能进入到中国古代历史上的"黄金时期"，其农村经济和城市经济均较唐代有了显著进步。对此，北宋诸学派虽然在政见上"异论相搅"，但在科技研究方面，无不为之投入一定的心血，尽管科学研究并不是他们的主业。

从学术研究的渊源上说，北宋各家学者有着共同的学术背景和文化土壤。前面讲过，《易》是中国古代科技发展的理论基础，而探究宇宙现象背后的"秩序"原理就自然成为北宋所有思想家的源头。《易经·系辞上》说："易有太极，是生两仪。"这句话实际上就是中国古代关于宇宙生成的原理，而周敦颐把它演变为太极图生化模式，自此，北宋科技思想就在继承与创新的这个结合点上逐步形成了自己鲜明的时代特色。根据《宋元学案》和《宋史》本传的记载，北宋诸家学者在《易》学方面的研究专著非常丰富，其中每个重要人物几乎都有一两部易学专著，粗计有：胡瑗《易解》12卷、《周易口义》10卷及《系辞说卦》3卷，李觏《易论》13篇、《删定易图序论》6篇，刘牧《新注周易》11卷、《卦德通论》1卷、《易数钩隐图》1卷，邵雍《皇极经世书》12卷、《序篇系述》2卷、《观物外篇》6卷及《观物内篇》2卷，王安石《易解》14卷，苏轼《易传》9卷，程颐《易传》9卷和《易辞解》1卷，张载《易说》10卷，等等。其他虽无专著，但对《易》却亦用心不少。如沈括在《梦溪笔谈》卷7《象数一》中就用了不少篇幅来探讨《易》学

---

① 徐松：《宋会要辑稿》食货1之16。

问题，他说："《易》有'纳甲'之法，未知起于何时。予尝考之，可以推见天地胎育之理。"① 苏颂则颇欣赏《周易》所说"几者动之微"一句话②，同时他对羲和作《易》亦甚是钦佩，他说："羲《易》穷神，合五位而象布"，故"天人之际，因以明焉"③。可见，易学仍然是北宋科学家用以"际天人"的一种不可或缺的理论工具。

与北宋的整个社会变革相适应，不管是早期的思想家，还是中期和后期的思想家，只要他们在北宋这个文化历史舞台上一露面，就会毫无造作地表现出一种气轩昂然的精神气质来。如《宋元学案序录》对北宋的几个主要学派这样评论道："宋世学术之盛，安定、泰山为之先河"，"康节之学，别为一家"，"伊洛既出，诸儒各有所承"，"横渠先生勇于造道，其门户虽微有殊于伊洛，而大本则一也"，"荆公《淮安杂说》初出，见者以为孟子"，且"《三经新义》累数十年而始废，而蜀学亦遂为敌国"。的确，北宋学派的产生和传承不能没有矛盾和冲突，事实上，正是由于各学派之间的矛盾和冲突，才铸就了北宋那自主创新的学术风范，同时亦才造成了北宋文化"发展到登峰造极的地步"④ 的这种历史局面。

二 北宋科技思想发展的主要历史经验

1. 科技发展与学校教育相结合，因而使科技思想的传播具有与之基本相适应的社会条件和物质基础。在中国古代的历史发展长河中，北宋是学校教育做得最好的一个历史时期。以范仲淹庆历新政为标志，当时出现了官学与私学并行的多渠道办学模式

---

① 沈括：《梦溪笔谈》卷7《象数一》，岳麓书社1998年版，第67页。
② 苏颂：《苏魏公文集》卷72《杂著》，中华书局2004年版，第1094页。
③ 同上书，第1090页。
④ 漆侠：《宋学的发展和演变》，河北人民出版社2002年版，第3页。

和格局。随后，学校教育从南到北，从东到西，在全国范围内兴起了一股办学热潮，据《宋史》卷167《职官七》载："自是州郡无不有学"，《欧阳文忠公全集》卷39也说："海隅徼塞，四方万里之外莫不皆有学"。可见，在那个时候，北宋的整体教育形势是多么喜人。如东南沿海一带是学校教育最为发达的地区，被陈青之先生称为"活的教育"的胡瑗先在苏州开办私学，后主持苏州郡学，他所创立的"分斋教学法"成为后代官学教育的基本模式，对明清的学校教育产生了深远影响，故《苏州府志》卷26《学校篇》云："天下郡县学莫盛于宋，然其始亦由于吴中"。由于历史文化的长期积淀，四川在北宋即出现了书卷风流的人文气象，如宋初成都华阳人彭乘家有万卷藏书①；梓州路荣州杨处士更筑室百楹，用于藏书②；而宋神宗时签书益州判官沈立则"悉以公粟售书，积卷数万"③，等等。与此相应，四川的印书业也处于领先地位，如宋人王明清《挥麈录·余话》卷2载有官印图书以"蜀中为最"的话，而北宋《开宝藏》在成都的印行则进一步奠定了四川在全国印刷业中的龙头地位。有了这样的文化基础，四川的教育呈现出异军突起的态势就不难理解了。如梓州路的普州在北宋前"鲜知学者"，宋仁宗以后"俗遂变"④；其"乡学"与"山学"教育形成特色，尤其是对出现在眉州、普州等地的"山学"，宋人赵与时直率地承认"余未之闻"⑤。地处岭南的两广教育尽管起步较晚，但藉庆历厉学兴校之东风，州学、县学及私学相继在广州、柳州、雷州等地出现，对此，宋人余靖在《武溪集》卷6中破例用4个篇章来描述岭

---

① 脱脱等：《宋史》卷28《彭乘传》。
② 文同：《丹渊集》卷38《荣州杨处士墓志铭》。
③ 脱脱等：《宋史》卷333《沈立传》。
④ 李焘：《续资治通鉴长编》卷109，天圣八年正月辛巳。
⑤ 赵与时：《宾退录》卷1。

南的教育发展状况。作为北宋都城之所在地，东京开封、京西路及京东路，学校教育更是空前发达，据统计，至大观八年（1108）仅京西路一地的官学就达到了"三千三百余区"①，其教育的普及率在全国来说应当是比较高的。籍此，北宋的技术教育开始向制度化和规范化的方向发展。胡瑗所创"分斋教学法"的实质就是把学问分成经义和治事两斋，前者以六经为主，后者以专业技术培训为要。不过，在地位上，经义是主科，治事是副科，副科共分治兵、治民、水利和算术四类。虽然从总体上说，北宋"与士大夫治天下"的家法并没有给予技术官以应有的政治地位，甚至在士大夫的观念中还存在着"应伎术官不得与士大夫齿"②的认识误区和政治偏见，但它却为民间技术的规范化教育开辟了一条新路子，尤其是对民间培养既懂技术理论又有专业实践经验的技术人才具有积极的指导作用。所以，从这个层面讲，《武经总要》、《营造法式》、《证类本草》、《新仪象法要》等这几部重要的技术著作，实际上都是为了行业规范而编写的教材。如李诫在《进新修营造法式序》中针对建筑领域所存在的"董役之官才非兼技，不知以材而定分"现象，提出"事为之制"的主张，这"制"既是政府对建筑工程所制定的行业法规，也是民间建筑技术教育的范本和教材。而苏颂水运仪象制造技术的失传，实在跟北宋忽视这项世界级技术教育的社会现实有着密切关系。

2. 在天道与人道的相互渗透中萌发出一定的科学思想和科学意识，因而，北宋的科技发展就具有了多源性和模糊性的特征。从北宋科学思想发展的实际情况看，尤其是就各学派所探讨的许多具体问题来说，诸多学派真的是很难在科学与非科学这两

---

① 黄以周等：《续资治通鉴长编拾补》卷28，大观二年五月庚戌。
② 王栐：《燕翼诒谋录》卷2。

者之间进行简单而明确的定位，更不可能有充足理由去断言各个学派的最后归属，即它们中的哪一个学派属于科学，哪一个学派属于非科学。如二程的"理学派"，我们就不能用科学还是非科学的语词来作生硬的处理，因为科学的发展是"历境主义"的，也就是说，北宋的社会现实跟近现代欧洲的社会现实不同，因而北宋科技思想的产生条件与表现形式亦就会跟近现代欧洲科技思想的产生条件和表现形式有所不同。科学，从本质上说，就是人类解释自然的一种知识体系，它具有历史性与历境性。所以，就其具有历史性而言，科学思想有一个从不成熟到逐渐成熟的过程；但就其具有历境性而言，科学思想则有一个自此地向彼地不断转移与融合的过程，最终实现由局域到全域的飞跃。古希腊的科学思想就完成了从局域到全域的飞跃，因而，它本身已经打破了地域的限制，并具有了世界意义。然而，北宋的科技成果虽亦曾打破地域所限，由亚洲西传欧洲，且对欧洲近代社会的形成发挥了积极作用，但北宋的科技思想却没有相应的变成世界性的财富，成为各国科学家共享性的思想资源，从这个角度说，北宋科技思想的解释效力是受限的，因为它仍然停留在"局域"的阶段。而作为"局域性"的北宋科技思想与作为"全域性"的西方近现代科技思想相比照，两者之间当然既有相契合的一面，又有不相契合的一面，一般地说，凡是两者相契合的一面，对北宋的思想而言，就可以说是"科学"，而两者不相契合的一面，则对北宋的思想而言，就是"非科学"的了。但这种比较，不是历史的比较和客观的比较，因而不是全面的比较和动态的比较。所以，判断北宋各学派对特定自然现象的解释是不是科学，就必须把握住其"局域性"的特点，应考虑到它曾经所具有的那种"局域性"的解释效力。比如，关于五行生数与成数的问题，这是自《洪范》以来历朝历代的思想家都不能回避的问题，而且是一个非常具有"局域性"解释效力的问题。因此，在北宋这个特定的历史时期，五行的生成数问题就是一个科学问题，因而对它的各种解释就理所应当属于科学思想的范畴。对此，沈括说：

> 《洪范》"五行"数，自一至五。先儒谓之此五行生数，各益以土数，以为成数。以谓五行非土不成，故水生一而成六，火生二而成七，木生三而成八，金生四而成九，土生五而成十，合之为五十有五。唯《黄帝素问》土生数五，成数亦五，盖水火木金皆待土而成，土更无所待，故止一五而已。画而为图，其理可见。为之图者，设木于东，设金于西，火居南，水居北，土居中央，四方自为生数，各并中央之土以为成数。土自居其位，更无所并，自然止有五数，盖土不须更待土而成也。合"五行"之数为五十，则"大衍之数"也。此亦有理。[1]

从这段记述里，我们不难看出，对五行生成数的解释是存在歧异的，而沈括认为歧异方的解释都各有道理。由于当时没有"科学"这个词，故沈括代之以"有理"，而从理论上讲，"有理"的内涵跟"科学"的内涵应该是相通的。不过，北宋各派思想家所关注的问题并不一定都是科学问题，而他们的科学思想亦并不一定都源自科学问题。因为所谓"科学问题"是指"基于一定科学知识的完成、积累，为解决某种未知而提出的任务"[2]，它本身可分为科学问题和非科学问题、真实问题和虚假问题、待解问题和无知问题等。社会生活中的非科学问题很多，

---

① 沈括：《梦溪笔谈》卷7《历象一》，岳麓书社1998年版，第57页。

② 岩崎晕胤、宫原将平：《科学认识论》，黑龙江人民出版社1984年版，第312页。

如政治问题、经济问题、伦理问题，如此等等。从理论上讲，科学思想应来源于科学问题，但是在现实的社会运动中，科学思想也可以从非科学问题中产生出来，例如，北宋的许多科技思想就是从伦理问题中产生出来的。如，周敦颐说："惟人也，得其秀而最灵。形既生矣，神发知矣，五性感动而善恶分，万事出矣。"① 从这里不难看出，北宋理学派所理解的人是道德的人，但是人们为了阐明作为道德的人的存在意义，就必须去探讨人的非道德性的一面，而非道德性的一面往往都是一些具体的实物性问题或者是一些人们在日常生活中经常要面临的科学问题，对这些问题的回答则当然地引导出一定的科技思想来。所以，北宋的科技思想大都附属于道德伦理的问题，这也是北宋科技思想发展的一个重要特点。

第二节　北宋科技思想发展的历史局限性

一　天人相分与天人合一观念的矛盾

　　天人相分与天人合一是存在于自然观内部的两个矛盾着的方面，其中"天人相分"是指自然观中人与自然相对立的方面，而"天人合一"则是指自然观中人与自然相统一的方面。作为自然观的两个既有区别又有联系的命题，它们对立的焦点实际上就是谁主宰谁的问题，是人类主宰自然界呢，还是自然界主宰人类？根据人们对这个问题的不同回答而分成"天人相分"与"天人合一"两个思想流派。从世界范围来看，由古希腊所形成的西方科学文明属于"天人相分"一派，而中国古代所形成的科技思想传统则属于"天人合一"一派。

　　实际上，在中国古代的传统思想体系中，亦有"天人相分"

---

　　①　周敦颐：《周敦颐集·太极图说》，岳麓书社2002年版，第7页。

的因素和成分，只是它没有发展和成熟起来而已。如《逸周书》卷3《文传》载有"人强胜天"的话，后来，战国时期的唯物主义哲学家荀子进一步说："大天而思之，孰与物畜而制之？从天而颂之，孰与制天命而用之？望时而待之，孰与应时而使之？因物而多之，孰与骋能而化之？思物而物之，孰与理物而勿失之？"①在这里，荀子的立意很明确，在他看来，人之为人的本质特点就是运用人类的主观能动性来驾驭和制服自然界，他说："凡以知，人之性也；可以知，物之理也"，据此，荀子批评庄子的"无为"思想是"蔽于天而不知人"②。东汉的王充则针对西汉以来所流行的"天人感应"说，提出"人，物也，万物之中有智慧者也"③，但"智慧"不仅仅局限于感性认识，王充在我国古代科技思想史上的重要贡献就在于他强调了"理性认识"的作用，主张"以心而原物"④。魏晋以至隋唐，佛、道盛行，科学形势面临着极其严峻的挑战，故为了振兴科学以明"天人之分"⑤，刘禹锡在《天说》一文中根据唐代科学技术的发展状况而明确提出了"天与人交相胜"的论点，他说："天，有形之大者也；人，动物之尤者也。天之能，人固不能也；人之能，天亦有所不能也。故余曰：天与人交相胜耳"⑥，又说："倮虫之长，为智最大，能执人理，与天交胜"⑦。可见，刘禹锡既看到了自然界具有独立于人类的特性，同时又看到了人类具有驾驭自然界的本领，用他的话说就是"天之所能者，生万物也；人之

---

① 荀况：《荀子》卷17《天论》。
② 荀况：《荀子》卷21《解蔽》。
③ 王充：《论衡》卷24《辨祟》。
④ 王充：《论衡》卷23《薄葬》。
⑤ 北京大学哲学系中国哲学史教研室编：《中国哲学史》上，中华书局1980年版，第404页。
⑥ 刘禹锡：《刘宾客文集》卷5《天论》上。
⑦ 刘禹锡：《刘宾客文集》卷7《天论》下。

所能者，治万物也"①。而刘禹锡对于天人关系的这种"二重性"论证，实际上成了北宋"天人相分"与"天人合一"两派思想的直接理论来源。

过去，人们在探讨北宋科技高度发展的历史原因时，多着眼于"天人合一"说，似乎"天人相分"思想对北宋科技进步已无多少促动作用。实际上，北宋学界不仅没有失去对"天人相分"说的舆论支持，而且还在原有的基础上，又向前推进了一大步，其最明显的标志就是王安石提出了"天变不足畏"的思想。后来，南宋的词人刘过更在《襄阳歌》中写出了"人兮胜天"这样激心荡肠的辞句。先是，张载直接继承刘禹锡的"天人相分"思想，对天人关系作了新的理论论证。他说："天地之雷霆草木，人莫能为之；人之陶冶舟车，天地亦莫为之"②，这不仅是对刘禹锡"天人交相胜"思想的具体化，而且还把"陶冶舟车"作为人类之能动力量，"于是分出人之道，不可以混天"③。接着，王安石也通过对科学技术价值的积极认同，进而肯定了"修人事"的重要性。他说："星历之数，天地之法，人物之所，皆前世致精好学圣人者之所建也"④，科学技术是战胜自然灾害的物质手段，"是故天之高也，日月星辰阴阳之气，可端策而数也。地至大也，山川丘陵万物之形，人之常产，可指籍而定也"⑤。到北宋中后期，由于熙宁变法的失败，一些拥护变法的朝野人士，相继遭到旧党在政治上的排斥和打击，然而，政治上的排斥和打击仅仅能封杀他们的仕途，却并不能也不可能封杀他们的思想，甚至他们的思想反而在遭受排斥与打击之后更加

① 刘禹锡：《刘宾客文集》卷5《天论》上。
② 张载：《张子全书》卷 14《性理拾遗》。
③ 张载：《横渠易说》卷 3《系辞上》。
④ 王安石：《临川文集》卷 66《论议》之《礼乐论》。
⑤ 同上。

激进和活跃，如苏轼就是最典型的一个例子。而《梦溪笔谈》是沈括晚年谪居润州（今江苏镇江）时撰成，他在书中所提出的一系列科技思想便是他坚持"天人相分"观的生动写照和反映。沈括作为一代科学宗师，正是由于他出色的科学创造与发明，才使得中国古代的"天人相分"传统具有了科学的内容和意义。如沈括在论述浑天仪的科学功能时说："度在器，则日月五星可搏乎器中，而天无所豫也。天无所豫，则在天者不为难知也"①，他进一步又说："天地之变、寒暑风雨、水旱螟蝗，率皆有法"②。然而，究竟怎么去理解和诠释"法"？沈括并没有给予理性的回答。当然，对于这个"法"，沈括不是不想回答，而是北宋乃至整个封建时代始终都没有给他提供阐释这个问题的历史平台和机会。因此，通过沈括这个个案分析，并与古希腊和欧洲科学发展的历史过程与内部特征相比较，我们不难发现，北宋在"天人相分"问题上所暴露出来的主要缺陷有如下三点：

第一，"天人相分"观念没有逻辑学的支持。从科学技术自身的发展规律看，"天人相分"是科学独立发展的前提，而科学理论又必须以逻辑学为其存在与发展的形式。在欧洲的"天人相分"思想发展史上，无论是古希腊还是近代英法等国家的科学家，他们在阐释"天人相分"的理论问题时，都自觉地应用特定的逻辑范畴来支撑他们的思想学说，从而在"天人相分"的基础上，形成逻辑学、认识论和自然观三位一体的思想体系，而这个体系也就成为自然科学赖以发展的理论根基。如亚里士多德是公认的欧洲形式逻辑的奠基者，他在欧洲哲学史上第一个提出"范畴"这一思维形式，并且制定了一个完整的范畴系统③；

① 脱脱等：《宋史》卷48《天文一》。
② 沈括：《梦溪笔谈》卷7《象数一》。
③ 冒从虎等：《欧洲哲学通史》上，南开大学出版社2000年版，第157页。

他讨论了命题学说和推理学说，尤其是他的三段论演绎推理，至今仍然是科学研究的基本方法之一。恩格斯指出："由于进化的成就，有机界的全部分类都脱离了归纳法而回到'演绎法'"①，而演绎推理是从一般原理推出个别结论的思维方法，在推理的形式合乎逻辑的条件下，只要运用演绎法从真实的前提就一定能推出真实的结论，因此，演绎推理是一种必然性推理。不过，随着人类科学的发展，尤其是实验科学的兴起，演绎推理已经不能满足科学研究的客观需要了，于是培根又提出了归纳逻辑，作为演绎逻辑的补充。与此相反，中国古代的"天人相分"思想仅仅停留在经验推理的层面，并没有自觉地去寻求科学发现与逻辑推理之间的必然联系，因而中国古代特别是北宋的科学技术在其发展的历史过程中不能不面对这样的困境：那就是尽管人们所发现和创造的经验事实和科学现象不少，甚至在很多方面还达到了领先于世界的水平，但因缺乏逻辑方法，所以它几乎不能取得世界公认的重大理论突破，当然也就更无法去承担"文艺复兴"的历史使命和实现近代科学革命的目标。

第二，"天人相分"的社会基础不是纯粹的和职业化的学者而是集官僚与学者为一体的士大夫，这种社会现实实际上已经形成了阻碍北宋科技发展的一种惰性力量。由于中国封建社会的官本位意识根深蒂固，故北宋的士大夫亦不能不为之"奔竞干进"②，因而凝集在士大夫身上之"为官"的力量显然超过了其"为学"的力量，一面是为官之欲的膨胀，一面则是为学之欲的萎缩，久而久之，便形成了士风委靡的局面。如沈括的《梦溪笔谈》就是在他仕竞不利而退隐润州梦溪园时所著；苏轼的经

① 《马克思恩格斯选集》第 2 卷，第 570 页。
② 陈得芝：《论宋元之际江南士人的思想和政治动向》，《南京大学学报》（社科版）1997 年第 2 期。

学三书（即《苏氏易传》、《东坡书传》和《论语说》）及两部专业科技著作（即《格物粗谈》与《物类相感志》，两书共记录了1200多条科技知识），亦都是在贬官之后所写。本来，科学技术应是一项独立自由的学术事业，因此，科学研究需要职业化和专业化。在欧洲，科学研究职业化的历史可谓源远流长，如古希腊的柏拉图学院就是纯粹的科学研究组织，相传，学院门口立有"不懂数学者不得入内"的牌子，显示了科学研究作为一种职业是多么得崇高与神圣！而柏拉图本人就是一位典型的学者。亚里士多德跟他的老师柏拉图一样，也是终身以科学研究为职业的。可是，在中国古代一向以儒家学说为精神支柱的所谓科学家，其实大多应该称为"儒者"。"儒者"虽然亦有从事科学研究的，但他们不是纯粹的学者，而是"士大夫"，因为他们必须靠"俸禄"而生存，否则，纯粹的科学研究只有死路一条。所以，"士大夫"是中国古代特有的社会现象，是一种在特定历史条件下所出现的官僚型学者。如张载于宋仁宗嘉祐二年（1057）举进士，先后历祁州司法参军、丹州云严县令、著作佐郎、渭州签书军事判官等；王安石于庆历二年举进士，任地方官多年，后因上皇帝万言书而引起朝廷重视，遂于熙宁二年（1069）出任参知政事，接着又升任宰相，在此期间，他主持和领导了著名的熙宁变法运动；沈括为嘉祐八年（1063）进士，授扬州司理参军，后任太子中允、翰林学士、鄜州路经略使等。由此可见，仕途的跋涉不能不给他们的科学研究产生这样或那样的消极影响。所以，杨振宁先生将"科举制度"看成是"近代科学没有在中国"发生的五大社会根源之一。而据现任李约瑟研究所所长的古克礼教授介绍，李约瑟对"近代科学没有在中国"发生这个问题的结论也归根于中国古代的封建官僚制度本身，在李约瑟看来，这种制度产生了两种效应，其正面效应是，中国通过科举制度选拔了大批聪明的、受过良好教育的人；而负面效应则是，由于权力高度集中，再加上通过科举选拔人才的做法，使得新观念很难被社会接受，技术开发领域几乎没有竞争从而不能形成工业革命的先导①。

第三，"天人相分"无法引导科学家走以创新为主的科技发展之路。与汉、唐等历史朝代相比较，北宋的科技创造与发明应当说是最多的②。但经比较分析之后，其中有许多的创造和发明实属是对传统成果的改造，甚至有的科技成果因受封建礼制的影响而延续了一千余年，仍在改进不止，其费时之长，耗资之大，在欧洲的科技发展史上是绝对看不到的。如火药的发明是在唐代，唐末开始用于军事上面，而北宋只是在唐代的基础上有所普及和提高。至于说指南针，历朝历代都在重复发明，又重复革新，像悬磁法指南鱼，晋代就已经有了。可惜中国王朝的周期性崩溃，使得很多先进的技术和工艺没办法流传下来。又如浑天仪至迟在春秋时代就出现了，当时称"璇玑玉衡"。沈括在《梦溪笔谈》卷7《象数一》中说："天文家有浑仪，测天之器，设于崇台，以候垂象者，即古玑衡是也"，而苏颂则明确地说："四游仪，舜典曰璇玑"，南宋的程大昌在《演繁露》中亦云："尧世已有浑仪，璇玑玉衡是也"。自从浑仪问世以后，历代改进者不断，先是西汉的落下闳因制定太初历之需而改进了它，后来耿寿昌、傅安、张衡、王蕃、陆绩、孔定、晁崇、斛兰、李淳风、僧一行、梁令瓒等亦都制造和改进过浑仪，入北宋后，据《宋史》卷48《天文一》之"仪象"条载，先后制造过浑仪者有如下诸人：

---

① 姜岩：《中国近代为何没有科学革命？李约瑟难题年内破解》，中新网2003年3月19日。

② 杨渭生：《宋代科学技术述略》，载《漆侠先生纪念文集》，河北大学出版社2002年版。

1. "太平兴国四年（979）正月，巴中人张思训创作以献。太宗召工造于禁中，踰年而成，诏置于文明殿东鼓楼下。"

2. "铜候仪，司天冬官正韩显符所造，其要本淳风及僧一行之遗法。"

3. "元祐间，苏颂更作者，上置浑仪，中设浑象，旁设昏晓更筹，激水以运之。三器一机，吻合躔度，最为奇巧。"

不可否认，苏颂的水运仪象台以其"三器一机，吻合躔度，最为奇巧"的特征而达到了领先世界的科技水平，但近代科技发展的根本特点在于它跟生产实践的密切联系性，培根在《新工具》一书中说："农业的发明是人类的第一次革命，而依靠把科学应用于工业，正在导致人类文明的第二次革命。"以此为基准，阿瑟·扬在1788年首先将人类所发明的棉纺机械被应用于羊毛工业这一历史现象，称为"工业革命"。而以蒸汽机和棉纺机械为标志的第一次工业革命，其关键之处就在于它在生产过程中用机器取代了人力，因而凸显了工业革命的效益性原则。诚然，中国古代的四大发明确实给人类进步做出了巨大的历史贡献，可惜却不能完全被应用于工业，而从劳动成本的角度看，水运仪象台经历了那么长的发展历史，国家投入了那么多的人力和物力，最终却跟生产实际相脱离，因而就更甭说其推动社会经济的巨大进步并去引导工业革命的产生了。

二　简短结论

北宋在百余年的历史发展过程中，涌现出了一批杰出的科学家和思想家，如张载、沈括、苏颂等，他们在科学技术的许多领域都做出了领先于同时代欧洲各国的卓越贡献，例如，据有关研究成果证实，沈括在制造指南针的过程中发现了"磁偏角"，比欧洲人对这一现象的记载早 400 年；曾公亮在《武经总要》一书中对"火药球"（即手榴弹的雏形）的记载，较英国《1880弹药论文集》的类似记载要早 800 年；沈括对弦线的基音与泛音的共振关系所做纸人实验，比英国人诺布尔和皮戈特的"纸游码"实验至少早 500 年；李诫主持建造的皇家园林龙德宫，则具有了近代植物园的雏形，如此等等。同时，更为重要的是，他们还在此基础上，提出了很多与西方近现代科学原理相一致的观点和思想。对此，席泽宗先生曾举例说：张载提出的"太虚即气则无无"的思想，跟现代物理学中的"场"有点儿相似[1]，且他的"气不能不聚而为万物，万物不能不散入太虚"观点，已接近于康德的星云演化学[2]。而沈括所提出的"常"与"变"的科学哲学思想，则不仅是现代"一切规则都有例外"思想的先声，而且"原则上已包含恩格斯在整整 800 年后提出的一个科学论断的一切思想萌芽"[3]。由此可见，在科学思想方面，北宋不愧为是一个空前绝后的时代。

当然，造成北宋科技思想发达的原因是多方面的和综合的，既有社会的、政治的、经济的原因，亦有科学自身的原因。其中对于科学的研究事业来说，北宋多数学者所具有的那种"怀疑"和"创新"精神以及"三教合一"于科学本身的兼容性和相互结合应是造成北宋科技迅猛发展之势的基本动力之一。毋庸质疑，北宋的科技思想发展具有典型的儒、释、道三教合一特征，也就是说，北宋的科技思想正是以儒释道三教合一为骨架，以自然观、科学观和方法论为内容相互交织而构成的有机体系。

① 席泽宗：《科学史十论》，复旦大学出版社 2003 年版，第 105 页。
② 席泽宗等：《中国历史上的宇宙理论》，人民出版社 1975 年版，第 135 页。
③ 朱亚宗：《中国科技批评史》，国防科技大学出版社 1995 年版，第 199 页。

在这里，尤其需要强调的是，北宋诸多科学家和思想家在科学思维方面的"创新"给后人留下了不少宝贵经验，值得我们注意。归纳起来，主要有三点：一是既忠实于原典又不拘于原典的独立思考意识，如张载"求之《六经》"①，程颢"返求诸《六经》"②，等等。但求《六经》不等于唯《六经》是用，而是"务通义理"③，遍疑群经；二是对自然现象具有广泛兴趣的学习意识，如沈括、苏颂、王洙④等，皆无书不读，他们中大多热忱于研究和探索自然界万事万物的运动变化规律，为北宋科技事业的发展做出了积极的贡献，所以，梁启超认为中国古代士者"对于自然界物象之研究，素乏趣味"⑤，此论不管其总体性如何，至少对北宋科技发展的实际是不适用的；三是在探索真理的过程中，形成了相互辩论的学风，虽然北宋学术争论与党争常常纠缠在一起，不易理清，但在北宋学术争论的焦点"就集中在如何对待佛、道心性论、本体论的问题上"⑥。

纵观中国古代整个科技思想发展史，北宋在科学研究的内容、概念的创新及逻辑范式的转换等多个方面都有所发现和有所突破，在中国古代科技思想发展史上具有极其重要的历史地位。首先，北宋和南宋科学技术研究的内容无论在数量还是质量方面都较汉唐有了新的飞跃，如，据《四库全书总目》所收载的有关科技类书目情况，作粗略统计如下：地理类，唐前11种，宋为45种；农家类，唐前为3种，宋为2种；医学类，唐前为12种，宋为31种；天文类，唐前为13种，宋为6种；术数类，唐

① 吕大临：《横渠先生行状》，《张载集》，中华书局1978年版，第385页。
② 《明道先生行状》，《二程集》上，中华书局2004年版，第638页。
③ 李焘：《续资治通鉴全编》卷220，熙宁四年二月丁巳。
④ 脱脱等：《宋史》卷331《沈括传》、卷340《苏颂传》、卷294《王洙传》。
⑤ 梁启超：《清代学术概论》三十二，《饮冰室合集》8《专集》30—45，中华书局2003年版，第77页。
⑥ 韩钟文：《中国儒学史》宋元卷，广东教育出版社1998年版，第119页。

前为 23 种，宋为 29 种；谱录类，唐前为 7 种，宋为 42 种。总计，唐前 59 种，宋 155 种，后者是前者的 2.6 倍多。从上面的统计材料看，宋代尤其是北宋的科技书目，以地理、医学和谱录三者为多，它反映了宋人的生活意识和生活质量较唐前已有了显著进步，而且宋人开始普遍重视对一般动植物的研究则成为其科学繁荣的一个重要标志。故李约瑟先生说："每当人们在中国的文献中查考任何一种具体的科技史料时，往往会发现它的主焦点就在宋代。不管在应用科学方面或在纯粹科学方面都是如此。"①其次，科技思想的发展在某种意义上说就是概念和范畴的发展，而北宋之超越汉唐的一个重要标志便是科学范畴和概念又有了新的突破，如唐前中国传统科技思想的范畴与概念总体上不离道、阴阳及五行，然而，至北宋时，人们伴随着社会生产和科学实践的发展而提出太极、理、直②等一系列新的范畴和概念，这些范畴和概念的应用极大地拓宽了学者的研究视野，为北宋成就一代科学伟业提供了最可宝贵的思维工具。再次，北宋科技思想界所出现的逻辑范式转换，即由阴阳五行结构向物理结构的过渡或转换，是构成"唐宋变革"的重要内容之一，尽管这种转换仅仅是局部的现象，但它对激发人们的自主创新意识却具有着非常重要的现实意义。

诚然，与欧洲的近代科学革命相比，中国传统科学因其只"注重人伦实用"，而既"不寻求认识外部世界的确定性"，也"不寻求对自然界的征服"③，又由于缺少"自然法"以及"核

---

① 李约瑟：《中国科学技术史》第 1 卷第 1 册，科学出版社 1975 年版，第 287 页。

② 程颢、程颐：《河南程氏遗书》卷 2 下《附东见录后·二先生语二下》，《二程集》上，中华书局 2004 年版，第 55、57 页。

③ 冯友兰：《为甚么中国没有科学——对中国哲学的历史及其后果的一种解释》，《国际伦理杂志》1922 年。

心理论"的儒、释、道相融等原因，所以，当北宋科学技术达到中国传统科学文化的最高峰时，它却不能进一步引导中国传统科学步入新的"科学革命时期"。可是，话又说回来，当欧洲近代科学革命发生之后，它也没有能够完全取代中国传统科学的地位而成为世界惟一的思维方式和话语文本，如中医学体系的存在，天人合一理论的普适性，等等。这说明中国传统科学技术有其独特的理论价值和实践意义，他走的是一条跟欧洲近代科学技术不尽相同的路径，也许这条路径对于中国人来说，可能不是一条捷径，但我们绝不能因此而藐视它的存在，更不能否定它曾经对欧洲近代科学革命所起的积极作用。

从北宋科技思想发展的内在逻辑来看，有两条线索格外清晰：一条是"天人相分"的认识理路，另一条则是"天人合一"的认识理路。前者由于中国古代的专制性而不是民主性的政治环境的影响，因而没有像欧洲那样形成社会发展的主体文化和逻辑思维方法。后者则完全成了中国文化生长的基点，而《周易》为它的存在和发展提供了思维的沃土和道德范式。所以，《周易》的思维范畴对于中国古代科技思想的形成与发展具有"二重性"。首先，从积极的方面看，《周易》有助于中国古代科技思想形成自己的鲜明个性，并在一定的历史条件下，取得它所能达到的最高成就；其次，从消极的方面看，《周易》又不可避免地带有原始思维的某些痕迹，其中直观思维严重局限了中国古代科技思想由经验型向实验型的转化，于是出现了中国古代的理论科学远远落后于技术科学的发展状况，而中国古代的技术发明水平很高，但却终究不能实现生产的机械化，恐怕原因就在于理论科学的不成熟或者说中国古代科学从本质上就缺乏一种科学的理论思维。不过，北宋在"积弱"的历史背景下，却能把当时的科学技术推向中国古代历史的最高峰，当然是多种因素相互作用的结果，但《周易》的范式思维在里面起到了不可替代的关键作用，这一点无论如何也是不能否认的。

北宋是在一种特殊的政治环境中，去求生存和发展的，其艰难的程度可想而知。而为了求生存，北宋出现了两种相互冲突的求生之路，即"功利"与"义理"的对立。以王安石为代表的"功利"一派，从经济改革入手，以变法图强为手段，追求国家利益的最大化，因而使北宋的应用技术获得了迅速的发展，并为沈括科技思想的产生创造了条件；与此相反，以司马光、二程为代表的"义理"一派，则从知识教育入手，强调个人作为社会主体意识的重要性，鼓动求理高于求利的价值观，引导人们去追求自然（天）与社会（人）的"合一"境界，从而使人们在"自诚而明"①路径下走向科学自觉。因为在二程看来，科学从本质上说是内在于人类自我的一种自主意识，是"理与心一"②的一种"心之自得"性的真知。程颐说："物我一理，才明彼即晓此，合内外之道也，语其大，至天地之高厚，语其小，至一物之所以然，学者皆当理会。"③从这个角度讲，二程的理学思想跟科学所追求的终极目标是一致的。

当然，由于二程理学在北宋的意识形态领域尚未取得主导地位，所以它对北宋的科学发展实际上并没有产生多大作用，包括积极的作用和消极的作用。而真正对北宋科学发展起支配作用的是北宋生产力的发展和社会需要。如王安石不仅继承了胡瑗的"治事"传统，而且还把跟"治事"紧密相关的技术科学如农田水利、医药、印刷、火药、造船、矿冶等推向了中国古代历史的

---

① 程颢、程颐：《河南程氏遗书》卷 25，《二程集》上，中华书局 2004 年版，第 323 页。

② 程颢、程颐：《河南程氏遗书》卷 5《二程集》上，中华书局 2004 年版，第 76 页。

③ 程颢、程颐：《河南程氏遗书》卷 18《二程集》上，中华书局 2004 年版，第 193 页。

最高水平，创造了许多人间奇迹，充分显示了科学技术作为力量型知识的社会价值和作用。

可惜，从元祐更化之后，整个北宋的社会意识开始由"外王"转向"内圣"，因而，作为力量型知识的科学技术越来越不受人们的重视，甚至科技人员当时被士大夫嗤之以"贱"，比如成书于南宋宝庆三年（1227）的《燕翼诒谋录》卷2就载有北宋"应伎术官不得与士大夫齿，贱之也"的社会现象，而元祐旧党更以算学"于国事无补"① 为由，完全放弃了理论科学的研究。因此，北宋的科学技术尽管取得了突出成就，但由于理论科学的相对落后而无法实现质的飞跃，这就在一定程度上阻碍了中国古代的科学技术向近代科学的转进。众所周知，欧洲近代科学的核心是实验科学，而实验科学的方法论基础则是数学。伽利略在他的《关于两门新科学的谈话》一书中说：真理就写在自然界这部"永远展示在我们眼前的伟大的书中"，而"这部书是用数学语言写出的……没有数学的帮助，就连一个字也不会认识"。可是，北宋的决策者却在其科学技术本身发展到最需要数学的时候竟然抛弃了数学，所以，数学教育的相对滞后是造成北宋科学技术不能向近代科学转化的重要因素之一。

内藤湖南在《概括的唐宋时代观》一文中曾经把"科举制"看作是"宋代近世化"的一条最重要理由，而杨振宁博士却将它看成是阻碍中国古代科学技术走向近代化的一个关键因素。两人的观点截然相左，褒贬不一。实际上，科举制在中国历史上的出现，完全具有现实的合理性，因为科举制作为"九品中正制"的对立物，它对于保证中国封建社会在世界上的先进性起到了极其关键的作用。首先，通过科举，统治者把官吏的选拔权彻底收归朝廷，打破了官僚世家倚仗门荫资力对政权的垄断，从而为中

---

① 李焘：《续资治通鉴长编》卷381，元祐元年六月甲寅。

小地主乃至平民开辟了入仕途径；其次，他从根本上保证了官僚队伍的知识化水平，强化了社会思想与统治思想的融合，起到了稳定社会的积极作用。但是，由于科举制本身不讲究知识的完整性，甚至仅仅以经学为取舍的标准，这就把士大夫引向了片面和歧途，并由此而导致了整个社会在价值取向方面的畸形化，甚至到北宋后期还衍生出了统治者对技术官身份的歧视现象[①]。在欧洲，至少从 11 世纪之后各种近代意义上综合大学应运而生，大学不仅是传播知识的场所，而且更是创造知识的王国。与此相反，中国的大学只是一种培养官僚的工具，为此，年轻的学子必须将全部的生命投入到科举考试之中，相应地他们用于科学研究的时间就十分有限了。况且，由科举制而形成的那种考试思维模式，亦非常不利于充分发挥人的自主意识和创造潜能。所以，科举制发展到北宋后期，就在客观上已经转变为延误中国科学技术近代化的一种社会力量了。

---

① 包伟民：《宋代技术官制度述略》，《漆侠先生纪念文集》，河北大学出版社2002 年版，第 226 页。

主要引用和参考文献

一 古籍

［1］（春秋）《论语》，《黄侃手批白文十三经》，上海古籍出版社1986年版。

［2］（春秋）左丘明：《春秋左传》，《黄侃手批白文十三经》，上海古籍出版社1986年版。

［3］（春秋）左丘明：《国语》，《二十五别史》，齐鲁书社2000年版。

［4］（春秋）卜子夏：《子夏易传》，文渊阁四库全书本。

［5］（春秋战国）黄帝内经素问：《中医十大经典全录》，学苑出版社1995年版。

［6］（战国）孟轲《孟子》，《四书集注》，岳麓书社1987年版。

［7］（战国）佚名：《世本作篇》，《二十五别史》，齐鲁书社2000年版。

［8］（战国）荀况《荀子》，《百子全书》，岳麓书社1993年版。

［9］（战国）庄周《庄子》，《百子全书》，岳麓书社1993年版。

［10］（战国末年）吕不韦：《吕氏春秋》，学林出版社1984年版。

［11］（秦）商鞅：《商子》，《百子全书》，岳麓书社1993年版。

［12］（西汉）刘安：《淮南子》，华夏出版社2000年版。

［13］（西汉）张良注：《阴符经》，《百子全书》，岳麓书社1993年版。

［14］（西汉）司马迁：《史记》，中华书局1985年版。

［15］（西汉）董仲舒：《春秋繁露》，上海古籍出版社1985年版。

［16］（西汉）桓宽：《盐铁论》，《百子全书》，岳麓书社1993年版。

［17］（西汉）贾谊：《新书》，《百子全书》，岳麓书社1993年版。

［18］（东汉）王充：《论衡》，《百子全书》，岳麓书社1993年版。

［19］（东汉）许慎：《说文解字》，中华书局1987年版。

［20］（东汉）班固：《汉书》，中华书局1983年版。

［21］（东汉）郑玄笺、（唐）孔颖达疏：《毛诗注疏》，文渊阁四库全书本。

［22］《太平经》，正统《道藏》本第24册。

［23］（三国）韦昭注：《国语》，上海古籍出版社1978年版。

［24］（魏晋）皇甫谧：《帝王世纪》，《二十五别史》，齐鲁书社2000年版。

［25］（晋）葛洪：《抱朴子》，中华书局1987年版。

［26］（晋）张华：《博物志》，《百子全书》，岳麓书社1993年版。

［27］《三辅黄图》，文渊阁四库全书本。

［28］（刘宋）范晔：《后汉书》，中华书局1987年版。

［29］（梁）萧统：《文选》，岳麓书社 2002 年版。

［30］（唐）孙思邈：《千金翼方》，人民卫生出版社 2000 年版。

［31］（唐）房玄龄等：《晋书》，中华书局 1987 年版。

［32］（唐）魏征、长孙无忌等：《隋书》，中华书局 1987 年版。

［33］（唐）陆淳：《春秋集传纂例》，文渊阁四库全书本。

［34］（唐）释道宣：《续高僧传》，《大正大藏经》本。

［35］（唐）释道宣：《添品妙法莲花经》，《大正大藏经》，第九册。

［36］（唐）苏敬等：《新修本草》，安徽科学技术出版社 1981 年版。

［37］（唐）杜佑：《通典》，岳麓书社 1995 年版。

［38］（唐）张彦远：《历代名画记》，《丛书集成》，初编本。

［39］（唐）孟浩然：《孟浩然集》，文渊阁四库全书本。

［40］（唐）刘禹锡：《刘宾客文集》，陕西人民出版社 1974 年版。

［41］（唐）长孙无忌等：《唐律疏义》，中华书局 1983 年版。

［42］（唐）宗密：《华严原人论》，《大正大藏经》，第四十五册。

［43］（五代）刘煦：《旧唐书》，中华书局 1975 年版。

［44］（宋）周敦颐：《周敦颐集》，岳麓书社 2002 年版。

［45］（宋）刘翰：《开宝本草》，安徽科学技术出版社 1998 年版。

［46］（宋）欧阳修：《新唐书》，中华书局 1987 年版。

［47］（宋）李觏：《李觏集》，中华书局 1981 年版。

［48］（宋）王安石：《王安石全集》，上海古籍出版社 1999 年版。

［49］（宋）胡瑗：《周易口义》，文渊阁四库全书本。

［50］（宋）阮逸、胡瑗：《皇祐新乐图记》，文渊阁四库全书本。

［51］（宋）胡瑗：《洪范口义》，文渊阁四库全书本。

［52］（宋）石介：《徂徕石先生文集》，中华书局 1984 年版。

［53］（宋）孙复：《春秋尊王发微》，文渊阁四库全书本。

［54］（宋）邵雍：《皇极经世书》，文渊阁四库全书本。

［55］（宋）邵雍：《击壤集》，文渊阁四库全书本。

［56］（宋）邵雍：《渔樵问答》，文渊阁四库全书本。

［57］（宋）刘牧：《易数钩隐图》，正统《道藏》本第三册。

［58］（宋）刘牧：《易数钩隐图·遗事九论》，正统《道藏》本第三册。

［59］（宋）夏竦：《文庄集》，文渊阁四库全书本。

［60］（宋）蔡襄：《端明集》，文渊阁四库全书本。

［61］（宋）程颢、程颐：《二程集》，中华书局 2004 年版。

［62］（宋）程颢、程颐：《二程外书》，上海古籍出版社 1995 年版。

［63］（宋）张载：《张子全书》，文渊阁四库全书本。

［64］（宋）张载：《横渠易说》，通志堂经解本。

［65］（宋）谢良佐：《上蔡先生语录》，《丛书集成》，初编本。

［66］（宋）黄裳：《演山集》，文渊阁四库全书本。

［67］（宋）秦观：《淮海集》，《四部丛刊》，初编本。

［68］（宋）范仲淹：《范文正公文集》，《四部丛刊》，初

编本。

[69]（宋）范仲淹：《范文正公文集政府奏议》，《四部丛刊》，初编本。

[70]（宋）苏洵：《嘉祐集》，《四部丛刊》，初编本。

[71]（宋）苏辙：《栾城集》，文渊阁四库全书本。

[72]（宋）苏辙：《颍滨先生诗集传》，学苑出版社2002年版。

[73]（宋）柳开：《河东先生集》，《四部丛刊》，初编本。

[74]（宋）欧阳修：《欧阳文忠公文集》，《四部丛刊》，初编本。

[75]（宋）欧阳修：《欧阳文忠公文集外》，文渊阁四库全书本。

[76]（宋）欧阳修：《新五代史》，中华书局1986年版。

[77]（宋）王安石：《临川文集》，文渊阁四库全书本。

[78]（宋）韩琦：《安阳集》，文渊阁四库全书本。

[79]（宋）曾公亮、丁度：《武经总要》，文渊阁四库全书本。

[80]（宋）游酢：《游豸山集》，文渊阁四库全书本。

[81]（宋）李焘：《续资治通鉴长编》，上海古籍出版社1985年版。

[82]（宋）释智圆：《闲居编》，《续藏经》，第一辑第二编第六套第二册。

[83]（宋）释智圆：《佛说阿弥陀经疏》，《新修大藏经》，第37卷经疏部五，日本东京大正一切经刊行会，大正十三年（1924）至昭和九年（1934）刊行本。

[84]（宋）释智圆：《请观音经疏阐义钞》，《新修大藏经》，第37卷经疏部五。

[85]（宋）释智圆：《涅槃玄义发源机要》，《新修大藏

经》，第 38 卷经疏部六。

[86]（宋）释智圆：《维摩经略疏垂裕记》，《新修大藏经》，第 38 卷经疏部六。

[87]（宋）赞宁：《宋高僧传》，中华书局 1996 年版。

[88]（宋）谢良佐：《上蔡语录》，文渊阁四库全书本。

[89]（宋）易祓：《周官总义》，文渊阁四库全书本。

[90]（宋）苏轼：《东坡全集》，文渊阁四库全书本。

[91]（宋）苏轼：《东坡七集》，《四部备要》本。

[92]（宋）苏轼：《东坡易传》，文渊阁四库全书本。

[93]（宋）苏轼：《东坡志林》，中华书局 1981 年版。

[94]（宋）王十朋注：《东坡诗集》，注文渊阁四库全书本。

[95]（宋）张方平：《乐全集》，文渊阁四库全书本。

[96]（宋）张耒：《柯山集》，《丛书集成》，初编本。

[97]（宋）沈括：《梦溪笔谈》，上海书店出版社 2003 年版。

[98]（宋）沈括：《长兴集》，文渊阁四库全书本。

[99]（宋）司马光：《资治通鉴》，上海古籍出版社 1988 年版。

[100]（宋）王钦若：《册府元龟》，中华书局 1982 年版。

[101]（宋）王怀隐等：《太平圣惠方》，人民卫生出版社 1959 年版。

[102]（宋）赵佶敕撰：《圣济总录》，人民卫生出版社 1962 年版。

[103]（宋）苏轼、沈括：《苏沈良方》，人民卫生出版社 1956 年版。

[104]（宋）苏颂：《本草图经》，安徽科学技术出版社 1994 年版。

［105］（宋）王得臣：《麈史》，上海古籍出版社 1986 年版。

［106］（宋）张伯端撰、翁葆光注：《悟真篇注疏及悟真篇三注拾遗》，正统《道藏》本第 4 册。

［107］（宋）张伯端：《玉清金笥青华秘文金宝内炼丹诀》，正统《道藏》本第 4 册。

［108］（宋）梅尧臣：《梅尧臣诗选》，人民出版社 1997 年版。

［109］（宋）苏颂：《苏魏公集》，中华书局 2004 年版。

［110］（宋）邵伯温：《邵氏闻见录》，中华书局 1997 年版。

［111］（宋）晁说之：《景迁生集》，文渊阁四库全书本。

［112］（宋）苏颂：《新仪象法要》，文渊阁四库全书本。

［113］（宋）唐慎微：《重修政和经史证类备用本草》，人民卫生出版社 1982 年版。

［114］（宋）寇宗奭：《本草衍义》，中国中医药出版社 1997 年版。

［115］（宋）李诫：《营造法式》，文渊阁四库全书本。

［116］（宋）程俱：《北山小集》，《四部丛刊》，续编本。

［117］（宋）佚名：《宣和画谱》，《丛书集成》，初编本。

［118］（宋）孟元老：《东京梦华录》，中华书局 1982 年版。

［119］（宋）李衡：《周易义海撮要》，文渊阁四库全书本。

［120］（宋）杨简：《杨氏易传》，文渊阁四库全书本。

［121］（宋）王与之：《周礼订义》，文渊阁四库全书本。

［122］（宋）楼钥：《攻媿集》，文渊阁四库全书本。

［123］（宋）黎靖德编：《朱子语类》，中华书局 1986 年版。

［124］（宋）陈振孙：《直斋书录解题》，文渊阁四库全书本。

［125］（宋）赵汝愚：《宋名臣奏议》，文渊阁四库全书本。

［126］（宋）叶适：《水心别集》，文渊阁四库全书本。

[127]（宋）吴曾：《能改斋漫录》，上海古籍出版社 1984年版。

[128]（宋）罗大经：《鹤林玉露》，中华书局 1983 年版。

[129]（宋）卫湜：《礼记集注》，北京图书馆出版社 2003年版。

[130]（宋）李攸：《宋朝事实》，《丛书集成》，初编本。

[131]（宋）王应麟：《玉海》，广陵书社 2003 年版。

[132]（宋）魏了翁：《鹤山全集》，文渊阁四库全书本。

[133]（宋）邵博：《邵氏闻见后录》，中华书局 1997 年版。

[134]（宋）江少虞：《宋朝事实类苑》，上海古籍出版社1981 年版。

[135]（宋）王应麟：《困学纪闻》，文渊阁四库全书本。

[136]（宋）晁公武：《郡斋读书志》，文渊阁四库全书本。

[137]（宋）赵希弁：《郡斋读书志后志》，文渊阁四库全书本。

[138]（宋）章定：《名贤氏族言行类稿》，上海古籍出版社 1994 年版。

[139]（宋）叶梦得：《石林诗话》，文渊阁四库全书本。

[140]（宋）周密：《齐东野语》，中华书局 1997 年版。

[141]（宋）邓椿：《画继》，文渊阁四库全书本。

[142]（宋）黄震：《黄氏日钞》，文渊阁四库全书本。

[143]（宋）陆游：《老学庵笔记》，学苑出版社 1998 年版。

[144]（宋）朱熹：《朱子语类》，中华书局 2004 年版。

[145]（宋）朱熹：《朱熹集》，四川教育出版社 1996 年版。

[146]（宋）朱熹：《伊洛渊源录》，上海商务印书馆 1936年版。

[147]（宋）洪迈：《夷坚志》，中华书局 1981 年版。

[148]（宋）彭耜：《道德经集注》，正统《道藏》本。

［149］（宋）郑樵：《通志》，中华书局1995年版。

［150］（宋）俞琰：《读易举要》，文渊阁四库全书本。

［151］（金）王若虚：《滹南遗老集》，《四部丛刊》，初编本。

［152］（元）马端临：《文献通考》，中华书局1999年版。

［153］（元）脱脱等：《宋史》，中华书局1985年版。

［154］（元）佚名：《宋史全文》，黑龙江人民出版社2004年版。

［155］（元）李冶：《敬斋古今黈》，文渊阁四库全书本。

［156］（明）宋濂等：《元史》，中华书局1976年版。

［157］（明）孙一奎：《医旨绪余》，中国中医药出版社1996年版。

［158］（明）倪元璐：《儿易外仪》，文渊阁四库全书本。

［159］（明）吕柟：《张子抄释》，文渊阁四库全书本。

［160］（明）李中梓：《医宗必读》，中国书店1987年版。

［161］（明）黄绾：《明道编》，中华书局1959年版。

［162］（明）孙谷：《古微书》，文渊阁四库全书本。

［163］（明）冯从吾：《少墟集》，文渊阁四库全书本。

［164］（明）邢云路：《古今律历考》，文渊阁四库全书本。

［165］（明末清初）王夫之：《张子正蒙注》，中华书局1975年版。

［166］（清）翟均廉：《海塘录》，文渊阁四库全书本。

［167］（清）章学诚：《文史通义》，岳麓书社1995年版。

［168］（清）永瑢等：《四库全书总目》，中华书局2003年版。

［169］（清）黄宗羲：《宋元学案》，中华书局1986年版。

［170］（清）嵇璜、刘墉等：《钦定续文献通考》，文渊阁四库全书本。

［171］（清）徐松：《宋会要辑稿》，中华书局 1987 年版。

［172］（清）李铭皖、谭钧培修，冯桂芬纂：《同治苏州府志》，江苏古籍出版社 1991 年版。

［173］（清）丁宝书：《安定言行录》，月河精舍丛钞本。

［174］（清）陈大章：《诗传名物集览》，文渊阁四库全书本。

［175］（清）王昶：《金石萃编》，中国书店 1985 年版。

［176］（清）宫懋猷：《万寿盛典初集》，文渊阁四库全书本。

二 国外学者的研究论著

［177］［古希腊］亚里士多德：《形而上学》，商务印书馆 1996 年版。

［178］［古希腊］亚里士多德：《尼各马科伦理学》，中国人民大学出版社 2003 年版。

［179］［古希腊］亚里士多德：《物理学》，商务印书馆 1997 年版。

［180］［意］伽利略：《关于两门新科学的对话》，辽宁教育出版社 2004 年版。

［181］［英］霍布斯：《论物体》，商务印书馆 1975 年版。

［182］［英］洛克：《人类理解论》，商务印书馆 1997 年版。

［183］［德］康德：《宇宙发展史概论》，上海人民出版社 1972 年版。

［184］［德］康德：《未来形而上学导论》，商务印书馆 1978 年版。

［185］［德］黑格尔：《哲学史讲演录》，商务印书馆 1997 年版。

［186］［英］罗素：《西方哲学史》，商务印书馆 1976 年版。

［187］［德］马克思：《资本论》，人民出版社 1975 年版。

［188］［德］马克思、恩格斯：《马克思恩格斯全集》，人民出版社 1975 年版。

［189］［德］马克思、恩格斯：《马克思恩格斯选集》，人民出版社 1973 年版。

［190］［德］恩格斯：《自然辩证法》，人民出版社 1984 年版。

［191］［德］马克思、恩格斯：《德谟克利特的自然哲学与伊壁鸠鲁的自然哲学的差别》，人民出版社 1973 年版。

［192］［德］爱因斯坦：《爱因斯坦文集》，商务印书馆 1994 年版。

［193］［澳］查尔默斯：《科学究竟是什么》，商务印书馆 1982 年版。

［194］［英］李约瑟：《中国古代科学思想史》，江西人民出版社 1999 年版。

［195］［英］李约瑟：《中国科学史要略》，台湾华岗出版部 1972 年版。

［196］［英］贝尔纳：《科学的社会功能》，商务印书馆 1986 年版。

［197］［美］科恩：《科学革命史》，军事科学出版社 1992 年版。

［198］［英］霍金：《时间简史——从大爆炸到黑洞》，湖南科学技术出版社 2000 年版。

［199］［美］霍夫曼：《相同与不相同》，吉林人民出版社 1998 年版。

［200］［比］普利高津：《确定性的终结》，上海科技教育出版社 1999 年版。

［201］［德］普朗克：《从现代物理学来看宇宙》，商务印

书馆 1959 年版。

[202]［英］弗雷泽：《金枝：巫术与宗教研究》，中国民间文学出版社 1987 年版。

[203]［英］丹皮尔：《科学史及其与哲学和宗教的关系》，商务印书馆 1997 年版。

[204]［法］贝尔纳：《实验医学研究导论》，商务印书馆 1996 年版。

[205]［英］波普尔：《猜想与反驳》，上海译文出版社 1986 年版。

[206]［英］波普尔：《客观知识》，上海译文出版社 1987 年版。

[207]［美］杨振宁：《杨振宁演讲集》，南开大学出版社 1989 年版。

[208]［美］余英时：《士与中国文化》，上海人民出版社 2004 年版。

[209]［美］余英时：《朱熹的历史世界》，三联书店 2004 年版。

三　大陆及港台学者的研究论著

[210] 梁启超：《饮冰室合集》，中华书局 1989 年版。

[211] 梁启超：《清代学术概论》，《梁启超论清学史二种》，复旦大学出版社 1985 年版。

[212] 谭嗣同：《谭嗣同全集》，中华书局 1998 年版。

[213] 王伯祥、周振甫：《中国学术思想演进史》，亚细书局 1935 年版。

[214] 冯友兰：《新知言》，商务印书馆 1946 年版。

[215] 冯友兰：《中国哲学史》，商务印书馆 1947 年版。

[216] 胡适：《胡适精品集》，光明日报出版社 1998 年版。

[217] 胡适：《胡适文存》二集，上海亚东图书馆 1924 年版。

[218] 王治心：《中国学术体系》，福建协和大学 1934 年版。

[219] 夏君虞：《宋学概要》，《民国丛书》第 2 编，上海书店 1990 年版。

[220] 胡道静：《中国古代典籍十讲》，复旦大学出版社 2004 年版。

[221] 胡道静：《新校正梦溪笔谈》，古典文学出版社 1957 年版。

[222] 梁思成：《中国建筑史》，百花文艺出版社 2004 年版。

[223] 刘敦桢：《中国古代建筑学》，中国建筑工业出版社 1987 年版。

[224] 张岱年：《张岱年全集》，河北人民出版社 1996 年版。

[225] 顾颉刚：《古史辨自序》，河北教育出版社 2002 年版。

[226] 漆侠：《中国经济通史——宋代经济卷》，经济日报出版社 1999 年版。

[227] 漆侠：《宋学的发展与演变》，河北人民出版社 2002 年版。

[228] 李华瑞：《宋代酒的生产和征榷》，河北大学出版社 2001 年版。

[229] 韩钟文：《中国儒学史·宋元卷》，广东教育出版社 1998 年版。

[230] 张立文：《宋明理学研究》，中国人民大学出版社 1985 年版。

［231］朱伯崑：《易哲学史》，北京大学出版社1988年版。

［232］席泽宗：《科学史十论》，复旦大学出版社2003年版。

［233］王鸿生：《中国历史上的技术和科学》，中国人民大学出版社1991年版。

［234］李申：《中国古代哲学与自然科学》，中国社会科学出版社1993年版。

［235］牙含章、王友兰：《中国无神论史》，中国社会科学出版社1992年版。

［236］叶鸿洒：《北宋科技发展之研究》，台湾银禾文化事业公司1991年版。

［237］陈青之：《中国教育史》，《民国丛书》，1989年版。

［238］钱穆：《中国近三百年学术史》，东方出版社1996年版。

［239］钱穆：《国史大纲》，商务印书馆1994年版。

［240］林语堂：《苏东坡传》，上海书店1989年版。

［241］吕思勉：《理学纲要》，上海商务印书馆1934年版。

［242］赵纪彬：《中国哲学思想史》，中华书局1948年版。

［243］牟宗三：《宋明儒学的问题与发展》，华东师范大学出版社2004年版。

［244］牟宗三：《牟宗三全集》，台湾联合报系文化基金会2003年版。

［245］张君劢：《新儒家思想史》，台湾弘文馆出版社1986年版。

［246］钱宝琮：《钱宝琮科学史论文选集》，科学出版社1983年版。

［247］张子高：《中国化学史稿——古代之部》，科学出版社1964年版。

［248］任继愈：《中国哲学史》，人民出版社1979年版。

［249］任继愈：《道藏提要》，中国社会科学出版社1991年版。

［250］肖萐父、李锦全：《中国哲学史》，人民出版社1983年版。

［251］李泽厚：《美的历程》，天津社会科学出版社2002年版。

［252］李泽厚：《中国古代思想史论》，人民出版社1986年版。

［253］李泽厚：《世纪新梦》，安徽文艺出版社1998年版。

［254］李泽厚：《己卯五说》，中国电影出版社1999年版。

［255］陈修斋：《欧洲哲学史》，湖北人民出版社1984年版。

［256］钱学森：《人体科学与现代科技发展纵横观》，人民出版社1996年版。

［257］刘敦桢：《中国古代建筑学》，中国建筑工业出版社1987年版。

［258］葛兆光：《中国思想史》，复旦大学出版社2001年版。

［259］冯契：《中国古代哲学的逻辑发展》，华东师范大学出版社1997年版。

［260］蔡宾牟等：《物理学史讲义——中国古代部分》，高等教育出版社1985年版。

［261］夏甄陶：《中国认识论思想史稿》，中国人民大学出版社1996年版。

［262］葛荣晋：《道家文化与现代文明》，中国人民大学出版社1991年版。

［263］杜石然：《数学·历史·社会》，辽宁教育出版社

2003 年版。

［264］沈清松：《儒学和科技——过去的检讨与未来的展望》，中华书局 1991 年版。

［265］吴国盛：《科学的历程》，北京大学出版社 2002 年版。

［266］叶继业：《易理述要》，台湾黎明事业文化出版公司 1988 年版。

［267］江国樑：《周易原理》，鹭江出版社 1990 年版。

［268］冒从虎：《欧洲哲学通史》，南开大学出版社 2000 年版。

［269］余敦康：《内圣外王的贯通——北宋易学的现代阐释》，学林出版社 1997 年版。

［270］罗志希：《科学与玄学》，商务印书馆 1999 年版。

［271］杜石然等：《中国科学技术史》，科学出版社 1984 年版。

［272］北京大学哲学系：《古希腊罗马哲学》，商务印书馆 1962 年版。

［273］北京大学哲学系外哲史室编：《西方哲学原著选读》，商务印书馆 1981 年版。

［274］周辅成：《西方伦理学名著选辑》，商务印书馆 1996 年版。

［275］沈子丞：《历代论画名著汇编》，文物出版社 1982 年版。

［276］北京大学哲学系：《中国哲学史》，中华书局 1980 年版。

［277］阙勋吾等：《中国古代科学家传记选注》，岳麓书社 1983 年版。

［278］汤用彤：《汤用彤全集》，河北人民出版社 2000

年版。

［279］葛荣晋：《中国实学思想史》，首都师范大学出版社1994年版。

［280］唐明邦：《邵雍评传》，南京大学出版社2001年版。

［281］孙国中：《河图洛书解析》，学苑出版社1990年版。

［282］杜明通：《古典文学储存信息备览》，陕西人民出版社1988年版。

［283］程民生：《宋代地域文化》，河南大学出版社1997年版。

［284］程宜山：《张载哲学的系统分析》，学林出版社1989年版。

［285］周嘉华：《中华文化通志第七典科学技术之化学与化工志》，上海人民出版社1998年版。

［286］戴念祖：《中华文化通志第七典科学技术之物理与机械志》，上海人民出版社1998年版。

［287］粟品孝：《朱熹与宋代蜀学》，高等教育出版社1998年版。

［288］姜声调：《苏轼的庄子学》，台湾文津出版有限公司1999年版。

［289］周伟民、唐玲玲：《苏轼思想研究》，文史哲出版社1998年版。

［290］金生杨：《〈苏氏易传〉研究》，巴蜀书社2002年版。

［291］汪典基：《中国逻辑思想史》，台湾明文书局1995年版。

［292］管成学等：《苏颂与〈新仪象法要〉研究》，吉林文史出版社1991年版。

［293］乐爱国：《儒家文化与中国古代科技》，中华书局2002年版。

［294］侯外庐等：《宋明理学史》，人民出版社 1997 年版。

［295］陈来：《宋明理学》，华东师范大学出版社 2005 年版。

［296］张世英：《天人之际——中西哲学的困惑与选择》，人民出版社 2005 年版。

［297］陈钟凡：《两宋思想述评》，商务印书馆 1933 年版。

［298］鲍家声等：《中国佛教百科全书》，上海古籍出版社 2001 年版。

［299］蒙文通：《蒙文通文集》，巴蜀书社 1999 年版。

四　论文

［300］任鸿隽：《说中国无科学的原因》，《科学》杂志创刊号 1915 年。

［301］任鸿隽：《科学精神论》，《科学通论》，1934 年版。

［302］吴宓：《论新文化运动》，《学衡》1922 年第 4 期。

［303］冯友兰：《为什么中国没有科学——对中国哲学的历史及其后果的一种解释》，《国际伦理学杂志》1922 年。

［304］山田庆儿：《模式·认识·制造——中国科学的思想风土》，《日本学者研究中国史论著选译》第 10 卷，中华书局 1992 年版。

［305］内藤湖南：《概括的唐宋时》，《日本学者研究中国史论著选译》第 1 卷，中华书局 1992 年版。

［306］邓广铭：《论宋学的博大精深》，《新宋学》第 2 辑，上海辞书出版社 2003 年版。

［307］李泽厚：《宋明理学片断》，《中国社会科学》1982 年第 1 期。

［308］王曾瑜：《宋朝户口分类制度略论》，《中日宋史研讨会中方论文选编》，河北大学出版社 1991 年版。

［309］李华瑞：《20 世纪中日"唐宋变革"观研究述评》，《史学理论研究》2003 年第 4 期。

［310］朱伯崑：《易学与中国传统科技思维》，《自然辩证法研究》1996 年第 5 期。

［311］郭彧：《〈易数钩隐图〉作者等问题辨》，《周易研究》2003 年第 2 期。

［312］王风：《刘牧的学术渊源及其学术创新》，《道学研究》2005 年第 2 辑。

［313］李零：《"式"与中国古代的宇宙模式》，《中国文化》1991 年第 4 期。

［314］黄克剑：《〈周易〉"经"、"传"与儒、道、阴阳家学缘探究》，《中国文化》1995 年第 12 期。

［315］方豪：《宋代佛教对中国印刷及造纸之贡献》，台湾《宋史研究集》第 7 辑。

［316］方豪：《宋代佛教对泉源之开发与维护》，台湾《宋史研究集》第 11 辑。

［317］方豪：《宋代僧徒对造桥的贡献》，台湾《宋史研究集》第 13 辑。

［318］俞佩琛：《达尔文主义遇到的新问题》，《自然杂志》1982 年第 1 期。

［319］徐宗良：《科学与价值关系的再认识》，《光明日报》2005 年 6 月 21 日。

［320］倪南：《易学与科学简论》，《自然辩证法通讯》2002 年第 1 期。

［321］陈文彦：《从布衣入仕论北宋布衣阶层的社会流动》，《思与言》1972 年第 4 号。

［322］黄生财：《从中国古代思想观念谈李约瑟命题》，《自然辩证法通讯》1999 年第 6 期。

[323] 钱学森：《关于思维科学》，《自然杂志》1983 年第 8 期。

[324] 范立舟：《论荆公新学的思想特质、历史地位及其与理学思潮之关系》，《西北师范大学学报》2003 年第 3 期。

[325] 董光璧：《中国自然哲学大略》，《自然哲学》，第 1 辑中国社会科学出版社 1994 年版。

[326] 郭彧：《〈皇极经史〉与〈夏商周年表〉》，《国际易学研究》第 7 辑。

[327] 叶鸿洒：《北宋儒者的自然观》，《国际宋史研讨会论文选集》，河北大学出版社 1992 年版。

[328] 叶鸿洒：《试探沈括在北宋政坛的建树》，《国际宋史研讨会论文选集》，台湾中国文化大学出版社 1989 年版。

[329] 李申：《巫术与科学》，《人民日报》1997 年 3 月 5 日。

[330] 吴国盛：《气功的真理》，《方法》1997 年第 5 期。

[331] 孔令宏：《张伯端的性命思想研究》，《复旦学报》2001 年第 1 期。

[332] 包伟民：《宋代技术官制度述略》，《漆侠先生纪念文集》，河北大学出版社 2002 年版。

[333] 杨渭生：《宋代科学技术述略》，《漆侠先生纪念文集》，河北大学出版社 2002 年版。

[334] 邓宇等：《藏象分形五系统的新英译》，《中国中西医结合杂志》1998 年第 2 期。

[335] 潘谷西：《关于〈营造法式〉的性质、特点、研究方法》，《东南大学学报》1990 年第 5 期。

[336] 潘谷西：《营造法式》初探，《南京工学院学报》1985 年第 1 期。

[337] 郭黛姮：《论中国木结构建筑的模数制》，《建筑史论

文选》，第 5 辑清华大学出版社 1981 年版。

　　[338] 郭黛姮：《李诫》，《中国古代科学家传记》，科学出版社 1993 年版。

　　[339] 季羡林：《天人合一，文理互补》，《人民日报》海外版 2002 年 1 月 8 日。

　　[340] 周伊平：《易学"天人合一"与现代宇宙观》，《中国青年报》2005 年 1 月 17 日。

　　[341] 沈长云：《中国古代没有奴隶社会——对中国古代史分期讨论的反思》，《天津社会科学》1989 年第 4 期。

后　记

　　《北宋科技思想史研究纲要》是我在李华瑞教授细心指导下所作的一篇博士论文。

　　旧有"人过四十不学艺"的说法，而我恰好是在过了四十岁时才考入河北大学宋史研究中心在职攻读博士学位的，而我的恩师就是在海内外宋辽、夏金史学界享有一定声望的李华瑞教授。正如恩师在序言中所说，我本是学哲学的，由哲学改学历史完全是靠自己的兴趣。说来话长，从20世纪90年代初期开始，我几乎花费了自己的全部精力和财力去研究中国古代科学文化史，那时我刚过而立之年，孩子虽小，但由岳父母给照看着，我们不用多费心。因此，我便有相对充裕的时间去爬格子。然而，搞科技史研究并不是一件易事，尤其是对擅长文史的文科学生来说，更是如此。无论在中学还是大学，我的数学并不差，差的多的是理化，而为了补上这一课，我整整用了六年时间去学习化学和物理学，甚至连生物化学、生物学、中医学基础、中药学、药理学等，我也都去学。工夫不负有心人，我所学的理化知识虽然不深不透，但用来研究中国古代的科学文化史应当说还是可以的。正是在有了这种知识的储备之后，我的《中国西部古代科学文化史》（上、中、下）很快就于2001年11月由方志出版社出版发行。紧接着，四卷本的《中国南部古代科学文化史》亦于2004年2月又由方志出版社出版发行。我觉得，这是我给恩师的最好见面礼。

本来在面试时，我想做宋代宗族方面的研究，但我不知道王善军先生早已有专著问世，显然，这个课题对于我是不适合的。这时，恩师提示我可以发挥自己专长去做宋代的科技史研究。知我者恩师也，于是，我按照恩师的指点，开始做宋代科技思想方面的研究。但鉴于时间的局限，我最终确定以《北宋科技思想研究》为自己的博士论文。

在此，我特别需要说明的是，由于2005年，我以相同的题目获准国家社会科学基金资助立项，为避免犯冲突，在此论文出版之前，我特将博士论文的题目改为《北宋科技思想研究纲要》。之所以这样改，主要是因为《北宋科技思想研究》原本43万余字，而博士论文却将其压缩到了20余万字，是名副其实的一篇纲要式的论文。不过，这绝不意味着它就不重要了，实际上，它集中了我的整个研究课题的精华。

最后，我要感谢河北大学宋史研究中心的姜锡东、王菱菱、刘秋根等各位博导对我的论文提出了不少修改意见，同时，中国社会科学出版社编审冯广裕先生和编辑关桐同志为本书出版付出了艰辛劳动，我的学生艾蓉、刘潇对书稿作了认真的校对。在此，对他们的无私我表示最诚挚的谢意。我要感谢妻子潘超女士对我事业的理解和支持，我要感谢那些从多方面帮助过我的热心朋友，我真诚地祝愿他们一生平安！

吕变庭

2007 年 1 月 26 日

于河北大学宋史研究中心